U0182769

海洋土力学与地基稳定性

张其一　著

中国海洋大学出版社
·青岛·

内容提要

本书以海洋工程的学科发展与海洋土力学基础知识为分析背景，以解决海洋能源开发过程中结构物地基土体稳定性为目标，较为全面地阐述了海洋结构物地基稳定性分析的原理和计算方法。本书共11章，内容包括：海洋环境荷载，海洋土工程特性，土体力学性质，土体塑性极限平衡问题，极限平衡问题变分解法，海洋结构基础型式及其稳定性，复合加载下基础破坏包络面，海床液化与冲刷，流固土耦合数值仿真，模型试验分析等。

本书可作为水利工程类专业本科生、研究生的教科书，也可供水利、土木工程领域科研、设计和施工人员参考。

图书在版编目(CIP)数据

海洋土力学与地基稳定性 / 张其一著. —青岛：中国海洋大学出版社，2020.8

ISBN 978-7-5670-2550-9

Ⅰ.①海… Ⅱ.①张… Ⅲ.①海洋学—土力学②水利工程—地基稳定性 Ⅳ.①TV223

中国版本图书馆 CIP 数据核字(2020)第 152386 号

出版发行 中国海洋大学出版社

社　　址 青岛市香港东路 23 号　　**邮政编码** 266071

出 版 人 杨立敏

网　　址 http://pub.ouc.edu.cn

电子信箱 2586345806@qq.com

订购电话 0532－82032573(传真)

责任编辑 矫恒鹏　　**电　　话** 0532－85902349

印　　制 蓬莱利华印刷有限公司

版　　次 2020 年 8 月第 1 版

印　　次 2020 年 8 月第 1 次印刷

成品尺寸 185 mm×260 mm

印　　张 15.25

字　　数 352 千

印　　数 1～1000

定　　价 76.00 元

发现印装质量问题，请致电 0535－5651533，由印刷厂负责调换。

序

海洋土力学与海洋工程设计实施密切相关，其成果直接用于描述结构物基础的稳定性，是工程成败的关键之一。我国海域辽阔，岸线漫长，可利用的海洋资源储量丰富，且具有广阔开发前景。海洋土力学的深入研究承担着人类开发近浅海、走向深远海的历史重任。

与传统陆地岩土力学不同，海洋土力学研究需要考虑复杂的海洋环境（如水动力影响、地形变化等），结构物基础的设计亦存在诸多未知因素和亟待解决的问题。为此，国内很多工程技术人员业已或正在进行艰苦的努力，积累了大量经验。张其一博士是有志于此的学者之一，他长期从事海洋土工程力学特性的研究，在自升式海洋平台、大直径海洋风机、疏浚切削以及流固土耦合作用等方面具有坚实的理论基础，同时拥有丰富的工程经验。本书是张其一博士多年研究成果的系统梳理，对于教学、科研以及工程应用具有良好的参考价值。

海洋结构物工作环境复杂、条件恶劣，导致海洋岩土物理力学特性影响的因素繁多，希望作者及同仁继续努力，期盼该领域研究迈上一个新的台阶。

王光达

2020 年 7 月 25 日

前　言

海洋能源的开发与利用同岩土工程息息相关,海洋土力学的研究是岩土工程学科的一个独立分支,其中海洋结构物的基础稳定性又一致被认为是海洋工程成败的关键。海洋结构物作业区域具有特殊的恶劣环境(海风、海冰、波浪、海流、地震等),海床土层的物理成因与力学特性跟陆地岩土很不相同,这就使得海上作业的各种结构物及其基础的设计面临严峻的考验。海洋土力学的研究,能够为海洋工程中结构物基础的设计与校核提供必要的理论依据。

笔者长期从事岩土力学基本理论与数值计算、海洋土工程力学特性方面的科研工作,凝聚与整合科研团队多年研究成果,最终形成本书初稿,并在中国海洋大学海洋工程系本科生、研究生中进行多次讲授;在多年的教学实践与科学研究中积累了较为丰富的经验,在多次攻关项目中凝练出了较为突出的技术和成果。本书在提供必要的基础知识与求解思路的前提下,为读者能够开展进一步的深入研究提供了相关的引导。

本书由中国海洋大学张其一副教授执笔,内容主要包括海洋环境荷载、海洋土工程特性、土体力学性质、土体塑性极限平衡问题、极限平衡问题变分解法、海洋结构基础型式及其稳定性、复合加载下基础破坏包络面、海床液化与冲刷、流固土耦合数值仿真、模型试验分析等 11 章。在对前人研究成果进行详细总结与阐述的基础上,本书围绕海洋工程中海床土体的物理力学特性及其结构物基础承载能力,对经典的计算公式、理论推导原理、比尺试验方案与数值仿真技术等关键问题展开论述。中国海洋大学史宏达教授在书稿框架搭建方面给予了细心的指导,成稿过程中又给予了大量的建议。书稿撰写过程中,河北地质大学齐剑峰副教授提出了诸多宝贵的意见,并对土体动力特性进行了补充并提出许多建议;华北水利水电大学贾景超副教授,对非饱和土理论提出了宝贵的建议,为本书的系统成稿作出了积极的贡献。感谢中国石油大学段梦兰教授，给予参研中海油自升式平台插拔桩以及海管冲刷方面的合作机会；感谢中交天津航道局高伟总工艺师、邬德宇高级工程师给予参研中国远海岛礁建设方面的科技攻关机会，为本书的撰写提供了真实的算例。

在本书即将出版之际，笔者衷心地感谢我的导师大连理工大学栾茂田教授对我的教诲；感谢中国海洋大学多年来为本书提供的教学环境、工程实践与出版资助；感谢历届研究生们在内容上的意见和建议；感谢中国海洋大学潘新颖副教授对全文的校稿；感谢中国海洋大学研究生董小松、刘志杰、吴良鹏、吴玿璇、郭佳楠等同学，无数个夜以继日的绘制插图、编制公式与校对文献，自己因有如此踏实、勤勉的学生而高兴。

为了能够快速读懂、领会书中内容，读者需要掌握一定的弹性力学、塑性力学、有限元及土力学方面的基础知识。另外，鉴于自身水平所限，书中难免存在错误与纰漏，希望能够得到广大读者的批评与建议。

作 者

2020 年 8 月

目　录

第1章 绪 论

1.1 引言

海洋资源开发利用是人类共同面临的重大问题，随着人类生产活动的迅速发展，陆地资源已不能满足人类对能源的需求，向蕴藏着丰富资源的辽阔海洋进军已经成为人类共同的目标；为了石油和其他矿藏的开采以及近海的开发利用，海洋工程已经发展成一门独立的工程分支，而海床土体物理力学特性与海洋结构物的地基稳定性决定着结构物是否安全运营。与陆地上传统的土木、水利工程不同，海洋结构物、构筑物在运行过程中往往面对恶劣的海洋环境，海洋结构物的安全要求和陆地有较大差别，海床土层的成因与工程特性也同陆地很不相同，传统陆地上行之有效的设计施工方法往往也不适用于海上作业。

开敞海域内的结构物，直接受到海风、波浪与海流的循环往复作用，在结构物基础的传递作用下海床土体的应力应变状态会发生周期性变化，海床土体内超孔隙水压力场呈现循环、振荡、消散与累积效应。往复交变的循环应力导致海床土体不同程度上呈现刚度软化与强度衰减现象，最终导致结构物地基土体在较大程度上出现强度弱化现象。海床上结构物的存在导致周围局部区域水动力平衡的破坏，造成基础周边土体产生冲刷与回淤。另外，波浪、地震、海冰撞击等循环应力作用下，海床土体内部产生较为复杂的超孔隙水压力场，导致海床土体在渗透应力作用下产生液化现象。

复杂的海洋环境载荷与海洋土工程力学特性，使得海洋结构物的基础设计者面临着严峻的考验和巨大的压力。海洋土力学的深入研究是海洋工程能够安全作业的基础保障，海洋土力学与海洋工程密切相关。在近海石油开采中，海洋土力学的研究为海上结构物基础的设计提供必要的理论依据、设计参数和变形-强度-稳定性的分析计算方法。

本书将围绕海洋环境荷载，海洋土工程特性，海洋土力学特性，结构物地基极限平衡问题，土工极限问题变分解法，海洋结构物基础型式与稳定性计算，海床土体液化机理，流-固-土耦合作用静、动态数值仿真技术，比尺模型试验等问题，分章节展开论述。

1.2 土力学研究现状

土力学是从工程力学的角度，通过试验来建立物理方程和分析工程特性，即由控制方程得到土体的应力、变形、强度及稳定性的一门学科。土力学的发展过程如表 1.1 所示。

表 1.1 土力学发展史简介

1925 年前土力学的古典理论与奠基时期	近代土力学发展阶段 1925～1960 年	土力学现代发展阶段 1960 年以后
前 Terzaghi 时期	Terzaghi 时期	新理论新技术的进一步发展阶段
①Coulomb、Mohr 土的抗剪强度定律 ②Rankine 土压力理论 ③达西 Darcy 渗透定律 ④Boussinesq、Cerrtti 地基应力的弹性力学解 ⑤Koiter 滑移线场理论 ⑥Prandtl 地基承载力 ⑦Petterson 圆弧滑动法 ⑧Fellenius 条分法等	⑨Terzaghi 有效应力、孔隙水压力、单向固结理论 ⑩Rendulic-Terzaghi 准二维、准三维固结理论 ⑪Biot 三维固结理论 ⑫Taylor、Bishop、Janbu 极限平衡法 ⑬Bishop、Hendel 三轴实验技术 ⑭Skempton 孔隙水压力系数	⑮1963 年黏性土的抗剪强度会议 ⑯1958～1963 年 Rescoe 剑桥模型 ⑰Duncan-Chang 双曲线非线性本构模型 ⑱演绎法(唯理法)、归纳法(唯象法)、有限元数值分析方法、离心试验技术以及土坡稳定性分析方法的发展与应用

沈珠江先生指出现代土力学应该由一个模型、三个理论和四个分支组成:

①一个模型是指土的本构模型;

②三个理论是指非饱和土固结理论、液化破坏理论和逐渐破坏理论;

③四个分支是指理论土力学、计算土力学、试验土力学和应用土力学。

1.3 基础稳定性研究现状

广义的地基稳定性问题包括地基土体承载力不足而导致地基失稳破坏,以及建筑物基础在水平荷载下的倾覆和滑动失稳破坏。换言之,地基的极限承载力决定了地基土体的稳定性。地基极限承载力、边坡稳定和土压力计算理论,合称为土力学领域的三大经典问题,人们通过理论和试验等方法,已经对其进行了长期的研究。1773 年库仑(C. A. Coulomb)提出有名的土压力计算方法。1857 年朗肯(W. J. M. Rankine)研究半无限空间散粒体极限平衡问题,标志着散粒体极限平衡理论开始了其初始研究。1899 年马索(Massau)采用近似的方法分析了土体内部的应力分布,针对平面应变情况下的无黏性土,建立了滑移线场的几何分析方程,并据此讨论了极限状态下的滑动情况。1903 年德国学者科尔特(F. Koiter)建立了散粒体塑性平衡方程式。苏联学者索科洛夫斯基利用特征线法成功地求解了塑性平衡方程,并于 1942 年发表了著名的散粒体静力学方法,从而建立起了完整的散粒体塑性平衡理论。1953 年谢尔德(R. T. Shield)在普拉格(W. Prager)和德鲁克(D. C. Drucker)工作的基础上,成功地推导了塑性流动平衡方程。这些理论工作为进一步深入研究散粒体极限平衡问题奠定了坚实的基础。

就决定地基稳定性的极限承载力而言，1920 年普朗特(Prandtl)针对理想塑性金属材料，根据塑性极限平衡理论，研究了坚硬物体压入较软的、均匀的、各向同性材料的过程，导出了无摩擦性介质在极限荷载作用下，当达到极限平衡状态时，发生滑动的曲面数学方程，从而求得了软黏性土地基的极限承载力。Prandtl 整体剪切地基破坏模式为对称结构，如图1.1所示。

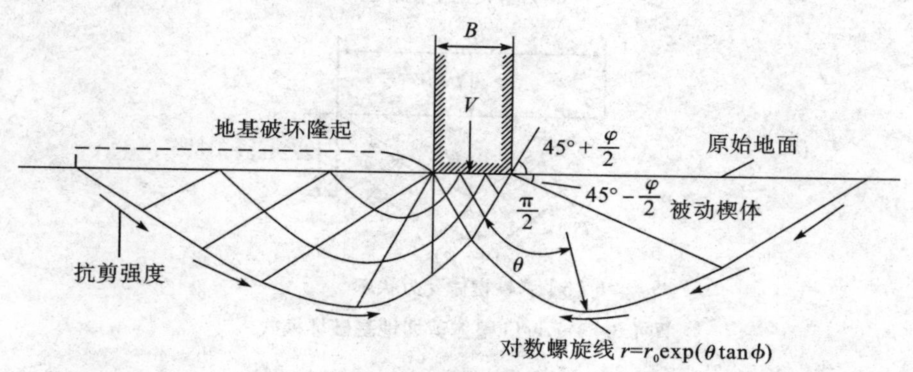

图 1.1 Prandtl 整体剪切地基破坏模式

1924 年瑞斯讷(Ressiner)在 Prandtl 理论计算公式的基础上，考虑了土的摩擦性能与基础埋深的影响，将承载力公式进行了进一步的推广，地基破坏模式如图 1.2 所示。虽然 Ressiner 的修正公式比 Prandtl 理论计算公式有了进步，但是由于仍没有考虑地基土体的容重，没有考虑基础埋深范围内土体的抗剪强度等因素的影响，按照该公式得到的承载力数值与实际结果存在较大差异。

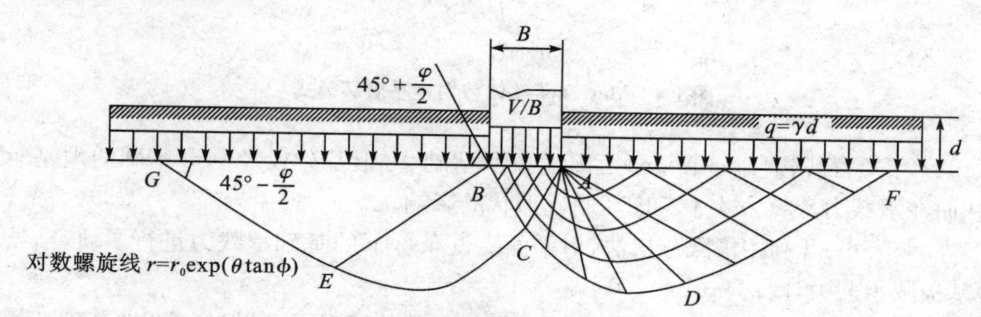

图 1.2 基础有埋深的 Ressiner 地基破坏模式

Prandtl 与 Ressiner 地基破坏模式，都假定了基础与地基接触面之间完全光滑。为了进一步考虑基础以下土体容重 γ 和基础底部与地基表面间的摩擦效应，1943 年太沙基(Terzaghi)给出了图 1.3 所示的地基破坏模式。

事实上，Terzaghi 计算公式没有考虑上覆土的抗剪强度，并且假定滑裂面与基础水平线相交，而没有延伸到地表面区，这使得其计算结果与实际工程同样存在较大差异。1951 年迈耶霍夫(Meyerhof)在极限平衡理论基础上，采用“等代自由面”的方法对 Terzaghi 计算公式进行了修正，见图 1.4。

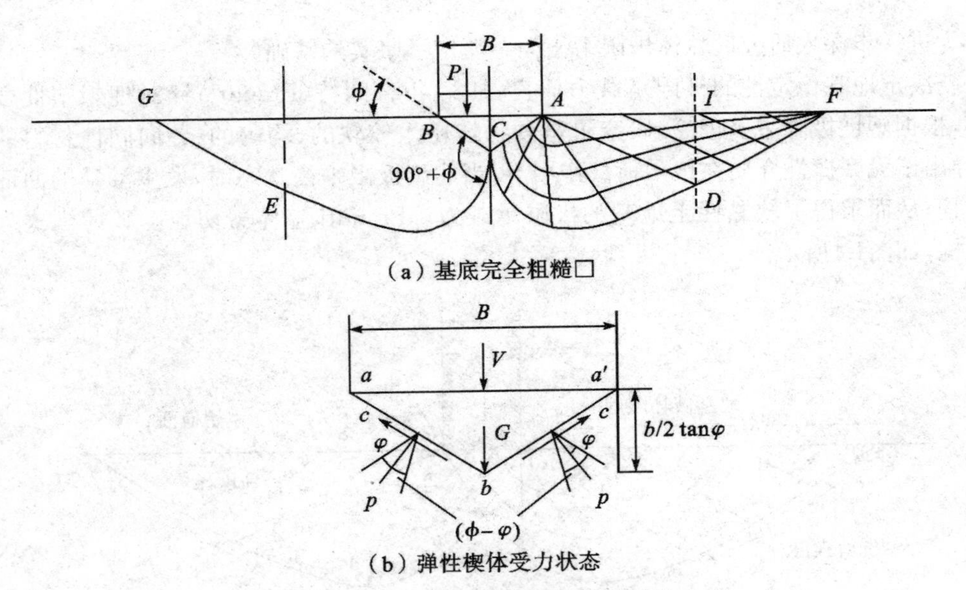

(a) 基底完全粗糙□

(b) 弹性楔体受力状态

图 1.3　Terzaghi 整体剪切地基破坏模式

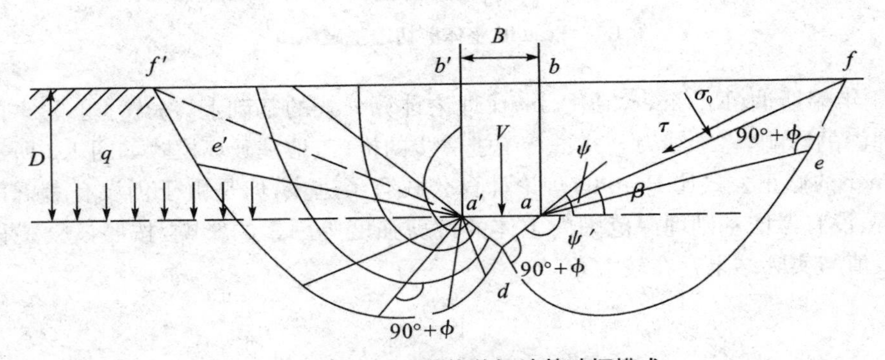

图 1.4　Meyerhof 整体剪切地基破坏模式

1951 年斯肯普顿(Skempton)给出了条形基础、方形基础以及圆形基础的地基承载力,从而在承载力计算公式中考虑了基础形状的影响。

1954 年 Shield 利用极限分析法,对平面应变条件下的基础承载力进行了研究,给出了地基极限承载力计算公式。

在考虑了基础形状、埋置深度及偏心和倾斜荷载的情况下,以 Prandtl 地基破坏模式为基础,1961 年汉森(Hansen)给出了更为详细的地基极限承载力计算方法:

$$q_{\mathrm{ult}}=cN_{\mathrm{c}}s_{\mathrm{c}}d_{\mathrm{c}}i_{\mathrm{c}}g_{\mathrm{c}}b_{\mathrm{c}}+qN_{\mathrm{q}}s_{\mathrm{q}}d_{\mathrm{q}}i_{\mathrm{q}}g_{\mathrm{q}}b_{\mathrm{q}}+\frac{1}{2}\gamma BN_{\gamma}s_{\gamma}d_{\gamma}i_{\gamma}g_{\gamma}b_{\gamma} \tag{1.1}$$

式中,s 为基础形状修正系数,d 为考虑基础埋深土体剪切强度修正系数,i 为荷载倾斜修正系数,g 为地面倾斜修正系数,b 为基础地面倾斜修正系数。

除了上述简洁实用的计算公式之外,通过采用不同的计算方法并考虑不同的影响因素,国内外大量学者对地基承载力进行了系统的研究。1965 年索科洛夫斯基(Sokolovskii)利用特征线理论和数值积分方法,研究了土体的容重对极限承载力的影响，在土体容重不为零的情况下，极限承载力因子 N_c、N_q 与 N_γ 不能分离开来，同时表明传统的极限承载力叠加公式是一个近似公式。1965 年德比尔(De Beer)研究了基础尺寸对承载力公式的影响，研究结果表明极限承载力随着基础宽度和埋深呈非线性变化。1973 年魏锡克(Vesic)考虑了基础形状对承载力公式的影响，给出了具有基础形状修正系数的极限承载力计算公式。1975 年陈惠发(Chen)利用极限分析原理，通过采用静力容许的应力场与运动许可的速度场，分别给出了地基极限承载力的下限解答与上限解答，从而给出了承载力真实值的一个容许范围。1979 年萨尔马(Sarma)在上限定理的基础上，给出了地基极限承载力计算公式。1982 年格瑞菲思(Griffiths)在有限元数值分析方法的基础上，给出了地基承载力计算公式，认为在利用有限元法求解地基承载力时，N_c 与 N_q 可以容易而快速地算出，而 N_γ 值的计算却较为不易，尤其当土体内摩擦角较大时($\phi > 40°$)计算结果往往不收敛。1993 年博尔顿(Bolton)和 Lau 在特征线理论基础上，对承载力公式进行了修正。1994 年扎德罗加(Zadroga)对砂土地基上浅基础的极限承载力进行了实验室模型试验研究，认为实验室模型试验的极限承载力大于传统的承载力计算值。1997 年米克洛斯基(Michalowski)在上限定理的基础上，对承载力公式进行了修正。1997 年弗里德曼(Frydman)和博德(Burd)在有限差分原理的基础上，利用 FLAC 数值计算软件，给出了考虑土体剪胀性时的地基极限承载力公式。1998 年克拉克(Clark)研究了基础尺寸对地基承载力的影响。

另外，海洋环境荷载作用下结构物地基土体除了承受竖向自重荷载的长期作用外，还受到波浪、海流等循环荷载的作用，这些荷载效应通过结构物的基础扩散到地基中，从而使地基土体受到竖向荷载、水平荷载和力矩荷载的共同作用，这种加载方式定义为复合加载。复合加载情况下地基土体极限承载力的研究，世界范围内由西澳大利亚大学 COFS 研究中心和英国牛津大学课题组率先提出，在 1995 年以后得到全世界岩土工程界的认可。复合加载下海洋结构物地基的极限承载能力，主要采用在三维荷载空间中合理求解破坏包络面的方法进行(Gourvenec、Sloan、Randolph、Houlsby、Ukritchon、Taiebat、Martin、Bransby、Hossain 等)，并给出了较为实用的海床地基承载力计算公式。在澳大利亚、英国等对复合加载研究较早的国家，有众多学者对该课题进行了针对性的研究。Murff 利用极限分析原理，通过合理构造运动许可速度场的方法，研究了 $H-M$ 荷载空间中地基土体的破坏模式与破坏包络面的特性，认为当水平荷载分量 H 为零时地基土体能够提供最大的抗弯性能并导致地基发生勺形破坏。Martin 在研究复合加载情况下地基承载力的过程中，得出 $H-M$ 荷载空间中地基破坏包络面存在偏心。地基的极限力矩荷载出现在土体中同时存在负向的水平荷载分量时，Butterfield 和 Gottard 在对复合加载下地基破坏包络面方程进行研究过程中，发现在 $H-M$ 荷载空间中当同时存在正向的水平荷载时地基出现力矩荷载的峰值强度，研究结果同 Martin 得出的结论相异。Bransby 和 Randolph 采用有限元数值模拟的方法，揭示了复合加载下地基土体的破坏机理，认为地基发生破坏时土体会产生勺形、楔形以及压入等形式的破坏模式。Houlsby 和 Puzrin 基于极限分析上限定理对复合加载下地基土体的破坏模式进行了详细研究，给出了多种地基破坏模式。Taiebat 和 Carter 考虑了基础上力矩荷载与水平荷载的相关性，采用有限元数值模拟的方法，给出了地基破坏包络面方程的经验公式。Gourvenec 在 ABAQUS 有限元软件平台上，假定地基土体抗剪强度随深度线性增大，得出地基土体破坏模式同土体非均匀性和基础形式有较大关系。Byrne 等将作用在基础上的荷载分解为沿坐标轴方向和绕坐标轴方向，探讨了 6 个荷载分量作用情况下地基极限承载力的特性。David Menzies 对黏性土海床层状地基上桩靴承载能力进行了详细分析，给出了较为实用的计算公式。Gaudin 和 Cassidy 等利用离心机研究了平台桩腿与土体之间的相互耦合作用，给出了桩周土体的变形规律。Cassidy 利用数值计算方法，在三维荷载空间内研究了平台的动力响应。Bransby 研究了水平荷载与力矩荷载联合作用下深埋基础的极限承载能力。Hossain 和 Randolph 对平台桩靴承载能力进行了详细研究。Bienen 和 Cassidy 对自升式平台流固土耦合作用研究现状进行了简述。Z. Shen 和 X. Feng 等研究了圆形浅基础 $V-H-M$ 荷载空间内的破坏包络面。X. Feng 和 Gourvenec 等研究了六自由度下海底矩形防沉板的极限承载能力。J. H. Li 和 Y. Zhou 等利用随机有限元法，研究了软黏土海床上桩靴的极限承载能力。Britta Bienen 和 Christophe Gaudin 等研究了喷桩效应对平台桩腿极限拔桩力的影响。Chatterjee 和 White 等对结构贯入海床土体过程，进行了流固土耦合分析。Youhu Zhang 和 Britta Bienen 等研究了土体回流情况下平台桩基的承载能力。Omid Kohan 和 Christophe Gaudin 等研究了软黏土海床上平台拔桩过程中的极限拔桩阻力。Jalal Mirzadeh 和 Mehrdad Kimiaei 等对波浪荷载与平台结构的相互作用进行了详细研究。George Vlahos 和 Mark J. Cassidy 等利用比尺试验，模拟了三桩腿平台桩基极限承载能力。Randolph 和 Saunier 等研究了层状地基上平台桩腿的穿刺机理。Cristina Vulpe 和 Britta Bienen 等求解了裙板桩靴的极限承载能力，并分析了裙板桩靴周边土体的变形规律。

为了能够建立一套理论推导严谨、工程应用准确的地基破坏包络面方程，近年来以我国学者为主的一批科研工作者，开始尝试深入研究复合加载下地基土体的变形规律与破坏模式。关于海床地基破坏包络面的研究，大连理工大学以栾茂田教授等为首的科研团队，深入研究了矩形基础、圆形基础、纺锤基础、平板锚、吸力锚、大圆桶等基础形式，分析了复合加载下地基破坏包络面的特性，给出了具有针对性的包络面经验公式。天津大学以闫澍旺教授等为首的科研团队，探讨了波浪循环荷载下软土地基上大圆桶的极限承载力特性，指出了地基土体的抗剪强度随着荷载循环次数的增加而呈现弱化的特点，给出了相应的计算公式。中国科学研究院武汉岩土力学研究所的袁凡凡等利用 ABAQUS 有限元软件，研究了海床层状地基土体的失稳机理及稳定性评价方法。华北科技学院的赵少飞等研究了有限元计算过程中加载次序对地基极限承载力的影响，认为不同的加载次序得出的地基破坏包络面存在较大差异。大连理工大学李海波分析了海床土体与地震荷载对自升式平台作业稳定性的影响，给出了海床土体力学参数对桩基承载能力的影响规律。张其一等在极限平衡定理的基础上，利用变分法对复合加载下地基土体的破坏模式进行了理论推导；采用数值方法研究了均质与非均质地基上复合加载下地基土体的破坏模式；对复合加载下六自由度圆形基础极限承载能力进行了研究，给出了较为实用的破坏包络面方程。

1.4 本书主要内容

第二章讲述了海洋结构物在施工与作业过程中所经受的复杂环境荷载。阐述了海风、海浪、海流、海冰与地震的计算理论与常用计算方法，为海洋工程结构物荷载计算提供参考。

第三章简要阐述了海洋土物理力学工程特性。讲述了环境因素对海洋土体工程性质的影响，分析了海洋土的成因与特点，详述了饱和土与非饱和土强度以及固结理论。对循环荷载作用下海洋黏土剪切变形与强度，土体循环荷载下动模量与阻尼比变化规律进行了详细论述，为接下来的土体应力应变本构关系推导奠定基础。

第四章首先讲述了海洋土的压缩变形，接下来论述了土体的应力状态与应变状态，分析了应力路径和应力水平对土体强度的影响，论述了土体的强度理论与破坏准则，并对其进行了优缺点对比；介绍了塑性位势理论、塑性公设、流动法则与硬化定律，并给出了弹塑性本构模型与动力本构模型的推导思路。

第五章讨论了土力学中的土体极限平衡问题，包括特征线理论、极限平衡理论、极限分析与极值定理和动力安定定理；讲述了海洋结构物基础极限承载能力的特征线解法、极限分析上限解法、极限分析下限解法和土体极限平衡解法，并介绍了交变荷载下地基动力安定荷载求解方法。

第六章对土工极限平衡法的数学表述及其等价泛函进行了详细介绍。以非均质海床上基础的承载能力为实例；对土体极限平衡变分解法的详细计算步骤进行了阐述，论证了变分解法与极限分析上限定理之间的内在关系，分析了相关联流动法则与发生畸变时内能耗散率的等价性；利用能量泛函取驻值，给出了均质土坡稳定因子的变分解答。

第七章对海洋工程中常用的基础型式进行了阐述，回顾了相应的承载力计算方法。简述了海床表层浅基础与深埋桩基础的计算理论，分析了层状地基极限承载能力、平台桩靴穿刺理论；给出了平台桩靴插桩入泥深度与拔桩极限阻力计算公式；并给出了桶形基础、平板锚的承载力计算方法。推导了水平海管自重与外荷作用下的贯入深度，并详细介绍了刚性桩静力、动力荷载下极限承载能力的计算过程。

第八章研究了常见基础复合加载下的受力特性。给出了浅基础、深埋桩基础与桶形基础的破坏包络面方程，分析了复合加载下基础荷载分量与地基土体失效模式间的对应关系，较为直观地展示了土体的变形规律。本章内容能够为工程设计或理论研究提供一定的参考。

第九章对波浪与地震诱发海床土体液化和冲刷规律进行了阐述，并总结了较为常用的孔隙水压力发展模式，讲述了循环荷载下海床土体液化判别规律；对海床上结构物周围土体的冲刷规律进行了分析，并介绍了海床土体冲刷机理及其影响因素。

第十章通过构造“海床土体-管道结构-环境荷载”相耦合的二维数值模型，详细阐述了海床结构物动力响应数值计算流程。通过求解饱和多孔介质的毕奥(BIOT)动力固结方程,分析了海床上浅埋海管的动力响应,考虑了海床土体与管道结构之间的接触效应。

第十一章详细讲述了实验室比尺试验过程中的相似比设计原理,给出了具体的比尺模型制作过程,详细说明了模型试验过程中应该注意的多个关键问题。最后,结合多功能土工加载仪,对波浪循环荷载下大直径深埋桩桩基稳定性进行了试验研究。

参考文献

[1] 陈惠发.极限分析与土体塑性[M].詹世斌,译.北京:人民交通出版社,1995.

[2] 栾茂田,金崇磐,林皋.非均质地基上浅基础的极限承载力[J].岩土工程学报,1988,10(4):14-27.

[3] 沈珠江.理论土力学[M].北京:中国水利水电出版社,2000.

[4] Coulomb C A. Essai sur une Application des Regles des Maximis et Minimise, A Quelue Problemes de Statique[C]. Paris: Memoire Academie Royale des Sciences, 1776.

[5] Rankine W J M. On the stability of loose earth[J]. Proceedings of the Royal Society of London, 1857, 8: 185-187.

[6] Kotter F. Die Bestimmung des Drucks an gekrummten Gleitflachen, eine Aufgabe aus der Lehre vom Erddruck[C]. Sitzungsberichte der Akademie der Wissenschaften, Berlin, 1903, 229-233.

[7] R. T. Shield. Mixed Boundary Value Problems in Soil Mechanics[J]. Quartly of Applied Mathematics. 1953, 2: 1.

[8] L. Prandtl. Uber die eindringungsfestigkeit (harte) plastischer baustoffe und die festigkeit von scheiden[J]. Journal of Applied Mathematics and Mechanics (ZAMM), 1921, 1(1):15-20.

[9] Meyerhof, G.G. The Ultimate Bearing Capacity of Foundations[J]. Geotechnique, 1951, 2: 301.

[10] Skempton A. W, Bishop A. W. Measurement of shear strength of soils[J]. Geotechnique, 1951, 2 (2): 113.

[11] Shield R. T. Plasticity potential theory and Prandtl bearing capacity solution[J]. J. Appl. Mech., 1954, 21(2): 193-194.

[12] J. Brinch Hansen. The ultimate resistance of rigid piles against transversal forces[J]. The Danish Geotechnical Institute Bulletin, 1961, 12: 5-9.

[13] Sokolovskii. Statics of Granular Media[M]. Oxford: Pergamon Press, 1965.

[14] De Beer E E. Bearing capacity and settlement of shallow foundations on sand. Bearing Capacity and Settlement of Foundations Symposium[D]. Duck University, Durham, N C, 1965a. 15-34.

[15] Green A P. The plastic yielding of metal junctions due to combined shear and pressure[J]. Journal of the Mechanics and Physics of Solids, 1954,2:197-211.

[16] Salencon J. and Pecker A. Ultimate Bearing Capacity of Shallow Foundations Under Inclined and Eccentric Loads. Part I: Purely Cohesive Soils[J]. European Journal of Mechanics and Applied Solids, 1995, 14: 349-375.

[17] Ukritchon B, Whittle A J, Sloan S W. Undrained limit analysis for combined loading of strip sootings on clay[J]. Journal of Geotechnical and Geoenvironmental Engineering, ASCE, 1998, 124 (3):265-276.

[18] Ukritchon B, Whittle A J, Sloan S W. Undrained limit analysis for combined loading of strip footings on clay-disscussion[J]. Journal of Geotechnical and Geoenvironmental Engineering, ASCE,

1999，125(11):1028-1029.
[19] Bransby M F，Randolph M F. Combined loading of skirted foundations[J]. Geotechnique，1998，48(5):637-655.
[20] Taiebat H A，Carter J P. Bearing capacity of strip and circular foundations on undrained clay subjected to eccentric loads[J]. Geotechnique，2002，52(1):61-64.
[21] Vesic A. Bearing capacity of shallow foundations//Winterkorn H F，Fang H Y. Engineering Handbook[M]. New York：Van Nostrand Reinhold，1975：121-147.

第 2 章　海洋环境荷载

2.1　前言

一般而言，海洋结构物面临的海洋环境条件都比较复杂，随着海域水深的变化，结构物的结构型式与基础类型也有较大的差异。结构物所在海域的海风、海浪、海流、海冰与地震是诱导海洋工程结构物环境荷载的主要动力因素，如图 2.1 所示。海洋环境条件及其荷载的合理分析，对海洋结构物的安全运营起到举足轻重的作用。

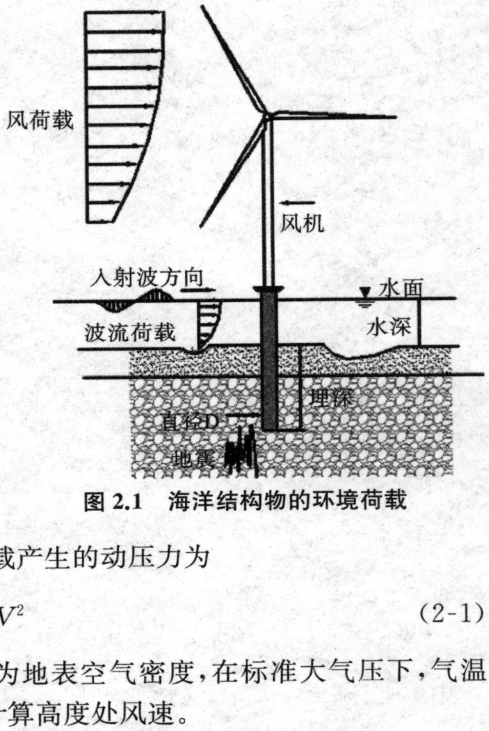

图 2.1　海洋结构物的环境荷载

2.2　风荷载

当海风绕过海洋结构物时，若不考虑结构物对风场的影响，采用伯努利运动方程，风荷载产生的动压力为

$$\overline{P}=\frac{1}{2}\frac{\gamma}{g}V^2 \tag{2-1}$$

式中，$\overline{P}$ 为基本风压；g 为地表重力加速度；γ 为地表空气密度，在标准大气压下，气温 15℃时，干空气密度为 1.225 kg/m^3；V 为海面计算高度处风速。

实际工程中由于结构物的存在，导致结构物周围气流的流速和流向发生改变，在结构物的迎风面承受正向的风压力，而背风面受到海风的吸力作用。海风对整个结构物的总作用力可以表示为基本风压、结构物迎风面积 A 及气流作用力系数 C 的乘积：

$$F=\overline{P}\cdot C\cdot A \tag{2-2}$$

海风对结构物的作用力 F，按其作用方向可以分为拖曳力 F_D，横向力 F_C 和垂直升力 F_L，其中拖曳力 F_D 的方向与风向一致：

$$F_D=\frac{1}{2}\frac{\gamma}{g}V^2\cdot C_D\cdot A_P \tag{2-3}$$

式中，A_P 为结构物受风面在与风向垂直面上的投影值，C_D 为拖曳力系数（亦称阻力系数）。

自然界的风速是不恒定的，海风对结构物的作用力还应该考虑进惯性力 F_I，总的风力 F 为

$$F=F_D+F_I=\frac{1}{2}\frac{\gamma}{g}V^2\cdot C_D\cdot A_P\pm\frac{\gamma}{g}C_m\Delta\frac{\mathrm{d}V}{\mathrm{d}t} \tag{2-4}$$

式中，Δ 为气流所包围的结构物的体积，$\frac{\mathrm{d}V}{\mathrm{d}t}$ 为海风的加速度，C_m 为结构物的附加质量系数，V 为风速，A_P 为受风面积。

美国船级社 ABS 与挪威船级社 DNV 规范建议采用模块法计算风荷载，模块法也是计算海洋工程结构物所受风荷载常用的方法之一，模块法将整个水线以上的结构离散成不同的标准构件模块，叠加各组成构件的风载荷获得结构物所受的总风载荷。因此，在使用模块法计算之前要求已知各组成构件的载荷特性，其准确性依赖于对构件载荷特性、构件之间影响特性以及模块的划分。其算法如下：

由于风在垂直方向是有梯度的，那么海平面高度 Z 处的风速为

$$V_z=V_{z_r}\left(\frac{Z}{Z_r}\right)^p \tag{2-5}$$

式中，Z_r 为参考高度，一般取 10 m；V_{z_r} 为参考高度处的风速；p 为计算参数，一般取值 0.1～0.15。

构件风荷载计算时采用海面平均风速：

$$V_e^2=\frac{1}{A}\iint V^2(y,z)\,\mathrm{d}y\mathrm{d}z \tag{2-6}$$

式中，A 为受风面积，$V(y,z)$ 为构件受风面上点 (y,z) 处的风速。

第 i 个模块所受风载荷：

$$F_i=\frac{1}{2}\rho C_{si}C_{hi}V_{ie}^2A_i \tag{2-7}$$

式中，V_{ie} 为第 i 个模块的平均风速，ρ 为空气密度，C_{si}、C_{hi} 分别为第 i 个模块的形状系数和高度系数，A_i 为第 i 个模块在正横或正纵方向上的投影面积。

受风构件的总风载荷 F_{wind} 为

$$F_{\text{wind}}=\sum_{i=1}^{Ne}F_i \tag{2-8}$$

式中，N_e 为划分模块的数量。

风载荷系数为

$$C_x=\frac{F_x}{0.5\rho V_r^2A_r} \tag{2-9}$$

$$C_y=\frac{F_y}{0.5\rho V_r^2A_r} \tag{2-10}$$

式中，C_x、C_y 分别为纵向和横向的风载荷系数，F_x、F_y 分别为纵向和横向的合力，ρ 为空气密度，V_r 为参考风速，A_r 为参考面积。

2.3 波浪荷载

波浪是发生在海洋表面的一种波动现象，其波动性质因水域海底地形和水的深浅而变化。在海洋工程中，无论是防波堤、钻井平台还是跨海工程，波浪荷载对结构的破坏都是不容忽视的因素。波浪力的计算涉及波浪运动理论及波浪荷载计算理论。前者研究波浪的运动，后者在已知波浪运动的前提下计算波浪对水中物体的作用。对于规则波，常采用的波浪运动理论有 Airy 理论、Stokes 理论、椭圆余弦波以及孤立波理论。Airy 理论以静水面代替波面，适用于振幅较小、水深较大的情况；Stokes 理论可以考虑波高的二阶以及更高阶项，Airy 理论可认为是 Stokes 理论的一阶形式；椭圆余弦波计算较为烦琐，工程运用较少；孤立波理论用于考虑孤立波，即水质点相对水体移动的非振动波。关于波浪荷载计算理论，不同的结构形式是不同的。而小直径桩的波浪荷载计算主要采用试验测量及经验分析的方法，其中，使用最广泛的是 Morison 于 1952 年提出的莫里森公式，这一公式本身以及有关的试验测量理论和测量资料，都有了很大的进展，已被许多国家的设计规范所采纳。

2.3.1 波浪理论

2.3.1.1 微幅波理论

微幅波理论是应用势函数来研究波浪运动的一种线性波浪理论，它假设波浪运动是缓慢的，波动的振幅 A 远小于波长 L 或水深 d，微幅波理论即由此假设而得名，它首先由 Airy 于 1845 年提出，故又称 Airy 理论，亦称线性波理论。

首先介绍几个物理量：

A——振幅，波浪中心至波峰顶的垂直距离；

H——波高，波谷底至波峰顶的垂直距离，$H=2A$；

L——波长，两个相邻波峰顶之间的水平距离；

T——波周期，波浪推进一个波长所需的时间；

k——波数，表示 2π 长度上波动的个数，$k=\dfrac{2\pi}{L}$；

d——水深；

ω——圆频率，$\omega=\dfrac{2\pi}{T}$；

η——波面升高，波面至静水面的垂直位移。

(1)有限水深时($0.5>d/L>0.05$)

速度势函数
$$\varphi=\frac{gH}{2\omega}\frac{\cosh k(z+d)}{\cosh kd}\sin(kx-\omega t) \tag{2-11}$$

波速
$$C=\frac{gT}{2\pi}\tanh kd \tag{2-12}$$

波长 $$L=\frac{gT^2}{2\pi}\tanh kd \tag{2-13}$$

水质点运动水平速度 $$u_x=\frac{\pi H}{T}\frac{\cosh k(z+d)}{\sinh kd}\cos(kx-\omega t) \tag{2-14}$$

水质点运动垂直速度 $$u_z=\frac{\pi H}{T}\frac{\sinh k(z+d)}{\sinh kd}\sin(kx-\omega t) \tag{2-15}$$

水质点运动轨迹 $$\frac{(x-x_0)^2}{\alpha^2}+\frac{(z-z_0)^2}{\beta^2}=1 \tag{2-16}$$

式中，$\alpha=\frac{H}{2}\frac{\cosh k(z_0+d)}{\sinh kd}$，$\beta=\frac{H}{2}\frac{\sinh k(z_0+d)}{\sinh kd}$，其运动轨迹为椭圆。

波压强 $$p=-\rho gz+\rho g\ \frac{H}{2}\frac{\cosh k(z+d)}{\cosh kd}\cos(kx-\omega t) \tag{2-17}$$

当水深极深或极浅时，波浪运动的速度势函数可以简化，从而得到线性波的两种极限情况——深水波与浅水波。

(2)深水波时($d/L>0.5$)

当水深与波长相比足够大时，$\frac{\cosh k(z+d)}{\cosh kd}\approx e^{kz}$，$\tanh kd\approx 1$，对于深水波，一般用带下标“0”的变量来表示。深水波的各相关特性如下：

速度势函数 $$\varphi=\frac{gH}{2\omega}e^{kz}\sin(kx-\omega t) \tag{2-18}$$

波速 $$C_0=\frac{gT}{2\pi} \tag{2-19}$$

波长 $$L_0=\frac{gT^2}{2\pi} \tag{2-20}$$

水质点运动水平速度 $$u_x=A\omega e^{kz}\cos(kx-\omega t) \tag{2-21}$$

水质点运动垂直速度 $$u_z=A\omega e^{kz}\sin(kx-\omega t) \tag{2-22}$$

水质点运动轨迹 $$(x-x_0)^2+(z-z_0)^2=A^2e^{2kz_0} \tag{2-23}$$

波压强 $$p=-\rho gz+\rho g\ \frac{H}{2}e^{kz}\cos(kx-\omega t) \tag{2-24}$$

(3)浅水波时($d/L<0.05$)

当水深与波长相比较小时，$\frac{\cosh k(z+d)}{\cosh kd}\approx 1$，$\tanh kd\approx kd$。浅水波的各相关特性如下：

速度势函数 $$\varphi=\frac{gH}{2\omega}\sin(kx-\omega t) \tag{2-25}$$

波速 $$C=\sqrt{gd} \tag{2-26}$$

波长 $$L=\sqrt{gd}\,T \tag{2-27}$$

水质点运动水平速度 $$u_x=\frac{\omega H}{2kd}\cos(kx-\omega t) \tag{2-28}$$

水质点运动垂直速度 $$u_z=\omega\frac{H}{2}\frac{z+d}{d}\sin(kx-\omega t) \tag{2-29}$$

水质点运动轨迹 $$\frac{(x-x_0)^2}{\alpha^2}+\frac{(z-z_0)^2}{\beta^2}=1 \tag{2-30}$$

式中，$\alpha=\dfrac{H}{2}\dfrac{\cosh k(z_0+d)}{\sinh kd}$，$\beta=\dfrac{H}{2}\dfrac{\sinh k(z_0+d)}{\sinh kd}$，其运动轨迹为椭圆。

波压强 $$p=-\rho gz+\rho g\frac{H}{2}\cos(kx-\omega t) \tag{2-31}$$

2.3.1.2 有限振幅波理论

实际海洋中，波高常达数米甚至数十米，波面振幅较大，微幅波理论的假设与实际不符，不能把振幅和波长之比视为小量，否则将带来较大的误差，此时的波浪理论称为有限振幅波理论，有限振幅波包括 Stokes 波、椭圆余弦波和孤立波。

(1)Stokes 波(图 2.2)

对于斯托克斯二阶波，其相关特性如下：

速度势函数 $$\varphi=\frac{\pi H}{kT}\frac{\cosh[k(z+d)]}{\sinh(kd)}\sin(kx-\omega t)+\frac{3}{8}\frac{\pi^2 H}{kT}\left(\frac{H}{L}\right)\frac{\cosh[2k(z+d)]}{\sinh^4(kd)}\sin2(kx-\omega t) \tag{2-32}$$

波速 $$C=\sqrt{\frac{g}{k}\tanh kd} \tag{2-33}$$

波长 $$L=\frac{gT^2}{2\pi}\tanh kd \tag{2-34}$$

水质点运动水平速度 $$u_x=\frac{\pi H}{T}\frac{\cosh k(z+d)}{\sinh kd}\cos(kx-\omega t)+\frac{3}{4}\frac{\pi H}{T}\frac{\pi H}{L}\frac{\cosh 2k(z+d)}{\sinh^4 kd}\cos2(kx-\omega t) \tag{2-35}$$

水质点运动垂直速度 $$u_z=\frac{\pi H}{T}\frac{\sinh k(z+d)}{\sinh kd}\sin(kx-\omega t)+\frac{3}{4}\frac{\pi H}{T}\frac{\pi H}{L}\frac{\sinh 2k(z+d)}{\sinh^4 kd}\sin2(kx-\omega t) \tag{2-36}$$

波压强 $$p=-\rho gz+\rho g\frac{H}{2}\frac{\cosh k(z+d)}{\cosh kd}\cos(kx-\omega t)+\rho g\frac{3\pi H}{8}\frac{H}{L}\frac{\tanh kd}{\sinh^2 kd}\left[\frac{\cosh 2k(z+d)}{\sinh^2 kd}-\frac{1}{3}\right]\cos2(kx-\omega t)-\rho g\frac{\pi H}{8}\frac{H}{L}\frac{\tanh kd}{\sinh^2 kd}[\cosh 2k(z+d)-1] \tag{2-37}$$

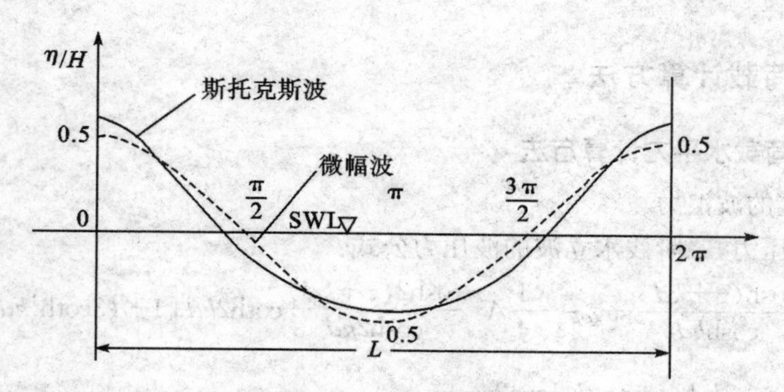

图 2.2　斯托克斯波与微幅波波面曲线的比较

(2)椭圆余弦波(图 2.3)

Stokes 波理论不能适用于水深很浅(如 $d<0.125L$)的情况,这时就应采用浅水非线性波理论,椭圆余弦波理论是最主要的浅水非线性波理论之一,其主要相关特性如下:

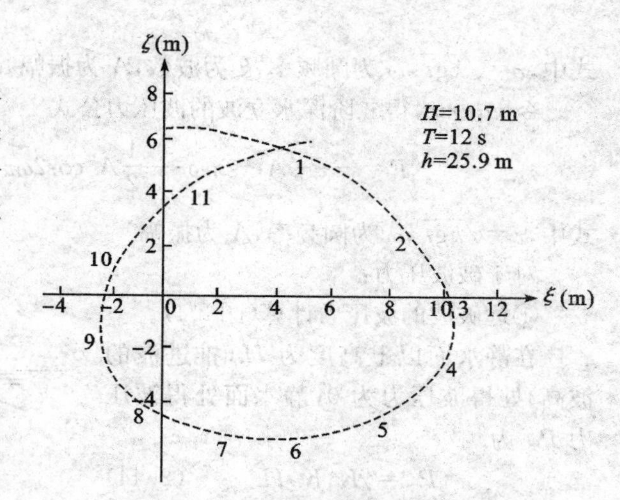

图 2.3　斯托克斯波质点运动轨迹

波长

$$L=\sqrt{\frac{16d^3}{3H}}\left[\kappa\cdot K(\kappa)\right] \tag{2-38}$$

式中,$K(\kappa)$ 为第 1 类完全椭圆积分,$K(\kappa)=\int_0^{\frac{\pi}{2}}\frac{1}{\sqrt{1-\kappa^2\sin^2\theta}}\mathrm{d}\theta$,$\kappa$ 为椭圆积分的模数,其值位于 0 ~ 1 之间。

波速

$$C=\sqrt{gd}\left\{1+\frac{H}{d}\left[-1+\frac{1}{\kappa^2}\left(2-3\frac{E(\kappa)}{K(\kappa)}\right)\right]\right\}^{\frac{1}{2}} \tag{2-39}$$

波周期

$$T=\frac{4d}{\sqrt{3gH}}\frac{\kappa K(\kappa)}{\sqrt{1+\frac{H}{d}\left(\frac{1}{\kappa^2}-\frac{1}{2}-\frac{3E(\kappa)}{2\kappa^2K(\kappa)}\right)}} \tag{2-40}$$

(3)孤立波

孤立波是椭圆余弦波的另一种极限情况,这时的波长和波周期都趋于无穷大。

孤立波是一种在传播过程中波形保持不变的推移波,它的波面全部在静水面上,其主要特性如下:

波速

$$C=\sqrt{gd}\left[1+\frac{H}{d}(-1+2)\right]^{\frac{1}{2}}=\sqrt{g(d+H)} \tag{2-41}$$

对于深水区可以用线性波和斯托克斯波理论来进行计算;浅水区主要采用椭圆余弦波和孤立波理论来计算;而过渡区(有限水深)是一个比较复杂的区域,可以采用几种波浪理论进行计算,而且各波浪理论的适用范围错综交叉,其界限并不确定。

2.3.2 波浪荷载计算方法

2.3.2.1 波浪荷载水平力计算方法

(1)直墙上的波浪力

对于立波压力，二阶浅水立波的波压力公式：

$$P=-z+A\frac{\cosh(z+kd)}{\cosh kd}\sin\omega\tau-\frac{1}{4}A^2\frac{\cosh 2(z+kd)}{\cosh 2kd}\coth 2kd\left[1+(3\coth^2 kd-2)\cos 2\omega\tau\right]+\frac{1}{2}A^2(\mathrm{csch}2kd+\coth 2kd\cos 2\omega\tau) \tag{2-42}$$

式中，$\tau=\sqrt{kgt}$，ω 为圆频率，k 为波数，A 为振幅，d 为水深。

令 $kd\to\infty$，得二阶深水立波的波压力公式

$$P=-z+A\mathrm{e}^{z}\sin\omega\tau+\frac{1}{2}A^2\cos 2\omega\tau-\frac{1}{4}A^2\mathrm{e}^{2z}(1+\cos 2\omega\tau) \tag{2-43}$$

式中，$\tau=\sqrt{kgt}$，ω 为圆频率，A 为振幅。

对于破波压力：

①远破波的波压力计算(图 2.4)。

在静水面以上高度为 H(推进波的波高)处得波压力为 0，静水面处得波压力 P_S 为

$$P_S=\gamma K_1K_2H \tag{2-44}$$

式中，γ 为海水容重；K_1 为与海底坡度 i 有关的系数；K_2 为与坡坦(L/H)有关的系数。

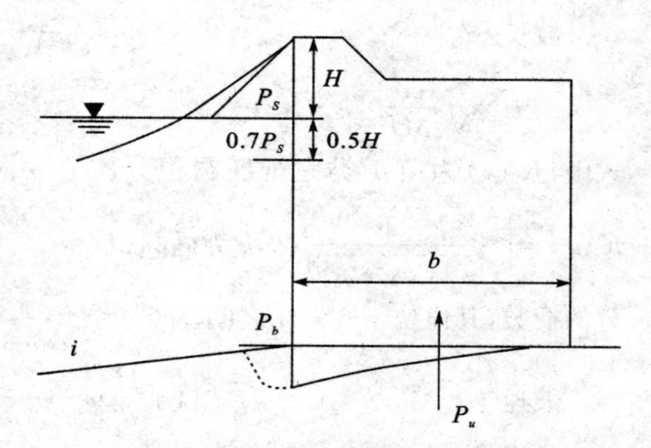

图 2.4 远破波压强的垂线分布

在静水面以上的波浪力的分布按直线变化，在静水面以下 $z=H/2$ 处得波浪附加应力 P_Z 为

$$P_Z=0.7P_S \tag{2-45}$$

在墙底处的波浪附加压力 P_d 为：

当 d/H(即相对水深)≤1.7 时，

$$P_d=0.6P_S \tag{2-46}$$

当 $d/H>1.7$ 时，

$$P_d=0.5P_S \tag{2-47}$$

墙底面上的波浪浮托力 P_u 为

$$P_u=u\frac{bP_d}{2} \tag{2-48}$$

式中，b 为墙底宽度，u 为波浪浮托力分布图形的折减系数，可取 0.7。

当波谷击堤时，可采用简化的计算图式。波谷高程在静水位以下半波高 $0.5H$ 处，静水面到波谷高程处的波压力呈直线分布，由波谷面到水底波压力视为等值分布，即 $P=0.5\gamma H$，静水面处压力为 0。

②近破波的波压力计算。

静水面处的波浪压力 P_S 分两种情况计算：

当 $2/3 \geqslant d_1/d > 1/3$ 时，

$$P_S=1.25\gamma H\left(1.8\frac{H}{d_1}-0.16\right)\left(1-0.13\frac{H}{d_1}\right) \tag{2-49}$$

当 $1/3 \geqslant d_1/d \geqslant 1/4$ 时，

$$P_S=1.25\gamma H\left[\left(13.9-36.4\frac{d_1}{d}\right)\left(\frac{H}{d_1}-0.67\right)+1.03\right]\left(1-0.13\frac{H}{d_1}\right) \tag{2-50}$$

式中，γ 为海水容重，H 为波高，d 为水深，d_1 为基床上的水深。

在墙底处的波浪附加压力为

$$P_d=0.6P_S \tag{2-51}$$

在计算单位长度堤身上近破波的总波浪力 P 时，运用下面的公式：

当 $2/3 \geqslant d_1/d > 1/3$ 时，

$$P=1.25\gamma Hd_1\left(1.9\frac{H}{d_1}-0.17\right) \tag{2-52}$$

当 $1/3 \geqslant d_1/d \geqslant 1/4$ 时，

$$P=1.25\gamma Hd_1\left[\left(14.8-38.8\frac{d_1}{d}\right)\left(\frac{H}{d_1}-0.67\right)+1.1\right] \tag{2-53}$$

式中，γ 为海水容重，H 为波高，d 为水深，d_1 为基床上的水深。

(2)墩柱上的波浪力

①莫里森(Morison)法(图 2.5)。

这个方法假定墩柱尺度相对波长而言较小($D/L \leqslant 0.15$)，波浪场将基本不受桩柱存在的影响而传播，这时其所受波浪力可视为两部分力所组成，一部分是由未扰动的波浪速度场所产生的速度力，另一部分是由波浪加速度场所产生的加速度力。计算规则波对小直径桩柱及柱群的作用力时，通常采用 Morison 提出的波浪力方程。

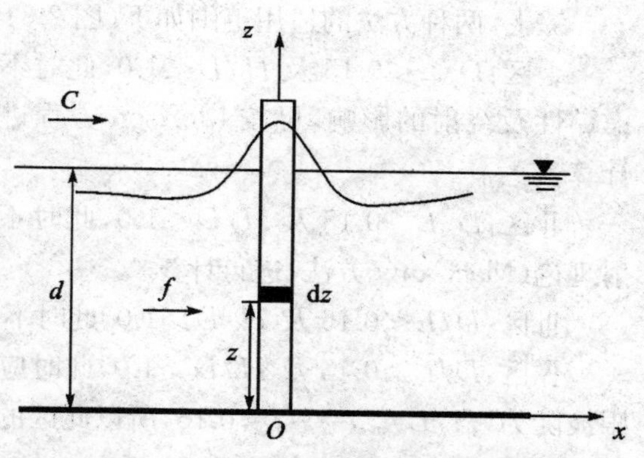

图 2.5　小尺度直立桩柱波浪力计算的坐标系统

Morison 方程是一种带有经验性质的半理论公式，它包含两项，即惯性力和速度力；惯性力项的形式与无黏性流体的波动理论的解相同，而速度力项的形式则与稳定流中的物体上产生的阻力相仿。

惯性力 F_i：柱体的存在使柱体所占空间的水体必须由原来的运动状态，变为静止不动，于是对柱体产生惯性力，周围的附连水体也产生附加质量。

速度力 F_d：流体存在黏性，在固面附近产生边界层，边界层内水流对固体有一个剪切力作用，大小与流体速度平方成正比。

惯性力和速度力最大值之间有一 90°的相位差，因此计算出速度力和惯性力的最大值以后，还需要来判断总水平力出现的相位。

利用 Morison 公式计算构件受力基本过程包括：结构尺度判断；选择波浪理论计算速度和加速度；计算速度力和惯性力；选取惯性力系数和速度力系数；计算出惯性力和速度力最大值；判断总水平力出现的相位，得出总水平力。

根据线性波理论，如果 $F_{d\max} \leqslant 0.5F_{i\max}$，可不计速度力影响，即 $F_{\max}=F_{i\max}$；如果 $F_{d\max}>2F_{i\max}$，可不计惯性力影响，即 $F_{\max}=F_{d\max}$；如果为中间情况则速度力和惯性力都要考虑，即 $F_{\max}=F_{d\max}\left[1+\frac{1}{4}\left(\frac{F_{i\max}}{F_{d\max}}\right)^2\right]$

②MacCamy 和 Fuchs 的绕射理论。

该理论假定流体是无黏性的，波浪做有势运动，并利用了线性化的自由水面边界条件，故只在波动幅度较小的情况下才能适用，当 $D/L>0.25$ 时，非线性对波浪力的影响一般小于5%，这样的差别通常在工程设计中也是可以允许的。

对于无黏性假设，实验表明：当波高 H 与墩柱直径之比 $H/D\leqslant 1.0$ 时，由于流体黏性所引起的阻力对波浪力的影响一般不超过 5%。因此可以认为，线性化的绕射理论的适用范围是 $H/D\leqslant 1.0$。

综上，两种方法的适用范围如下(图 2.6)：

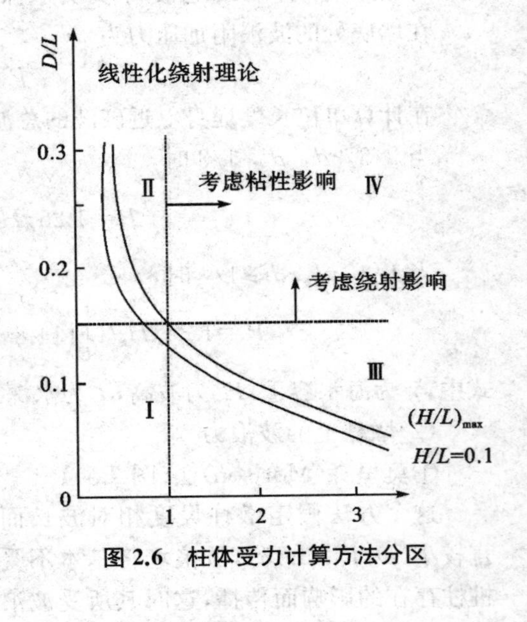

图 2.6 柱体受力计算方法分区

Ⅰ区：$D/L<0.15$ 及 $H/D<1.0$，此时不考虑黏性及绕射的影响，可按 Morison 方程进行计算。

Ⅱ区：$D/L>0.15$ 及 $H/D<1.0$，此时不考虑黏性，但应考虑绕射作用，可按线性绕射理论(MacCamy 方法)进行计算。

Ⅲ区：$D/L<0.15$ 及 $H/D>1.0$，此时不考虑绕射影响，可按 Morison 方程进行计算。

Ⅳ区：$D/L>0.15$ 及 $H/D>1.0$，此时应既考虑黏性又考虑绕射的影响，而波浪的极限波陡为 $(H/L)_{\max}=1/7\approx 0.15$，所以此区的波浪已经破碎，实际上不存在，可不予考虑。

2.3.2.2 波浪荷载竖向力计算方法

当假设海水为理想流体时，波浪对海床作用力主要为压力，波浪的压力循环荷载作用机理与地震、车辆等循环荷载作用机理有所不同。第一，海洋波的周期比地震波的周期要长，持续时间也要长得多；第二，波浪液化振源在海床表面，地震震源在海床深处。因此在土的应变率、孔隙水压力的消散等方面有较大差别。海水动压力与土层的相互作用，最重要的就是分析海水的波动特征，实际上海洋中的波动是极其复杂的，严格地说，它们都不是周期性变化，具有非线性和随机性。但是，作为近似，可以把实际的海洋波动看作是由许多振幅不同、周期不等、相位杂乱的简单波动叠加而成的。研究波浪的经典方法是把海水视为不可压缩的理想流体，最常用的理论有两个：一个是 Airy 于 1845 年提出的微小振幅波理论，另一个是 Stokes 于 1847 年提出的有限振幅波理论。微小振幅波理论是最基本的波浪理论，它较清楚地描述了波浪的运动特性。下面采用 Airy 微小振幅波理论来计算海水动压力。

研究波浪的运动控制方程时，海水波动通常做如下假设：

①海水是无黏性的理想流体；

②海水是均质的不可压缩流体，密度 ρ 为常量；

③自由海面的压强是均匀的，并且为常量；

④作用在海水上的质量力仅为重力，表面张力和地转偏向力等均忽略不计。

由此，描述理想规则波动的控制方程，可简化而得：

$$\frac{\partial u}{\partial x}+\frac{\partial v}{\partial y}+\frac{\partial w}{\partial z}=0 \tag{2-54}$$

$$\left.\begin{aligned}
&\frac{\partial u}{\partial t}+u\frac{\partial u}{\partial x}+v\frac{\partial u}{\partial y}+w\frac{\partial u}{\partial z}=-\frac{1}{\rho}\frac{\partial p}{\partial x}\\
&\frac{\partial v}{\partial t}+u\frac{\partial v}{\partial x}+v\frac{\partial v}{\partial y}+w\frac{\partial v}{\partial z}=-\frac{1}{\rho}\frac{\partial p}{\partial y}\\
&\frac{\partial w}{\partial t}+u\frac{\partial w}{\partial x}+v\frac{\partial w}{\partial y}+w\frac{\partial w}{\partial z}=-g-\frac{1}{\rho}\frac{\partial p}{\partial z}
\end{aligned}\right\} \tag{2-55}$$

其边界条件为：

①海面($z=\zeta$)：

$$w=\frac{\partial \zeta}{\partial t}+u\frac{\partial \zeta}{\partial x}+v\frac{\partial \zeta}{\partial y}\quad 和\quad p=p_0 \tag{2-56}$$

②固体边界处：$V_n=0$

式中，p_0 为海面的压强，常量；V_n 为固体边界面法线方向的速度。

水质点的运动速度是由海面向下逐渐衰减的。如果海底离海面足够远，不影响表面波浪运动时，称为深水波(短波)。否则称为中等深水波或浅水波(长波)。一般按相对水深(水深与波长之比，即 d/L)来进行划分(图 2.7)。当 $d/L\geqslant 0.5$ 时为深水波，当 $d/L\leqslant 0.05$ 时为浅水波，当 $0.05<d/L<0.5$ 时为中等深水波。计算表明，当 $d/L=0.5$ 时，用深水波波速公式计算出的波速值误差为 0.37%。为便于工程应用，有人建议以 $d/L=0.25$ 作为划分深水波与中等深水波的界限。在 $d/L=0.25$ 时用深水波波速公式计算出的波速值误差为 5%。

根据速度势与速度之间的关系，由速度势可以得到微小振幅波动中任一海水质点的速度为

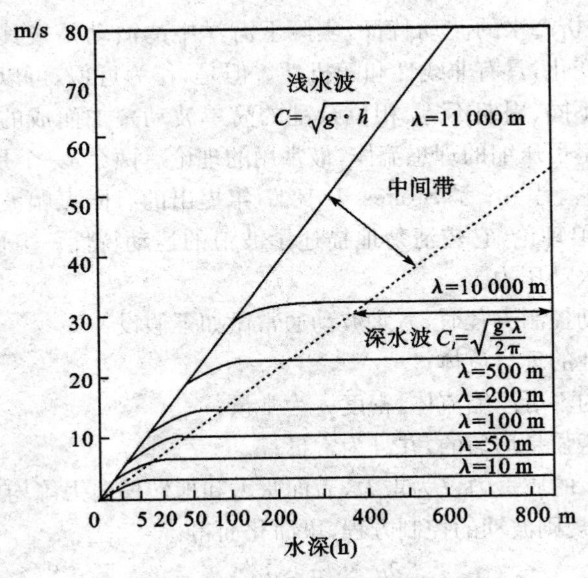

图 2.7 不同波长的波速随水深的变化

$$u_x=\frac{\pi H}{T}\frac{\cosh k(z+d)}{\sinh kd}\cos(kx-\omega t) \tag{2-57}$$

$$u_z=\frac{\pi H}{T}\frac{\sinh k(z+d)}{\sinh kd}\sin(kx-\omega t) \tag{2-58}$$

任一海水质点的压强为

$$p=-\rho gz+\rho g\ \frac{H}{2}\frac{\cosh k(z+d)}{\cosh kd}\cos(kx-\omega t) \tag{2-59}$$

可见,波浪压力由两部分组成:第一项为静水压力部分,第二项为动水压力部分。

对于深水波$\left(\frac{h}{L}\geqslant\frac{1}{2}\right)$,海水质点速度可写为

$$u_x=A\omega e^{kz}\cos(kx-\omega t) \tag{2-60}$$

$$u_z=A\omega e^{kz}\sin(kx-\omega t) \tag{2-61}$$

压强为

$$p=-\rho gz+\rho g\ \frac{H}{2}e^{kz}\cos(kx-\omega t) \tag{2-62}$$

对于浅水波$\left(\frac{h}{L}\leqslant\frac{1}{20}\right)$,海水质点速度可写为

$$u_x=\frac{\omega H}{2kd}\cos(kx-\omega t) \tag{2-63}$$

$$u_z=\omega\ \frac{H}{2}\frac{z+d}{d}\sin(kx-\omega t) \tag{2-64}$$

压强为

$$p=-\rho gz+\rho g\ \frac{H}{2}\cos(kx-\omega t) \tag{2-65}$$

2.4 海流荷载

2.4.1 海流运动特征

(1)潮流

海水在引潮力作用下周期地形成水平流动,存在往复流、旋转流,分为半日潮流,混合潮流与全日潮流。

(2)风海流

风对海面产生的切应力推动海水产生水平运动,在风力、地球旋转偏向力与垂向紊动水阻力作用下达到平衡而形成的稳定流动。

2.4.2 海流荷载计算

海流速度变化相对来说比较缓慢,在计算中常将海流视作为稳定的流动,作用在建筑物距底高为 Z 的构件上单位高度受的流体水平拖曳力为

$$f_D=\frac{1}{2}\frac{\gamma}{g}C_D\cdot A_P\cdot U_z^2 \tag{2-66}$$

式中,U_z 为距海底以上 Z 高度的海流速度,A_P 为构件迎流的投影面积,γ、g 分别为流体比重和重力加速度,C_D 为阻力系数。

在实测资料不够充分的情况下,速度沿高度的分布可参照下式:

$$U_{zT}=U_{ST}\left(\frac{z}{d}\right)^{\frac{1}{7}} \tag{2-67}$$

式中,U_{ST}潮流的表面流速,d 为水深,z 为海底以上的高度。

近岸风漂流为

$$U_{zw}=U_{sw}\left(\frac{z}{d}\right) \tag{2-68}$$

若海流的主要成份为潮流及风漂流,则

$$U_{zc}=U_{zT}+U_{zw} \tag{2-69}$$

合成流 U_z 的分布如图 2.8 所示。

作用在整个构件上的流体拖曳力为 F_D,即

$$F_D=\int_0^d f_D\mathrm{d}z \tag{2-70}$$

对于一些形状规则的构件,如圆柱、平板,可参阅风荷载计算中的 C_D 表。对于形状复杂的结构物,有时需要通过试验测定总力 F_D,然后按受风面积 A_P 确定结构物整体的 C_D 值,即流体压力 p

$$p=\frac{F_D}{A_P}=\frac{\gamma}{2g}U^2C_D \tag{2-71}$$

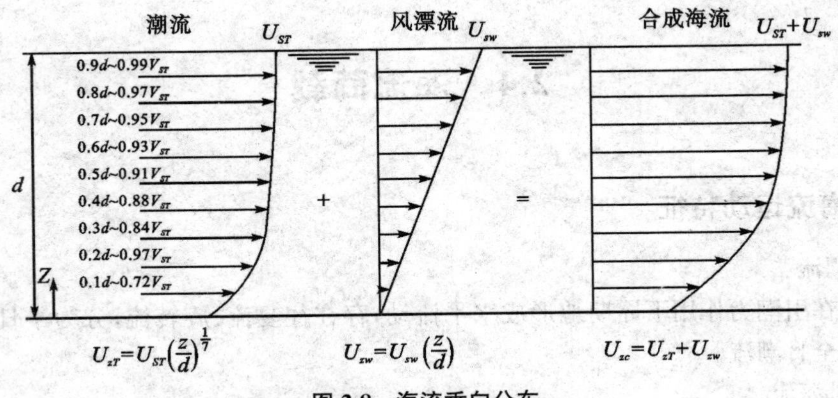

图 2.8 海流垂向分布

图 2.9 为不同结构物断面的 C_D 参考值及流压曲线。

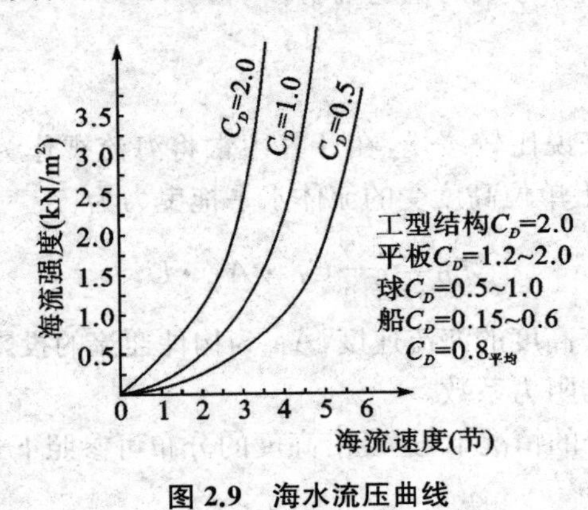

图 2.9 海水流压曲线

2.5 海冰荷载

2.5.1 海冰抗压强度

美国学者 Gold 按冰体样本的受压试验得 σ_C 与 T 的变化规律，如图 2.10 所示，冰样本的含盐量 S 为零，晶体结构为轴水平但轴向随机型。

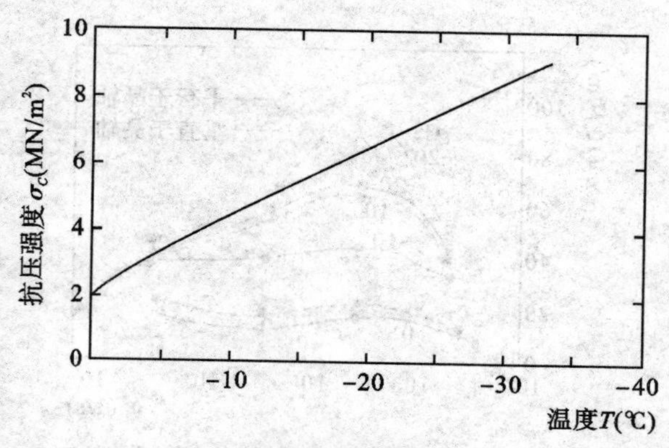

图 2.10　抗压强度与温度(Gold)

Gold 用同样冰样得 σ_C 随冰体应变的变化速度 ε'(应变率)的变化趋势,如图 2.11 所示。由该图可见,当应变率低时,冰体为弹塑性破坏,ε'高时则为脆性破坏。

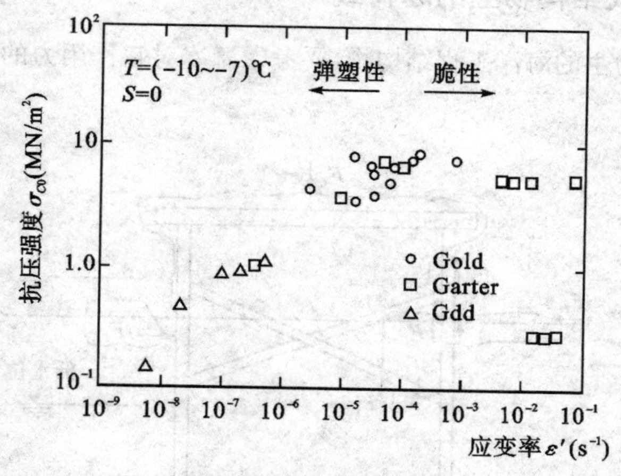

图 2.11　抗压强度与应变率(Gold)

我国学者金光洛对日本北海道东北向的鄂霍克海的萨咯摩湖取冰洋得 ε'与 σ_C 的变化趋势如图 2.12 所示。该地区海水的含盐量为 $32\times10^{-3}\sim33\times10^{-3}$,海冰的含盐量为 $3.0\times10^{-3}\sim5.5\times10^{-3}$,图 2.13 为 Schwarz 用波罗的海的海冰样本的实验结果。

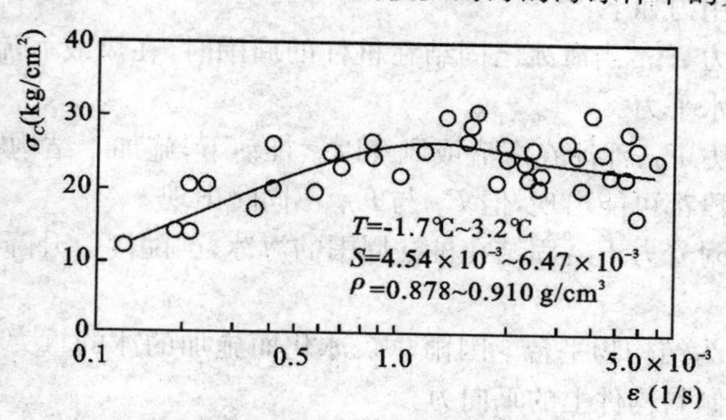

图 2.12　应变率与 σ_C 的关系(金光洛)

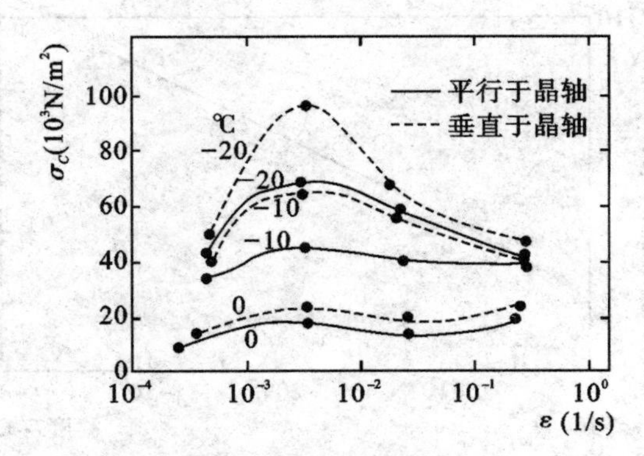

图 2.13 应变率与 σ_C 的关系(Schwarz)

以上诸结果的共同趋势是应变率在 $10^{-3}\ s^{-1}$附近时,抗压强度达到峰值。

2.5.2 直立桩柱式结构物上的冰荷载

对于直立桩柱为主的海洋工程结构物,要考虑海冰对它作用力的内容大致如图 2.14 所示。

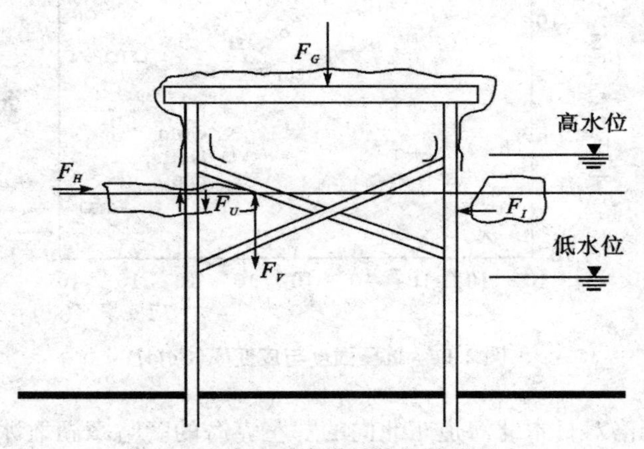

图 2.14 海冰对海洋结构物的作用力

其中主要的作用力如下:

①海冰的挤压力 F_H:当海冰已固结在桩柱的周围时,在风或海流作用下,使海冰挤向结构物而形成的水平力。

②海冰的撞击力 F_I:浮冰在海流或风等因素推动下,施加于结构物上的撞击力。F_I 在垂直桩柱的潮差段都可能出现,但 F_I 与 F_H 不同时出现。

③海冰的垂向附着力 F_U:固结在桩柱周围的海冰,因随潮位升降而施加于桩柱的垂直向附着力。

图 2.14 中 F_G 为结构物平台上因雨、雪、冰化而施加的冰的重力,F_V 为海冰垂向移动施加于结构物中倾斜构件上的垂向力。

由于海冰对结构物作用力涉及到海冰与结构物之间的相互作用状况,故结构物的自振特性将直接关联着本身构件所受冰压力的大小；加之海冰的抗压强度等力学参数随海冰的应变率(或加载率)而变化，所以，严格的冰作用力分析应该是冰与结构物共同作用下的动力计算。

海冰动力分析中的自激振动理论认为，海冰的抗压强度在加载率超过某一临界数值时，抗压强度随加载率增大而降低。这说明结构振动过程中，冰力提供负阻尼的效应，只要在不大的外力激发下，结构由于非线性负阻尼影响有可能出现较大振幅的动态响应。有关海冰动力分析的理论和方法近年来国内外已有不少研究成果，下面就工程设计界常用的一些冰力计算公式做适当的讨论。

2.5.3　直立桩柱结构物上水平挤压力 F_H 的计算公式

(1)美国 API，RP－2A(1979)

$$F_H = C \cdot \sigma_c \cdot h \cdot B \tag{2-72}$$

式中，σ_c 为海冰的抗压强度，单位为 kg/cm^2；h 为冰厚(cm)；B 为桩柱构件在海冰上的投影宽度(cm)；C 为系数，与加载率等因素有关，取值范围为0.3～0.7。

(2)苏联 CH－76(1959)

$$F_H = m \cdot A \cdot K_1 \cdot \sigma_c \cdot h \cdot K_2 \cdot b \tag{2-73}$$

式中，m 为桩柱结构迎冰面的形状系数，若桩柱有棱角，如图2.15所示，当棱角 2α 不同时，系数 m 的变化规律如表2.1所示。

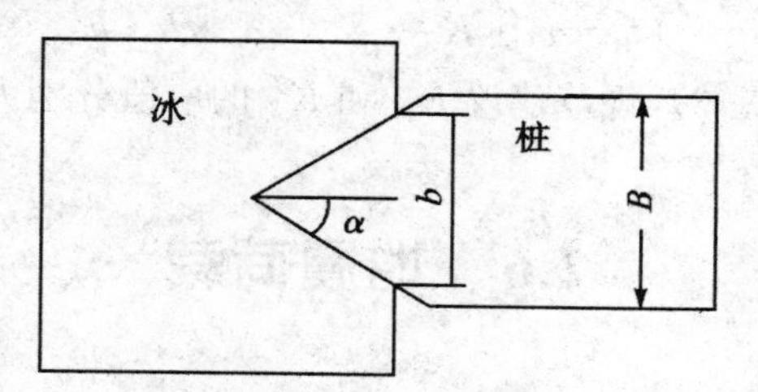

图2.15　冰对三角形端部的桩柱的挤压

表2.1　形状系数 m

建筑物形状	半圆形	尖角形，夹角为 2α					
		45°	60°	75°	90°	120°	180°
形状系数 m	0.9	0.6	0.65	0.69	0.73	0.81	1

A 为温度系数，当结冰期的最低温度为0℃时取1.0；若结冰温度在零下，且结冰期最低温度在－10℃以下时，A 值取2.0。

K_2 为冰层与建筑物迎冰面之间的接触系数，它是因冰层接触面凹凸不平，冰层与建筑物不是全部接触而考虑的折减系数，与冰的硬度、建筑物迎冰面的平整度有关，一般为0.2～0.4，当冰层的硬度大，建筑物接触表面不平整时取小值。

b 为冰与桩柱接触面的投影宽度。

K_1 为局部挤压系数，即局部挤压强度与标准试块挤压强度之比值，一般为 2.0～3.0。

σ_c 为海冰的抗压强度。

为了合理确定系数 K_1，曾有学者就渤海地区的海冰实测资料做论证性的分析。因海流、风等因素的作用使海上桩柱形结构物周围的固定海冰挤压桩柱的挤压强度 R_J 可写为

$$R_J = K_1 \cdot \sigma_c \tag{2-74}$$

式中，σ_c 为标准样本的抗压强度，它的数值在渤海湾为 5～19 kg/cm^2。在提取冰样的同时，在同一地点的海上钻井平台的直立圆柱构件上用刻痕压力计测得原体冰的挤压强度 R_J 为 10～30 kg/cm^2，最大为 45 kg/cm^2，由此得 K_1 的值亦在 2.0～3.0 的范围以内。

(3)加拿大 Neill C.R 建议的单个桩柱上的冰作用力

$$F_H = \sigma_c \cdot D \cdot \left(1+5\frac{h}{D}\right)^{\frac{1}{2}} \tag{2-75}$$

$$= \sigma_c \cdot h \cdot D \cdot f(h/D)$$

式中，h 为冰厚；D 为桩柱直径；$f(h/D)$为与 h 及 D 有关的函数，按试验数据拟合。

(4)日本平山氏按圆柱试验经验公式

$$\frac{F_H}{\sigma_c} \cdot D \cdot h = 3.57\left(\frac{D}{h}\right)^{-\frac{1}{2}} h^{-\frac{2}{5}} \tag{2-76}$$

(5)我国海上固定平台设计规范的推荐式

$$F_H = m \cdot K_1 \cdot K_2 \cdot \sigma_c \cdot b \cdot h \tag{2-77}$$

式中，符号的意义同式(2-73)，规范建议 K_1 和 K_2 的取值分别为 2.5 和 0.45。

2.6 地震荷载

2.6.1 响应谱法

在给定的地震作用期间内，结构体系的最大位移反应、速度反应和加速度反应随结构自振周期变化的曲线，称为响应谱曲线。采用该曲线计算在地震作用下结构的内力和变形的方法即为响应谱法。

使用响应谱法时，应从已被验证的设计响应谱中查到相应结构自振周期的谱值，乘以有效地面加速度，再沿着结构的两个正交的水平主方向相等地施加该谱值，在竖直方向上施加该谱值的 1/2，三个谱值应同时施加。对于振型响应组合，可以使用完全二次组合方法(CQC)，对于方向组合，可以使用平方和的平方根方法(SRSS)。

单自由度体系地震荷载计算公式为

$$F_{EK} = m \cdot S_A(T) \tag{2-78}$$

式中，m 为质点质量，$S_A(T)$为谱加速度。

有效地面加速度为 1.0G(G 为重力加速度)的标准响应谱曲线如图 2.16 所示：

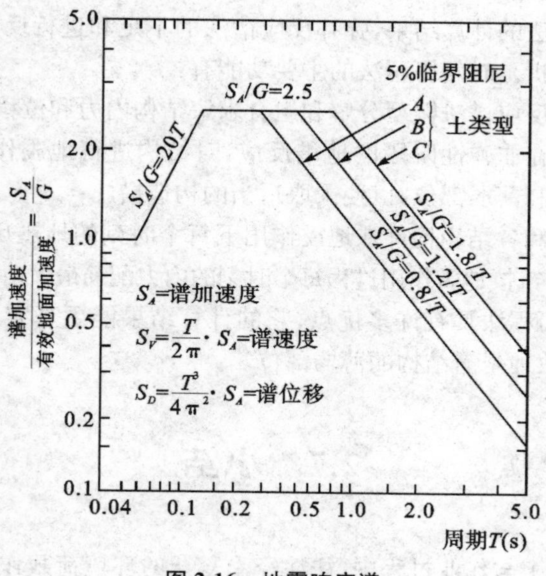

图 2.16　地震响应谱

图 2.16 中：A 类土为岩石，即结晶状岩、砾岩或页岩，一般具有超过 914 m/s 的横波速度；B 类土为浅硬冲击物，即牢固砂、淤泥质和硬黏土，抗剪强度超过 72 kPa 的土壤厚度小于 61 m，并且覆盖在岩性物质上；C 类土为深硬冲积物，即牢固砂、淤泥质和硬黏土，土壤厚度超过 61 m，并且覆盖在岩性物质上。

2.6.2　时间历程法

时间历程法抗震设计也称为“动态设计”，是在结构的基本运动方程中输入地面加速度数据并进行积分求解，以求得整个时间历程的地震反应的方法。此法输入与结构所在场地相应的地震波作为地震作用，由初始状态开始，一步一步地逐步积分，直至地震作用终了。使用时间历程法时，应选取所考虑的每一个时间历程中的最大值的平均值来作响应分析。

时间历程法的应用方法和计算步骤：首先对结构进行常规的抗震验算（如用振型分解反应谱方法），求得结构的内力和位移；再选用合适的数字化地震波（即地震地面运动加速度），选择的原则是使输入的地震波的特性和建筑场地的条件相符合；再进行 x 方向与 y 方向的时程分析计算，从而得到结构在地震波作用下的层间位移角、最大位移、最大剪力、最大反应力、最大弯矩和速度、加速度反应，应将求得的结果与按振型分解反应谱法或考虑扭转耦连影响的 CQC 法的计算结果进行比较，给出设计上的依据；最后将时程分析求得的地震力回代，作用在结构上，求出结构基本构件（梁、柱、剪力墙）的内力，并与其他外力（如竖向静荷载、横向静荷载、风荷载）作用下构件的内力按规范规定进行组合，求得按时程分析计算的构件配筋，与按振型分解反应谱法（SRSS）或考虑耦连影响的 CQC 法的计算结果进行直接比较，以此作为设计上的参考。

作为高层建筑和重要结构抗震设计的一种补充计算，采用时间历程法的主要目的在于检验规范中反应谱法的计算结果，弥补反应谱法的不足和进行反应谱法无法做到的结构非弹性地震反应分析。时间历程法的主要功能有：

①校正由于采用反应谱法振型分解和组合求解结构内力和位移时的误差；

②可以计算结构在非弹性阶段的地震反应，对结构进行地震作用下的变形验算，从而确定结构的薄弱层和薄弱部位，以便采取适当的构造措施；

③可以计算结构和各结构构件在地震作用下每个时刻的地震反应(内力和变形)，提供按内力包络值配筋，或按地震作用过程每个时刻的内力配筋最大值进行配筋这两种方式。

总的来说，时间历程法具有许多优点，它的计算结果能更真实地反映结构的地震反应，从而能更精确细致地暴露结构的薄弱部位。

2.7 小结

海洋结构物在施工与作业过程中，往往经受复杂的环境荷载作用。这对结构物的稳定性与安全性有着十分重要的影响。本章对海洋平台、海洋风机以及防波堤等结构物可能受到的环境荷载，如海风、波浪、海流、海冰与地震等进行了简要的阐述，为海洋工程结构物荷载计算提供参考。

参考文献

[1] 李玉成，滕斌.波浪对海上建筑物的作用[M].北京：海洋出版社，1990.
[2] 孙意卿.海洋工程环境条件及其荷载[M].上海：上海交通大学出版社，1989.
[3] 邱大洪.波浪理论及其在工程中的应用[M].北京：高等教育出版社，1985.
[4] 邹志利.海岸动力学[M].北京：人民交通出版社，2009.
[5] 岳晓瑞，徐海祥，罗薇，等.海洋工程结构物风荷载计算方法比较[J].武汉理工大学学报(交通科学与工程版)，2011，41(3)：453-456.
[6] 彭绍源.固定式海洋平台地震荷载计算参数分析[J].中国海洋平台，2013，28(3)：49-52.
[7] 孟宪建.结构抗震计算时程分析法的计算要点[J].山西建筑，2007，33(6)：65-66.

第3章　海洋土工程特性

3.1　前言

海洋环境的特殊性和海洋土成因的复杂性，使得海洋岩土与陆地岩土的物理力学特性存在较大的差异。因此，研究海洋土体的形成环境和影响因素，对评价海洋土的工程性质显得十分重要。

3.2　海洋土成因与特点

3.2.1　环境影响因素

(1)含盐度的影响

海洋水体含有多种矿物质盐类，平均含盐度约为 3.5%，在这种高含盐度的水体中沉积的土颗粒往往具有高孔隙比的絮凝结构，而且孔隙水饱和度极高。土的比重一般指的是土颗粒的重量与同体积 4℃水的重量之比：

$$G_s=\frac{W_s}{V_s\gamma_w} \tag{3-1}$$

式中，W_s 为土颗粒重量；V_s 为土颗粒体积；γ_w 为 4℃时水的容重。土颗粒的比重只取决于土颗粒的矿物成分。区别于陆上土体比重，海洋土比重同时受到含盐度和孔隙含水量的双重影响，试验测得的比重一般随着含盐度的增大而增大。

(2)胶结物的影响

海洋水溶解有大量气体，并含有大量的有机质与悬浮体，形成了与陆地土体差别较大的海洋土胶结物质。胶结物质的存在，极大地影响了土体的结构排列形式，其作用不容忽视。这些胶结物形成了很强的土体附加结构强度，使土体呈现出较强的表观“先期固结压力”；同时，沉积速率极低的黏土颗粒在上述胶结物的胶结作用下形成了高孔隙土骨架结构，导致了海洋土具有较高的灵敏度。土体胶结结构的存在，使得土层的天然孔隙率与深度的关系，不像陆地正常固结土体的孔隙率随深度的增加而呈现明显减小的趋势，海洋土层中土体的孔隙率随着深度几乎不变。图 3.1 是南海某海域一个钻孔剖面土层孔隙比随深度变化关系曲线。

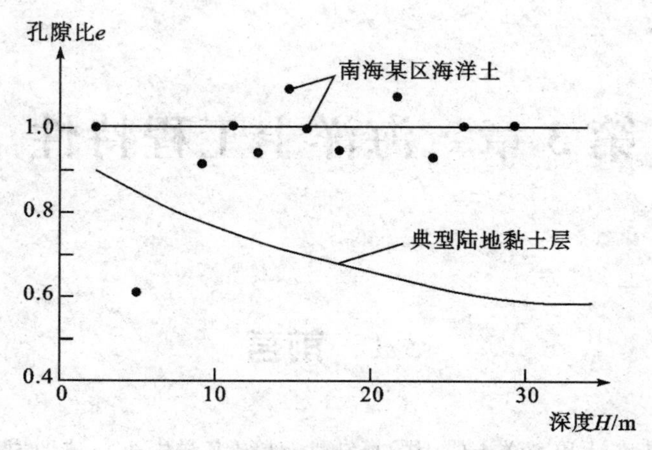

图 3.1 孔隙比随深度变化示意图

3.2.2 成因与特点

海洋沉积物的工程性质与矿物组成和颗粒组成有较大关系。对火山质来源的海洋黏土,矿物以蒙脱石为主;变质来源的海洋黏土,则以伊利石为主;生物碎屑较多的远岸外陆架,碳酸盐沉积发育明显,海洋沉积物的抗剪强度可能会由于碳酸盐的胶结作用而提高。同时,海洋土的工程性质还与沉积时的沉积速率有关。沉积越快,矿物之间结构越来不及调整到最适当位置,连结就越脆弱,强度就越低,即距沉积来源越远,沉积速率越慢,而抗剪强度就越大。

第四纪冰期和间冰期的交替变化,导致了海平面的升降和海岸线的推移,控制了海岸带河流的剥蚀和搬运过程,从而产生了一定的沉积格式并影响着沉积物的工程性质。随着海岸带的进退,在大陆架纵向和横向上,留下了河流、三角洲、潟湖或海相等沉积物。尤其在冰期,海平面下降时,海岸带水力坡度增大,使海岸带河流搬运砂和砾石多,大陆架表面已有的沉积层裸露剥蚀,留下来的沉积层则表现出超固结性态。

现在海洋土体的性质不仅与成因过程有关,还强烈地受到沉积后的应力历史影响。第四纪的几次海平面变化控制了土层的沉积、剥蚀等动力作用,这不仅影响着土层的沉积过程,还影响着沉积后的土体力学性能。海洋土和陆地土所受影响的显著不同之处,是海洋土不断遭受到由结构物传到海底土层的波浪循环剪切力的作用。由于海洋波浪荷载的快速加载和循环反复的联合作用,使海洋波浪荷载下的海洋土性状很复杂。相对平静期及小风暴时,波浪荷载对海底土层起着“预剪作用”,这种循环波压力作用下,土体中正应力偏差与剪应

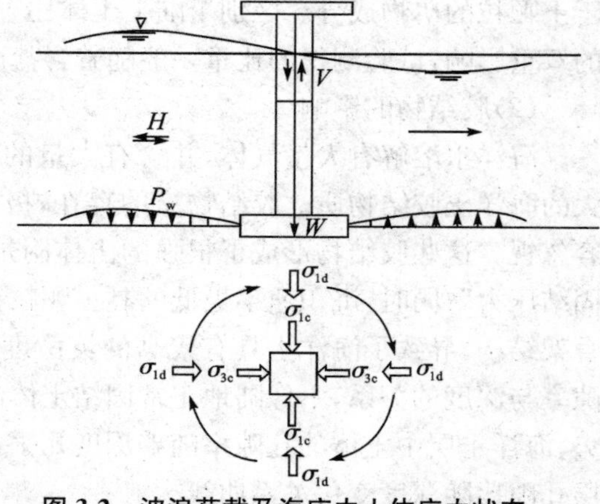

图 3.2 波浪荷载及海床中土体应力状态

力及其组合而成的总偏差应力均随时间周期变化(图 3.2)，导致土体的主应力轴发生持续不断的周期旋转。已有大量试验表明，主应力轴连续旋转将会使土体的液化强度显著降低，同时加快孔隙水压力的升长速率。连续不断的风暴加载，即使其荷载比土体静强度小一些，也会产生累积效应，诱导所产生的残余孔隙水压力的累积，使砂土液化、黏性土强度产生疲劳损失，直接威胁着近海结构物的稳定。

3.2.3　组成与结构

海洋土的工程性质与陆相沉积土相比，具有许多明显差异。首先在物质成分上就有很大的不同。海洋土含有大量生物骨骼质、矽藻残骸和其他有机岩屑，充满孔隙的则是含盐成分很高的水流体。这种水流体对海洋土的工程性质有重要的影响。其次是它的沉积环境，海洋土是处在高压低温的状态下沉积的，这对海洋土的显微结构和物理力学性质都有很大影响。从宏观结构上来讲，海洋土多是厚层未固结的松软沉积物(岩性主要为淤泥及淤泥质黏性土，间或夹有薄层粉细砂层)，如表 3.1、图 3.3 所示。

海洋土的结构不仅和沉积环境有关，而且还和它的工程性质有着较为密切的关系。例如，渤海海域多以浅层淤泥质黏土为主；黄海海域含有大量的硅藻土，物理力学特性较低；东海海域多硬黏土层；南海海域多为灵敏度较高的特殊黏土。海洋土一般包含大量的黏粒，夹杂一定数量的砂粒和粉粒，同时含有较多的细小生物遗骸。海洋土具有如下结构特点(表 3.2)。

表 3.1　南海地层简表

时代	土层编号		深度(m)	土性描述	沉积相
Q4	Ⅰ		0.00～0.80	灰黑色粉质黏土	浅海相
Q3	Ⅱ	Ⅱa	0.80～1.00	黄绿色粉质黏土	陆相
		Ⅱb	1.00～3.50	灰紫色粉质黏土	滨海相
	Ⅲ	Ⅲa	3.50～5.00	灰绿、黄色相杂粉质黏土	陆相
		Ⅲb	5.00～8.55	浅灰色砾质砂土	滨海相
	Ⅳ	Ⅳa	8.55～8.70	青灰色粉质黏土	陆相
		Ⅳb	8.70～20.00	深青灰色砂质黏土	滨海相
Q2	Ⅴ	Ⅴa	20.00～20.50	粉质黏土	滨海相
		Ⅴb	20.50～33.00	深青灰色和浅灰色相间的砂质粉质黏土互层	陆相夹海相
Q1	Ⅵ		33.00～58.00	灰色含砾中粗砂土(夹粉质黏土层)	浅海—滨海相夹陆相
N2	Ⅶ		58.00～76.00	灰黄色中粗砂(含大量贝壳碎片)	浅海相
	Ⅷ		76.00～98.99	灰色黏土和粉质砂土	

表 3.2 海洋土粒间结构分类表

颗粒形态		胶结或链接		微结构类型	微结构亚类
集粒或粉粒		胶结	盐晶	粒状链接结构	粒状盐晶胶结结构
			黏土		粒状黏土胶结结构
集粒或粉粒		链接	长链	粒状链接结构	粒状长链连接结构
			短链		粒状短链连接结构
絮凝体	致密	链接	长链	絮状链接结构	致密絮凝长链结构
			短链		致密絮凝短链结构
	开放		长链		开放絮凝长链结构
			短链		开放絮凝短链结构
黏粒基质	致密	无	链	黏粒基质结构	黏粒定向基质结构
	开放				黏粒开放基质结构

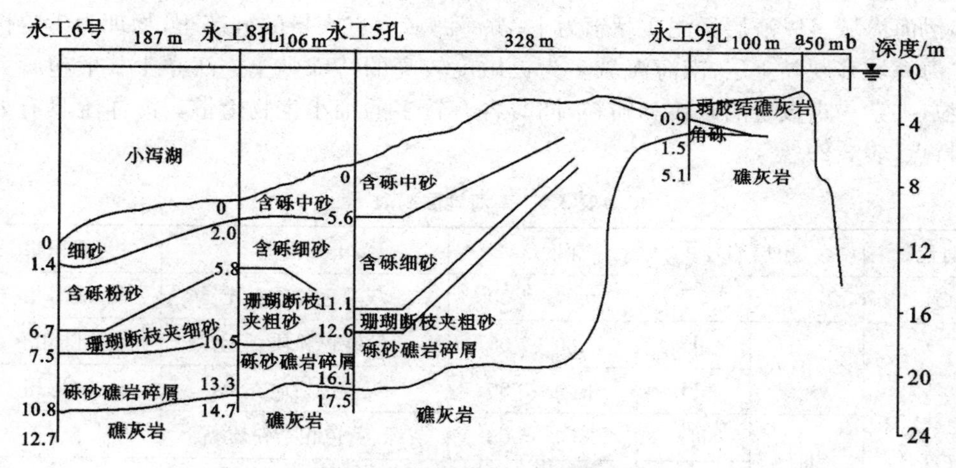

图 3.3 南海某钙质砂海床剖面图

(1)粒间孔隙性

高孔隙性是海洋土的重要结构特征，一般存在如下三类孔隙形态：

①大孔隙形态，一般存在于海床浅层土中，孔隙大小远比形成孔隙的颗粒直径要大，且孔隙往往贯通整个土体；

②粒间孔隙形态，这种孔隙的数量是决定土体孔隙比的主要原因，也是决定土体变形的主要因素，一般浅层的粒间孔隙大、深层土粒间孔隙小；

③粒内孔隙形态，主要指凝聚体或集粒内部的孔隙，集粒内部孔隙一般只影响孔隙指标的变化，而不影响土体的变形性质。

(2)颗粒间胶结作用

碎散的土颗粒之间的连接点强度很低，在较小外力作用下就会发生破裂和滑移，导致土体发生变形。海洋土颗粒的胶结或链接是很复杂的，胶结强度与连接方式也不完全相同，一般存在：

①矿物质盐晶胶结，以微晶形态附着在颗粒的表面或颗粒的连接处，对颗粒起到较弱的胶结作用；

②黏土胶结，这种胶结一般存在于集粒或粉粒之间，当颗粒靠得很近甚至互相接触时，接触面上的黏土片起到相互胶结的作用，这种胶结作用强度较高，能够增强海洋土体的稳定性；

③粒间链式胶结，这种粘结链长细比越大，土体强度越低，在连续的循环往复剪应力作用下会长期流动变形；

④絮状链式结构，通过黏土将凝聚体连接在一起，构成絮状链接结构，一般存在于淤泥质黏土中。

3.2.4 工程特性

特殊的环境荷载下，海洋土与陆相沉积土相比而言，工程特性存在着很大的差异，表3.3、表3.4给出了典型海域土体的物理力学指标。

①高灵敏性：由于海水的离子作用，海洋土的灵敏度都在4以上，受扰动时丧失75%以上的强度。有的深海沉积物灵敏度高达88，受扰动时丧失98.8%的强度。

②高孔隙比：由于海水的长期作用，黏土质海洋沉积物呈现典型的絮凝结构，絮凝的细小粒子堆聚成巨大的絮凝物。黏土质絮凝物的粒子排列较凌乱，因此孔隙比一般都大于1.5，有的深海沉积土孔隙比可达5.4以上。

③高触变性：黏土质海洋沉积物的胶体特性很强，在海洋环境中黏土粒子之间有一定结构链接。当沉积物受到扰动而破坏了结构链接时，便发生胶溶作用，强度大大降低或很快变成稀释状态，但静止后由于凝聚作用使沉积物的强度又有所恢复，这种高的触变性能可以多次地重复。

④高蠕变性：黏土质海洋沉积物，在固定不变或连续地发生剪切应力作用下，随着时间的延续，会产生长期流变变形。当剪应力超过某一极限时，沉积物粒子之间的链接遭到破坏，以致粒子发生错动。海洋土的这种长期不稳定性，可使建筑物的沉降持续很多年。

⑤高液化性：细粒砂质海洋土，在某种动力作用的瞬间使饱和砂结构突然破坏，砂粒相互脱离，孔隙水压力增至全应力，砂粒悬浮而失去稳定性，使建筑地基产生不均匀沉降或由于液化的砂向侧旁流出，使建筑物遭到破坏。

⑥高含水性：所有黏土质海洋沉积物的含水量都在塑限以上，且大部分又都在液限以上，呈软塑-流塑状态。有的深海沉积土含水量高达423%。

⑦高压缩性：黏土质海洋沉积物属高压缩性的软土，压缩系数一般均大于0.08×10^{-2}/kPa，有的高达0.2×10^{-2}/kPa以上，因而海洋工程建筑物的沉降量都非常大。

⑧低渗透性：黏土质海洋土渗透性能都很低，渗透系数很小，可认为是不透水的。水分渗出条件很差，这对地基的固结排水不利，反映在海洋工程建筑物地基的沉降方面则

延续的时间很长。

⑨强度弱：由于海洋土具有上述一些特性，反映在地基强度上则是很低的，无论抗压、抗剪强度都很低，长期强度则更低。

表 3-3　部分海域土的物理力学指标(平均值)统计表

容重 γ (g/cm³)	孔隙比 e	含水量 (%)	饱和度 S_r(%)	液限 W_L (%)	塑性指数 I_p	液性指数 I_L	内聚力 c (kg/cm³)	灵敏度 S_r	压缩系数 a(cm²/kg)
1.85	1.03	44	78	30	16	0.80	0.26		0.14
1.82	1.60	60	99	28	10	1.71	0.18		0.08
1.51	1.67	87	97	59	31		0.04		0.23
1.66	1.15	46		48	24	1.43	0.09		0.08
1.40	2.30	150							
1.52	2.05	86		55	34		0.05	4	
1.71	5.39	207	93	104	57	1.26	0.93	88	
1.45	3.29	175		106	68		0.05	4	
1.53	2.05	106	96	231	49		0.56	57	0.31

表 3-4　胶州湾(青岛近海)几种土的主要物理力学指标(平均值)对比

岩性及地点		容重 γ (g/cm³)	含水量 W(%)	液限 W_L(%)	塑性指数 I_P	液性指数 I_L	内聚力 C (kg/cm²)	内摩擦角 φ
淤泥	甲地	1.54	80	42	20	2.89		
	乙地	1.70	54	33	10	3.46	0.16	19°
	丙地	1.75	45	30	9	2.73	0.04	5°
亚黏土	甲地	2.00	24	30	10	0.49	0.30	22°
	乙地	1.95	25	29	12	0.68	0.39	22°
	丙地	1.89	24	34	12	0.98	0.12	10°
黏土	甲地	1.92	27		21	0.33	0.83	18°
	乙地	1.63	65	53	25	1.50	0.04	17°
	丙地	1.75	49	42	21	1.34	0.09	4°
轻亚黏土	甲地	1.91	28	26	4	1.65	0.23	23°
	乙地	1.98	25	27	6	0.74	0.21	29°
	丙地	1.95	23	26	6	0.47	0.47	24°

表 3.5 列举出了海洋土微观结构和土体工程特性间的对应关系，以供参考。

表 3.5　海洋土不同颗粒结构的工程特征

结构类型	工程特性				
	强度	孔隙度	压缩性	灵敏性	流变性
粒状盐晶胶结结构	中偏高	低	低	中	低
粒状黏土胶结结构	中偏高	低	低	中	低
粒状长链连接结构	较低	中	中偏高	高	中偏高
粒状短链连接结构	中	中偏低	中	中	中
致密絮凝长链结构	中偏低	高	中偏高	高	中偏高
致密絮凝短链结构	中	中	中	中	中
开放絮凝长链结构	很低	很高	高	高	高
开放絮凝短链结构	低	高	中偏高	中	中偏高
黏粒定向基质结构	中偏高	中	中	中	中
黏粒开放基质结构	中偏高	中偏高	高	高	高

3.3　土体渗透性

渗透是指水在压力作用下通过土中孔隙发生流动的现象，渗透性是指土体被水渗透的能力大小。如图 3.4 所示，由于上下游水位差的作用，土坝上游的水会通过坝体渗透到下游，水闸上游的水会通过闸基渗透到下游。

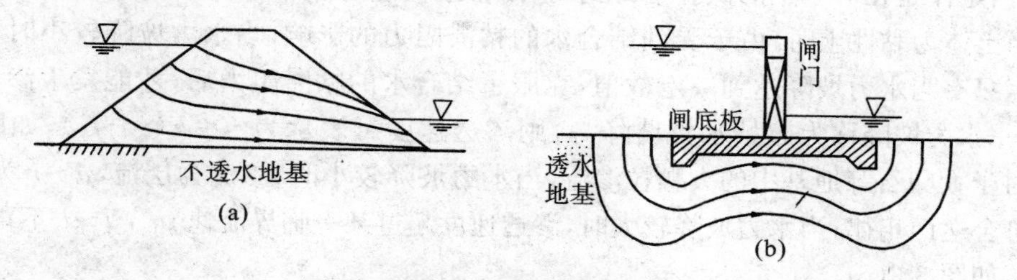

图 3.4　水在土坝、闸基中的渗流

由于水的渗透，会给挡水、输水等建筑物带来两类问题。①引起水量损失，减小了经济效益，称为渗漏问题；②水在土中渗透，会使土中应力发生变化，改变土体的稳定条件，甚至造成土体的破坏，称为渗透稳定问题。为了解决好上述问题，需要研究土的渗透性及其与工程的关系，以便为工程设计和施工提供依据。

3.3.1　达西定律(Darcy)

为了研究水的渗透规律，法国工程师达西做了大量的实验，于 1856 年总结得出，水在土中的渗透速度与土样两端的水头差成正比，与渗透长度成反比。

如图 3.5 所示，试验结果表示为

$$v=k\frac{h}{L}=ki \tag{3-2}$$

或

$$q=vA=kiA \tag{3-3}$$

式中，v——渗透速度，cm/s；

q——渗透流量，cm^3/s；

h——土样两侧的水头差，cm；

L——土样的渗透长度，cm；

A——垂直于渗流方向的土的截面积，cm^2；

i——水力坡降，$i=h/L$，即渗流单位长度的水头损失；

k——渗透系数，cm/s。

k 是反映土体渗透性强弱的一个指标，其物理意义是单位水力坡降的渗透速度。不同土的渗透系数见表 3.6。

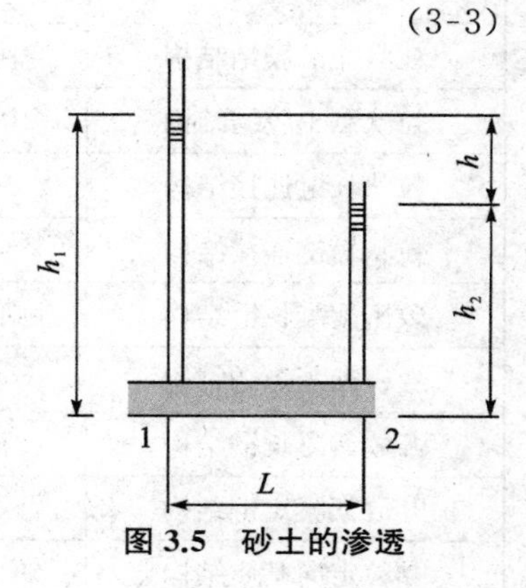

图 3.5 砂土的渗透

表 3.6 常见土的渗透系数

土类	渗透系数 k(cm/s)	渗透性
纯砾	$>10^{-1}$	强渗透性
纯砾与砾混合物	$10^{-3}\sim10^{-1}$	中渗透性
极细砂	$10^{-5}\sim10^{-3}$	弱渗透性
粉土、砂与黏土混合物	$10^{-7}\sim10^{-5}$	极弱渗透性
黏土	$<10^{-7}$	几乎不透水

达西定律是在对砂土的试验中得到的，而且水流速度较小，处于层流状态，如图 3.6(a)。当土体为黏性土时，由于受到结合水的粘滞阻力的影响，当水力坡降较小时，不发生渗流，只有当水力坡降达到一定数值，克服了结合水的粘滞阻力后，才能发生渗流，我们把这一水力坡降称为起始水力坡降 i_b，则渗透速度可表示为 $v=k(i-i_b)$，如图 3.6(b)。对于大卵石等地基中的大颗粒渗流，当水力坡降较小时，渗流为层流，$v\sim i$ 为线性关系，符合达西定律；当水力坡降较大时，渗透速度超过某一临界流速 v_{cr}，$v\sim i$ 不再是线性关系，如图 3.6(c)。

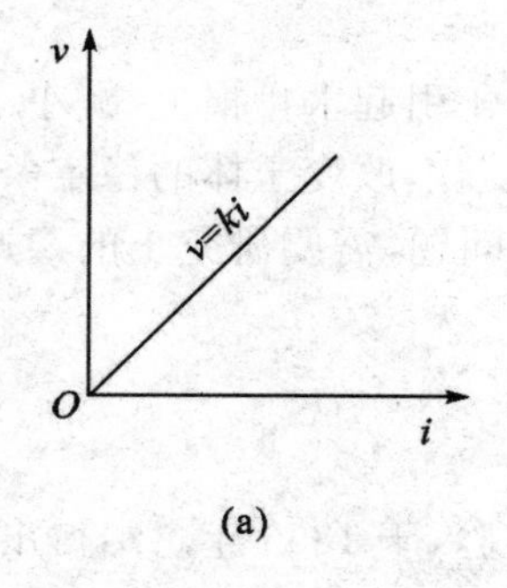

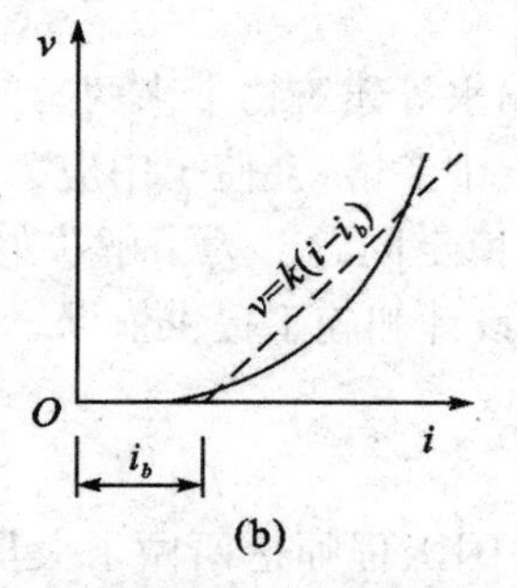

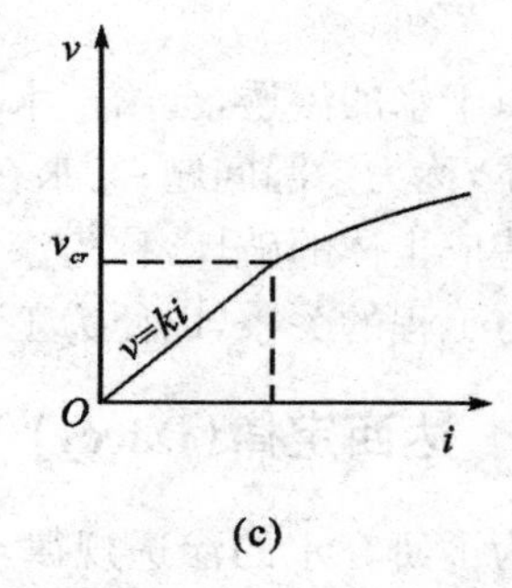

图 3.6 不同情况的渗透规律

3.3.2 渗透系数的测定

渗透系数 k 是综合反映土体渗透能力的一个指标，也是渗透计算时用到的一个基本参数，渗透系数通常由试验确定。

(1)渗透系数的测定方法

渗透系数的测定方法可分为室内渗透试验和现场渗透试验两大类。两者基本原理相同，均以达西定律为依据。下面仅介绍室内试验的两种方法。

①常水头试验。

常水头试验是在整个试验过程中水头始终保持不变的一种方法，适用于透水性较强的无黏性土。

如图3.7，在圆柱形试验筒内装置土样，设土样截面积为 A，长度为 L，试验时水头差为 h，这三者可以直接量出，试验时测得在时间 t 内流出的水量(体积)V，则透过土样的流量为$\frac{V}{t}$，由达西定律应有$\frac{V}{t}=k\frac{h}{L}A$，则

$$k=\frac{VL}{hAt} \tag{3-4}$$

②变水头试验。

变水头试验是在整个试验过程中水头不断变化的一种方法，适用于透水性小的黏性土。由于黏性土的透水性小，若用常水头法，流过土样的水量很小不易测准，或者由于需要的时间很长，会因蒸发而影响试验精度，故采用变水头试验。如图3.8，土样上端连接一带刻度的竖直玻璃管，其横截面积为 a。玻璃管内为高水位，另一侧连接一溢水容器，为低水位，水位不变。试验中玻璃管内水位逐渐降低，记录下时刻 t_1 和相应水头 h_1、时刻 t_2 和相应水头 h_2。

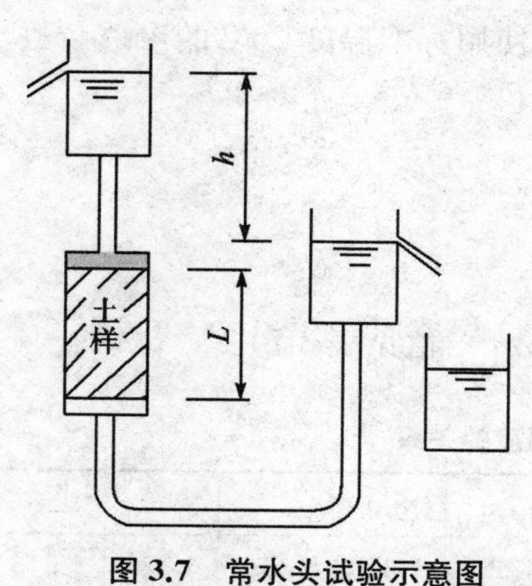

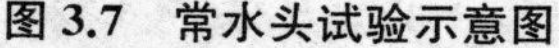
图3.7 常水头试验示意图

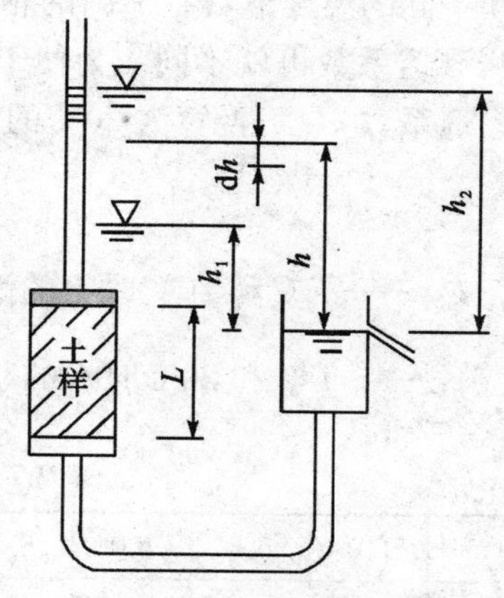

图3.8 变水头试验示意图

设在水头 h 下，经微小时段 dt，水位下降 dh。则在该时段内玻璃管内水量减少

$a\,\mathrm{d}h$，又由达西定律知流经土样的水量为 $\mathrm{d}q=k\,\dfrac{h}{L}A\,\mathrm{d}t$，两者应相等，即

$$a\,\mathrm{d}h=k\,\frac{h}{L}A\,\mathrm{d}t \tag{3-5}$$

$$\frac{\mathrm{d}h}{h}=\frac{kA}{aL}\mathrm{d}t \tag{3-6}$$

在时段 $t_1\sim t_2$ 内，水头由 $h_2\sim h_1$，将上式两端分别积分，得

$$-\int_{h_1}^{h_2}\frac{\mathrm{d}h}{h}=\int_{t_1}^{t_2}\frac{kA}{aL}\mathrm{d}t \tag{3-7}$$

式中加一负号的原因是，时间 $t_1\sim t_2$ 是增长的，而水头 $h_1\sim h_2$ 为减小的。

$$\ln\frac{h_1}{h_2}=\frac{k}{L}\frac{A}{a}(t_2-t_1) \tag{3-8}$$

$$k=\frac{aL}{A(t_2-t_1)}\ln\frac{h_1}{h_2} \tag{3-9}$$

(2)影响渗透系数的主要因素

渗透系数反映了水在土中流动的难易程度，其大小受土的颗粒级配、密实程度、水温等因素的影响。

①土粒大小与级配。

土粒大小与级配关系到土中孔隙的大小，对土的渗透系数影响最大。土粒越粗，孔隙越大，渗透系数就越大；级配良好时，总孔隙较小，渗透系数较小。

②土的密实度。

同一种土，在不同密实状态下有不同的渗透性。土的密实度增加，孔隙比减小，土的渗透性也就减小。

③水的温度。

水在不同的温度下具有不同的粘滞性，影响到渗透的速度，对同一种土在不同的温度下所测渗透系数也就不同。为便于比较，统一使用标准温度 20℃ 的渗透系数，其他温度下的渗透系数 k_T 可换算为 20℃ 的渗透系数 k_{20}。

$$k_{20}=k_T\,\frac{\eta_T}{\eta_{20}} \tag{3-10}$$

式中，k_T、k_{20}——T℃ 和 20℃ 时土的渗透系数；

η_T、η_{20}——T℃ 和 20℃ 时水的动力粘滞系数，$\dfrac{\eta_T}{\eta_{20}}$ 值见表 3.7。

表 3.7　η_T/η_{20} 与温度的关系

温度(℃)	5.0	5.5	6.0	6.5	7.0	7.5	8.0	8.5	9.0	9.5	10.0
η_T/η_{20}	1.501	1.478	1.455	1.435	1.414	1.393	1.373	1.353	1.334	1.315	1.297
温度(℃)	11.5	12.0	12.5	13.0	13.5	14.0	14.5	15.0	15.5	16.0	16.5
η_T/η_{20}	1.243	1.227	1.211	1.194	1.176	1.163	1.148	1.133	1.119	1.104	1.090

（续表）

温度(℃)	18.0	18.5	19.0	19.5	20.0	20.5	21.0	21.5	22.0	22.5	23.0
η_T/η_{20}	1.050	1.038	1.025	1.012	1.000	0.988	0.976	0.964	0.953	0.943	0.932
温度(℃)	26.0	27.0	28.0	29.0	30.0	31.0	32.0	33.0	34.0	35.0	
η_T/η_{20}	0.870	0.850	0.833	0.815	0.798	0.781	0.765	0.750	0.735	0.720	

3.3.3　渗透计算

（1）渗透力

如图3.9所示，在一圆筒内放置土样，两侧分别作用水头h_1、h_2，由于水头差的作用，水由左侧渗透至右侧。假设没有土体存在，则水会很快通过，而由于土的存在，使流速大大减小，说明土体对水流有很大的阻力，反之，水流给土体一作用力，这一水流对土体的作用力称为渗透力j，通常以土体单位体积上受到的力来表示。

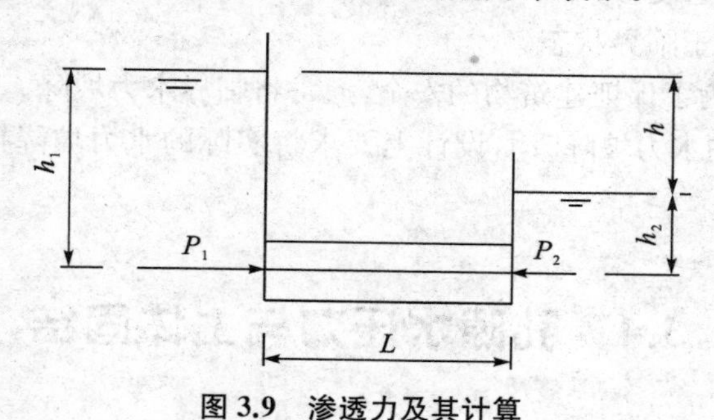

图3.9　渗透力及其计算

如图3.9所示，水头h_1、h_2在土样两端产生的压力分别为$P_1=\gamma_w h_1 A$，$P_2=\gamma_w h_2 A$，土样体积为AL，则单位体积土体上的渗透力为

$$j=\frac{P_1-P_2}{AL}=\frac{\gamma_w h_1 A-\gamma_w h_2 A}{AL}=\frac{h_1-h_2}{L}\gamma_w=\frac{h}{L}\gamma_w=i\gamma_w \tag{3-11}$$

式中，j为渗透比降，方向与渗流方向一致，作用于整个土体中，是一种体积力，单位为kN/m^3。

（2）渗透变形

渗透力改变了土体原有的应力状态，达到一定限度后，渗透水流会把部分土体或土颗粒冲出、带走，这种现象称为渗透变形。渗透变形使得局部土体发生位移，位移达到一定的程度，土体将发生失稳破坏。渗透变形一般有流土和管涌两种基本型式。

流土是指在渗透力的作用下，土体表面某一部分土体整体被水流冲走的现象。管涌是指土中小颗粒在大颗粒孔隙中移动而被带走的现象。工程中，使土体开始发生渗透变形的水力坡降，称为临界水力坡降。下面介绍流土的临界水力坡降，如图3.10所示，渗透变形试验中，左边贮水器可上下移动，贮水器中水经土样由右边溢水口溢出，当贮水器由低往高提升时，渗透力不断加大，贮水器较低时，不发生渗透变形，很高时则发生渗透变形。某一高度时，刚好发生渗透变形，这一高度对应的水力坡降即为临界水力坡降，此时 $j=\gamma'$。

由于 $j=i\gamma_w$，$\gamma'=\dfrac{G-1}{1+e}\gamma_w$，令 $i\gamma_\omega=\dfrac{G-1}{1+e}\gamma_w$，则 $i=\dfrac{G-1}{1+e}$，此时的 i 即为临界水力坡降，用 i_{cr} 表示，即

$$i_{cr}=\frac{G-1}{1+e} \tag{3-12}$$

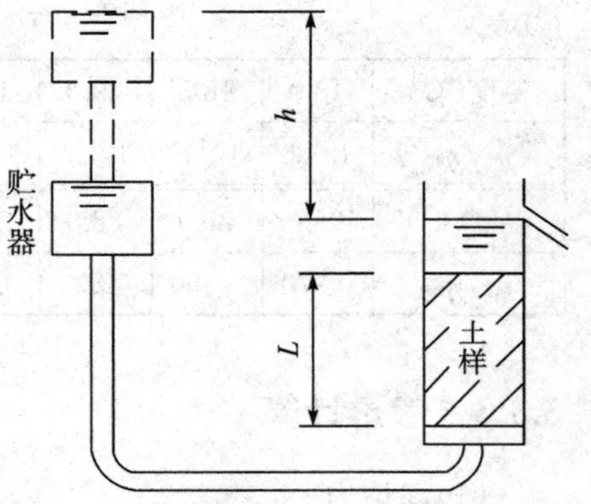

图 3.10　渗透变形试验

可以看出，i_{cr} 与土粒的比重 G、孔隙比 e 有关，通过实际产生的水力坡降 i 与临界水力坡降 i_{cr} 的比较，便可知是否发生渗透变形。

$i<i_{cr}$ 时，不发生渗透变形；

$i>i_{cr}$ 时，发生渗透变形；

$i=i_{cr}$ 时，土体处于临界状态。

在工程设计中，为了保证建筑物的安全，通常将临界水力坡降 i_{cr} 除以安全系数（一般取 2～3），作为允许的水力坡降 $[i]$，设计上要求将实际的水力坡降控制在允许的水力坡降之内，即 $i\leqslant[i]$。

3.4　孔隙水压力与土体固结

3.4.1　有效应力原理

在工程实践基础上，1923 年 Terzaghi 提出了饱和土有效应力原理，有效应力原理是土力学中固结理论、抗剪强度理论、渗流理论的基础。有效应力原理以应力平衡的方式表示：

$$\sigma=\sigma'+u \tag{3-13}$$

式中，σ' 为土骨架有效应力，通过土体中的固相传递；u 为土颗粒间孔隙水压力，通过土体中的液相传递。

图 3.11 为一水下天然沉积土层，水深 h。现在分析土面以下深度 z 处水平面上的应力 σ。为此，在深度 z 处取一水平截面，其面积为 A。则 A 面积上作用着 A 面以上的土柱和水柱的重量，即

$$P=(\gamma_m z+\gamma_w h)A \tag{3-14}$$

$$\sigma=\frac{P}{A}=\gamma_m z+\gamma_w h \tag{3-15}$$

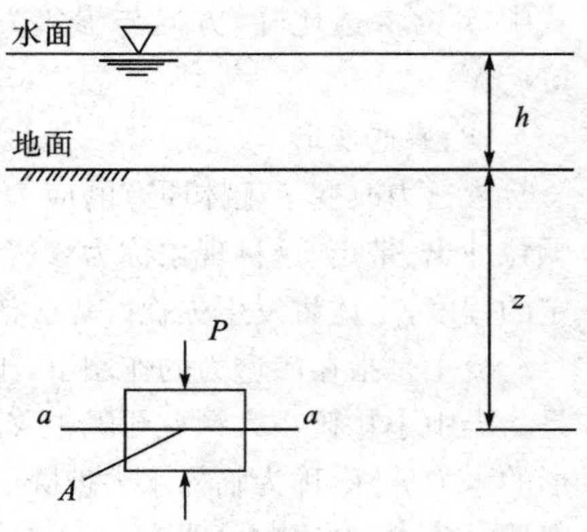

图 3.11　天然土层中面积 A 上所受的力

式中，γ_w 为水的容重，γ_m 为土的饱和容重。

将 A 截面放大，如图 3.12(a)所示，分析 P 通过 A 截面的颗粒与水如何向下传递。我们设想颗粒比较细小，A 截面刚好从颗粒接触点通过，也就是 A 截面包括颗粒接触点的面积与孔隙水的面积。为了使力传递情况更清晰，我们设想把分散的颗粒集中为大颗粒，如图 3.12(b)所示。图中 A_s 表示 A 范围内颗粒的接触面积。P_s 表示通过颗粒接触面积传递的总压力。

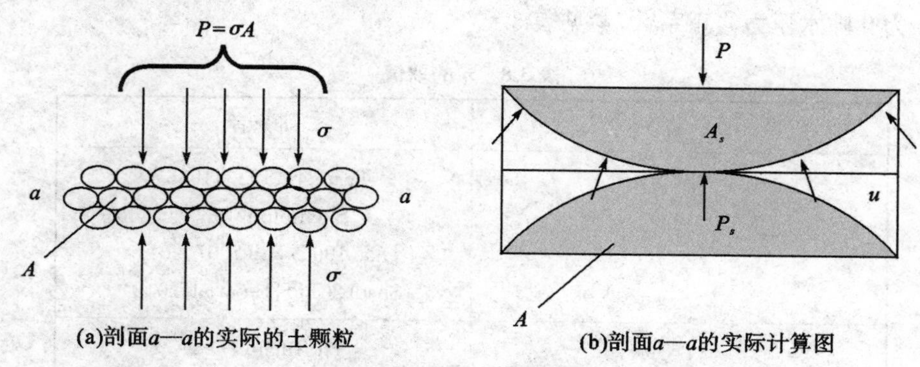

图 3.12　两种力系计算简图

根据平衡条件

$$P=P_s+(A-A_s)u \tag{3-16}$$

式(3-16)两边除以 A 得

$$\sigma=\sigma_s+(1-\alpha)u \tag{3-17}$$

式中，u 为通过孔隙水传递的应力，称为孔隙水应力(或孔隙水压力)，此处 $u=\gamma_w(h+z)$。

因为水受到的压应力与作用方向无关，所以 u 也是作用在颗粒表面上的水压力强度；σ_s 为通过土骨架传递的应力，称为土骨架应力或粒间应力；α 为颗粒接触面积与总面积之比，即 $\alpha=A_s/A$，也就是单位面积内颗粒接触面积。实测证明 α 值很小，在一般压力范围内只有千分之几，计算中可忽略不计，所以

$$\sigma=\sigma_s+u \tag{3-18}$$

这就是说，通过单位面积传递的总应力等于粒间应力和孔隙水应力之和。联合以上各式，并将 $u=\gamma_w(h+z)$ 代入得

$$\gamma_m z+\gamma_w h=\sigma_s+\gamma_w(h+z) \tag{3-19}$$

变换后得

$$\sigma_s=\gamma_m z+\gamma_w h-\gamma_w(h+z)=\gamma' z \tag{3-20}$$

式(3-20)证明了在水位以下通过颗粒间传递的应力等于土的浮容重乘以土柱高度。而作用在该平面上孔隙水中的压力为

$$P_u=(A-A_s)u \tag{3-21}$$

或

$$\sigma_u=(1-\alpha)u \tag{3-22}$$

当 α 小到可以忽略时：

$$\sigma_u=u=\gamma_w(z+h) \tag{3-23}$$

即等于该平面以上水柱的重量。这就表明了水下土层存在两种力系,一为孔隙水应力,其数值等于静水柱重,另一为粒间应力,其数值等于饱和土柱重减去水柱重。

实际上,Terzaghi 有效应力原理给出的是饱和土体所受外部荷载与土体内部效应(土体变形、强度)之间的一种规律。将有效应力原理用于分析土体强度时,需要考虑土颗粒间的接触效应,一般需要对有效应力原理进行修正。

$$\sigma=\sigma'+\eta u \tag{3-24}$$

式中,η 为孔隙水压力修正系数,参见表 3.8。

表 3.8 η 的取值

η	研究者
1	Terzaghi(1923,1936) Skempton(1960) Oka(1996),Li(2007,2011) Shao(2011),Lu et al(2013)
n (n 为孔隙比)	Hoffman(1928) Fillunger(1930) Lubinski(1954) Biot(1955)
$n\leqslant\eta\leqslant 1$	Schiffman(1970)
$1-d_s$ d_s 为接触面积系数	Skempton and Bishop(1954) Bishop(1960) Skempton(1960),Cao(2013)
$1-C_s/C$ 或 $1-K/K_s$ C_s 为土颗粒的压缩系数 C 为土骨架的压缩系数	Biot(1941),Gassmann(1951) Biot and Willis(1957) Skempton(1960) Lade and De Boer(1997) Chen(1999) Ronal do (2004) Bishop(1973) Zhang(2014)

3.4.2 孔隙水压力系数

当饱和土体内的总应力状态发生变化产生应力增量 $\Delta\sigma_1$ 和 $\Delta\sigma_3$ 时,假定土体处于三轴状态($\sigma_2=\sigma_3$),1954 年 Skempton 提出了土骨架中孔隙水压力的计算公式。

$$\Delta u=B[\Delta\sigma_3+A(\Delta\sigma_1-\Delta\sigma_3)] \tag{3-25}$$

对于饱和土体,$B=1$。八面体法向有效应力 p' 和剪应力 q 为

$$\begin{cases} p'=\dfrac{1}{3}(\sigma'_1+2\sigma'_3) \\ q=\sigma_1-\sigma_3 \end{cases} \tag{3-26}$$

八面体法向有效应力增量 $\Delta p'$ 为

$$\Delta p'=\Delta p-\Delta u=(\frac{1}{3}-A)(\Delta\sigma_1-\Delta\sigma_3) \tag{3-27}$$

假定海床土体应力发生改变时体积不发生变化，已知土体应力应变关系前提下，孔隙水压力系数 A 可以通过理论推导获得。如果海床土体应力应变关系遵守广义胡克定理，那么土体的体积变化 ΔV 和应力增量 $\Delta p'$ 之间存在对应关系：

$$\Delta p'=\frac{K_s\Delta V}{V} \tag{3-28}$$

式中，K_s 为土骨架体积模量。可得弹性土体 $A=\dfrac{1}{3}$。

若海床土体为遵守某一相关联流动法则的理想弹塑性体，那么在体积增量 $\Delta V=0$ 的前提下，1989 年黄文熙推导出孔隙水压力的表达式：

$$\Delta u=\Delta p+\frac{K_s\left(\dfrac{\partial f}{\partial p'}\dfrac{\partial f}{\partial q}\right)}{A^*+K_s\left(\dfrac{\partial f}{\partial p'}\right)^2}\Delta q \tag{3-29}$$

式中，f 为塑性屈服函数，A^* 为塑性硬化函数。所以，饱和海洋土体计算孔隙水压力系数 A 为

$$A=\frac{1}{3}+\frac{K_s\left(\dfrac{\partial f}{\partial p'}\dfrac{\partial f}{\partial q}\right)}{A^*+K_s\left(\dfrac{\partial f}{\partial p'}\right)^2} \tag{3-30}$$

实际工程中，考虑到多方面的复杂因素，海床土体孔隙水压力系数 A 和 B 需要通过试验和数值进行不同程度的修正。

引入土压力计算过程中的静止侧压力系数 K_0：

$$K_0=\frac{\Delta\sigma_3}{\Delta\sigma_1} \tag{3-31}$$

孔隙水压力计算公式转换为

$$\Delta u=B[K_0+A(1-K_0)] \tag{3-32}$$

海洋结构物地基土体中的应力增量 $\Delta\sigma_1$、$\Delta\sigma_3$ 可以近似认为同步变化，而比值 $\dfrac{\Delta\sigma_3}{\Delta\sigma_1}$ 基本保持恒定。

3.4.3 固结理论

Biot 严格地推导出了反映孔隙压力消散与土骨架变形的三维固结方程，一般称为真三维固结理论。在土体中取一微元体，则总应力表示的土体三维平衡微分方程为

$$[\partial]^{\mathrm{T}}\{\sigma\}=\{f\} \tag{3-33}$$

其中

$$[\partial]^{\mathrm{T}}=\begin{bmatrix} \frac{\partial}{\partial x} & 0 & 0 & 0 & \frac{\partial}{\partial z} & \frac{\partial}{\partial y} \\ 0 & \frac{\partial}{\partial y} & 0 & \frac{\partial}{\partial z} & 0 & \frac{\partial}{\partial x} \\ 0 & 0 & \frac{\partial}{\partial z} & \frac{\partial}{\partial y} & \frac{\partial}{\partial x} & 0 \end{bmatrix} \tag{3-34}$$

$$\{\sigma\}=\begin{bmatrix} \{\sigma_x\} \\ \{\sigma_y\} \\ \{\sigma_z\} \\ \tau_{yz} \\ \tau_{zx} \\ \tau_{xy} \end{bmatrix} \text{和} \{f\}=\begin{bmatrix} f_x \\ f_y \\ f_z \end{bmatrix} \tag{3-35}$$

式中，$\{f\}$为三个方向的体积力。

引入 Terzaghi 有效应力原理，土体平衡方程表示为

$$[\partial]^{\mathrm{T}}\{\sigma'\}+\{M\}u=\{f\} \tag{3-36}$$

其中，

$$\{M\}=[1\quad 1\quad 1\quad 0\quad 0\quad 0]^{\mathrm{T}} \tag{3-37}$$

利用应力应变本构方程

$$\{\sigma'\}=[D]\{\varepsilon\} \tag{3-38}$$

可将平衡方程用应变来表示。为了简化推导与计算，Biot 假定土骨架是线弹性体，服从广义胡克定律，则$[D]$为线弹性矩阵，可以写成

$$\begin{aligned} \sigma'_x&=2G\left(\frac{\upsilon}{1-2\upsilon}\varepsilon_v+\varepsilon_x\right) \\ \sigma'_y&=2G\left(\frac{\upsilon}{1-2\upsilon}\varepsilon_v+\varepsilon_y\right) \\ \sigma'_z&=2G\left(\frac{\upsilon}{1-2\upsilon}\varepsilon_v+\varepsilon_z\right) \end{aligned} \tag{3-39}$$

$$\tau_{yz}=G\gamma_{yz},\tau_{xz}=G\gamma_{xz},\tau_{xy}=G\gamma_{xy} \tag{3-40}$$

式中，G 和 υ 分别为剪切模量和泊松比。

再利用位移与应变几何方程

$$\{\varepsilon\}=-[\partial]\{\omega\} \tag{3-41}$$

式中，$\{\omega\}=\begin{bmatrix} \omega_x \\ \omega_y \\ \omega_z \end{bmatrix}$ 为位移分量。

然后，引入渗流连续性方程

$$-\frac{\partial}{\partial t}\{M\}^{\mathrm{T}}[\partial]\{\omega\}+\frac{K}{\gamma_\omega}\nabla^2 u=0 \tag{3-42}$$

得出以位移和孔隙压力表示的平衡微分方程。

$$-[\partial]^{\mathrm{T}}[D][\partial]\{\omega\}+[\partial]^{\mathrm{T}}\{M\}u=\{f\} \tag{3-43}$$

饱和土体中任一点的孔隙压力和位移随时间而变化，同时满足平衡方程和连续方程。

$$\begin{cases}-[\partial]^{\mathrm{T}}[D][\partial]\{\omega\}+[\partial]^{\mathrm{T}}\{M\}u=\{f\} \\ -\dfrac{\partial}{\partial t}\{M\}^{\mathrm{T}}[\partial]\{\omega\}-\dfrac{K}{\gamma_{\omega}}\nabla^{2}u=0\end{cases} \tag{3-44}$$

式中包含4个未知变量 u、ω_x、ω_y、ω_z，都是坐标 x、y、z 和时间 t 的函数，联立(3-44)可获得Biot固结方程，在一定的初始条件和边界条件下，可解出这4个变量。

3.5 非饱和土强度

3.5.1 有效应力原理

1923年，Terzaghi提出了饱和土有效应力的概念，通常表示为

$$\sigma'=\sigma-u_w \tag{3-45}$$

式中，σ'为有效应力，σ 为总应力，u_w 为孔隙水压力。

在非饱和土中，由于负孔隙水压力的存在，经典的有效应力概念不再适用。各国学者相继提出了各种非饱和土有效应力公式，以便把饱和土的有效应力的概念引入非饱和土。1959年，毕肖普(Bishop)提出了非饱和土有效应力公式：

$$\sigma'=(\sigma-u_a)-\chi(u_a-u_w) \tag{3-46}$$

式中，χ 为经验系数，与土体的饱和度、应力路径等有关，在饱和度为1时，χ 的值为1，在饱和度为0时，χ 的值为0，且 χ 随着饱和度单调变化；σ'为土体有效应力；σ 为土体总应力；u_a 为孔隙气压力；u_w 为孔隙水压力。

压缩试验得出，当粗粒土的饱和度高于20%、粉土高于40%～50%、黏土高于85%时，Bishop公式才适用。Bishop和Blight假定土的有效强度参数 c 和 φ 不随含水量变化，用饱和土试验确定的 c 和 φ 来计算非饱和土的 χ 值。但是，以非饱和土试验确定的强度参数与饱和度有关是显而易见的。况且在破坏时，非饱和土的密度和饱和土的密度不一定相同。为了克服这一点，Blight分别对强度问题和体变问题提出了用非饱和土试验确定 χ 的方法，即把Bishop公式分别应用于两个相邻的应力点，根据试验测得这两点剪应力之比或体变之比，然后列出方程，再从中解出 χ 值。

值得注意的是，Bishop有效应力公式中的σ'并不是严格意义上的有效应力，而是总应力与孔隙压力的组合函数。其适用条件为：

①要保证总应力与孔隙压力同步变化，这就要求假设粒间作用力和外加荷载在引起土体变化时具有相同的效果；

②要求非饱和土体的有效应力与孔隙比之间存在一一对应的函数关系。而对于非

饱和土，当饱和度小于一定值之后，有效应力与孔隙比之间的一一对应函数关系将不再存在，这就限制了 Bishop 有效应力原理的应用。

自 20 世纪 70 年代以来，弗雷德隆德(Fredlund)和摩根斯坦(Morgenstern)在充分认识 Bishop 有效应力公式局限性的基础上，提出了建立在多相连续介质力学基础上的非饱和土双应力理论。他们根据非饱和土中各项力的关系导出了平衡方程，假设土颗粒不可压缩，可以用三个正应力变量中的任意两个来描述非饱和土的应力状态。也就是说，对于非饱和土有三个可能的应力状态变量组合：

①以孔隙气压力 u_a 为基准，$\sigma-u_a$ 和 u_a-u_w；

②以孔隙水压力 u_w 为基准，$\sigma-u_w$ 和 u_a-u_w；

③以总法向应力 σ 为基准，$\sigma-u_a$ 和 $\sigma-u_w$。

在这三组应力状态变量中，以 $\sigma-u_a$ 和 u_a-u_w 的组合在工程实践中最为实用。因为该组合使得总法向应力变化造成的影响，可以与孔隙水压力变化造成的影响区分开来考虑。

3.5.2 强度理论

前述已知莫尔库仑(Mohr-Coulomb)抗剪强度准则，即

$$\tau_f=c+\sigma\tan\varphi \tag{3-47}$$

式中，τ_f 为土体的抗剪强度，c 为土体的粘聚力，φ 为土体的内摩擦角。

根据有效应力原理，土体的剪应力全部由土骨架来承担，土体的抗剪强度应该表示为有效应力的函数，因此饱和土的抗剪强度为

$$\tau_f=c'+\sigma'\tan\varphi'=c'+(\sigma-u_w)\tan\varphi' \tag{3-48}$$

式中，c'为土体的有效粘聚力；φ'为土体的有效内摩擦角；σ'为土体的有效应力，其值的大小为 $\sigma-u_w$。

而对于非饱和土，具有两种抗剪强度表示方法，即 Bishop 抗剪强度公式和 Fredlund 抗剪强度公式，分别对应力 Bishop 有效应力公式和双应力状态变量。下面将对这两种抗剪强度公式分别进行介绍。

(1)Bishop 抗剪强度公式

工程实践证明，Mohr-Coulomb 强度准则适用于饱和土，对于非饱和土并不适用。因此，Bishop 提出了非饱和土的有效应力原理，并提出了非饱和土的 Bishop 抗剪强度公式，即

$$\tau_f=c'+[(\sigma-u_a)-\chi(u_a-u_w)]\tan\varphi' \tag{3-49}$$

(2)Fredlund 抗剪强度公式(图 3.13)

由于 χ 的物理意义模糊，且难以测定，Fredlund 于 1978 年提出了依据双应力状态变量的抗剪强度公式，即

$$\tau_f=c'+(\sigma-u_a)\tan\varphi'+(u_a-u_w)\tan\varphi^b \tag{3-50}$$

式中，c'为有效粘聚力，φ'为与法向净应力$(\sigma-u_a)$有关的内摩擦角，φ^b 为与基质吸力有关的内摩擦角，$\Delta c'=(u_a-u_w)\tan\varphi^b$ 表示有效粘聚力随着 u_a-u_w 的增量。

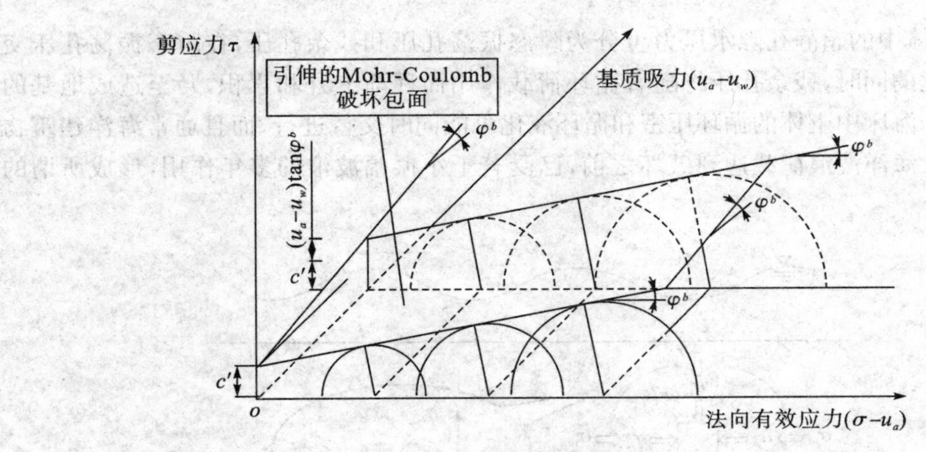

图 3.13　Fredlund 抗剪强度准则

研究发现,即使对于同一种土,$\tan\varphi^b$ 也并非常数,这就限制了 Fredlund 抗剪强度理论的应用。将式(3-49)和式(3-50)对照就可以发现,$\chi=\dfrac{\tan\varphi^b}{\tan\varphi}$,因此两种理论实际上是一致的,只是选取了不同的参数形式。

3.6　海洋黏土力学特性

3.6.1　海洋黏土工程特点

海床地基受力情况非常复杂,比如在半无限的水平地基中,土体处于无侧向变形的状态,初始水平面上没有剪应力的作用,竖直方向即为大主应力方向;当在水平场地上构建海洋建筑物时,建筑物底部附近主应力方向基本上没有变化,而在建筑物下面的地基内由于剪应力的作用,大主应力方向将偏离竖轴,其偏离的程度随着与建筑物中心轴距离的增大而增大,这导致初始大主应力方向角会从 0°到 90°之间变化。

海床地基除了承受建筑物自重长期作用以外,还经常遭受暴风波浪、冰荷载、水流、风与地震荷载的瞬时或循环作用,风浪将激起建筑物地基产生水平振动、竖向振动以及摆动等多种耦合的复杂合成振动。海底软土不仅要经受巨大自重与小振幅波浪的长期作用,还可能遇到暴风波浪等非常环境荷载的瞬时或反复作用,使得软土地基或海床处于复杂的应力状态,如图 3.14 所示。在海洋工程中波浪荷载是最重要的基本荷载,波浪荷载直接作用于海底土层与海洋建筑物上,在海洋地基中引起循环应力、循环应变和孔隙水压力。这种循环荷载的作用将导致土的刚度降低、强度衰减,甚至引起海床液化和流滑,从而造成海床与地基失稳。而且对弹性孔隙介质的固结分析表明:在表面简谐波浪荷载作用下,无限厚度的弹性孔隙海床中任一固定点处的偏差应力幅值保持为常数而主应力轴发生连续旋转。这将对土的变形和强度特性产生显著影响。在波浪荷载作用下，海床土体中的超静孔隙水压力可分为瞬态振荡孔压和残余孔压，在瞬态振荡孔压交替循环变化的同时，残余孔压将随着循环荷载作用而逐渐上升和累积，乃至造成地基的液化破坏。海床中土体的循环压密和循环液化可能同时交替进行，而且通常海洋建筑物在经受最大海洋波浪荷载达到破坏之前，已受若干小振幅波浪的多年作用，形成所谓的预剪效应。

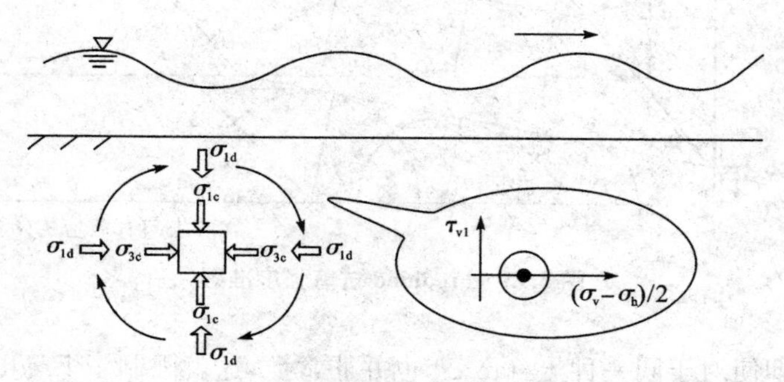

图 3.14 波浪荷载及海床中土体应力状态

3.6.2 循环剪切变形特性

(1)加载模式及应力路径

海洋结构物地基土体不仅承受建筑物自重所引起的静荷载，还要遭受波浪等所引起的循环荷载。采用图 3.15 所示的循环应力路径与加载模式，对实际工程中静荷载与波浪循环荷载的联合作用进行模拟。图 3.15(a)～(d)表示单向循环应力模式，初始预剪应力依次降低，循环应力逐步增大，直至正应力和反向应力近似相等；图 3.15(e)～(f)分别为无初始预剪应力情况下和初始预剪应力较大情况下双向耦合循环应力路径。

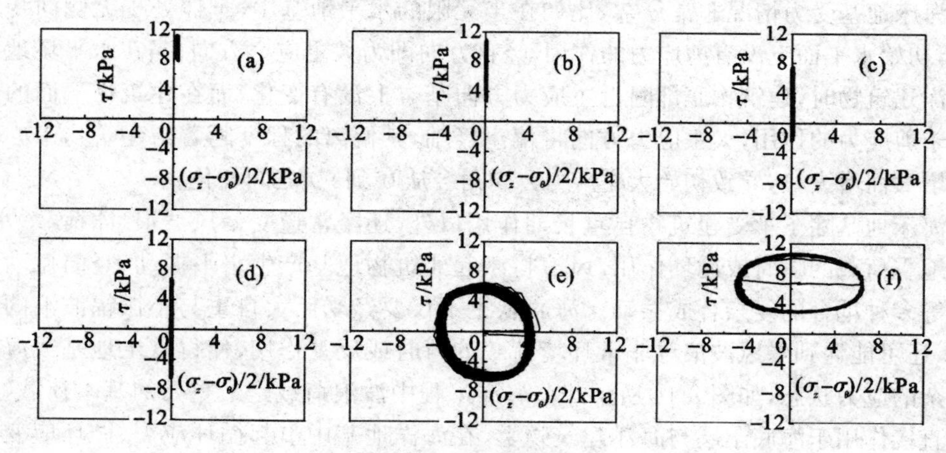

图 3.15 循环应力路径

(2)应力-应变关系特性

UU 试验条件下，获得应力-应变关系曲线，如图 3.16 所示。初始预剪应力对于循环剪切应力-应变关系模式的影响显著，当没有反向应力出现时，应力-应变关系表现为明显的累积变形特征，随着应力方向的改变与应力幅值的加大，累积变形特征逐步减弱，循环变形特征加强，并逐步成为主要特征。无论是否出现应力反向，应力-应变关系的形态在开始的几次循环中比较疏松，随着循环次数的增加曲线逐步致密。分析原因，可能是初始的循环总变形增加了黏土内部的变形能，导致黏土抗剪能力增强，因而循环总变形逐次减少。

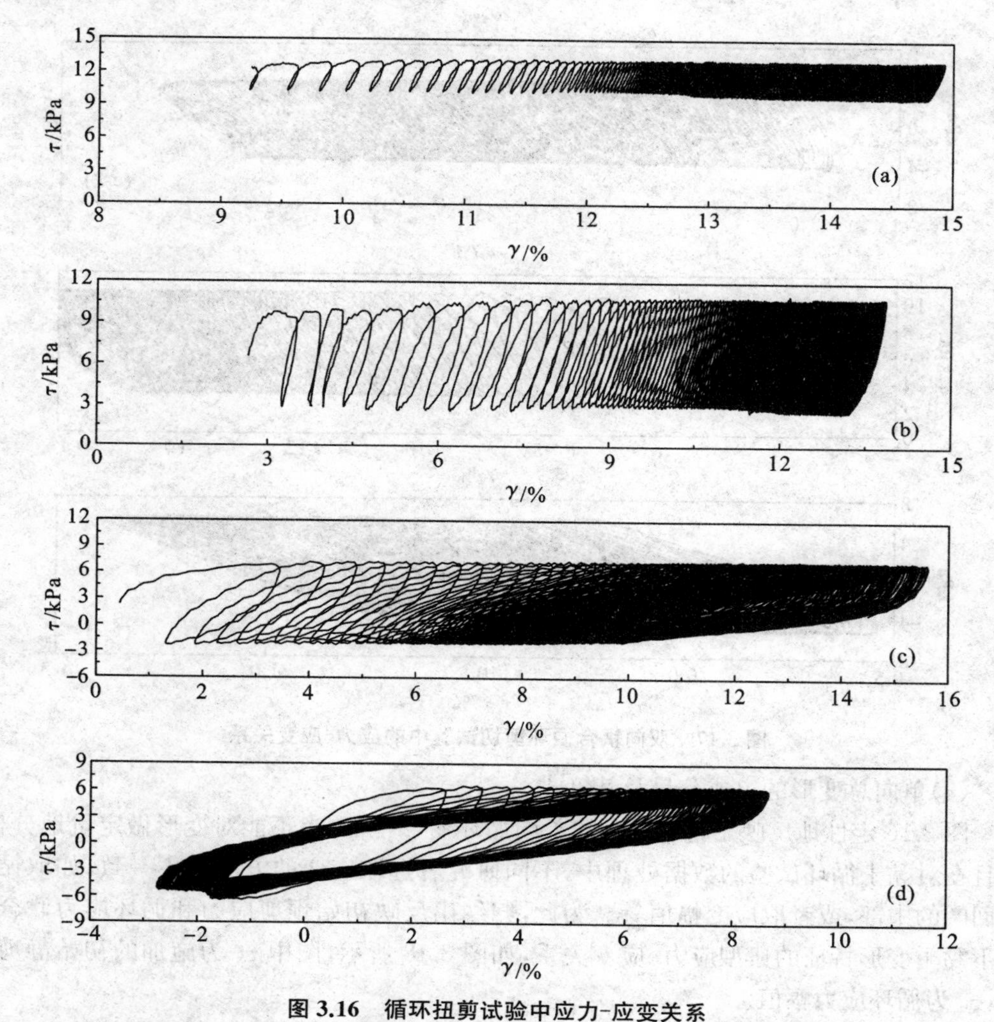

图 3.16　循环扭剪试验中应力-应变关系

图 3.17 表示由应力控制的竖向-扭转双向耦合剪切试验应力-应变关系。当无初始预剪应力时，水平向循环应力-应变关系基本上是围绕某一点呈对称形状，水平向剪切变形分量的循环特征比较明显；而轴向应力-应变关系不具有对称的特点，土体轴向变形的累积特征比较显著。对于在一定的初始剪应力预剪作用下的双向耦合试验，水平扭转向与轴向应力-应变关系都不具有围绕某点对称的特征，水平向剪切变形分量与轴向变形分量的累积效应均比较明显。

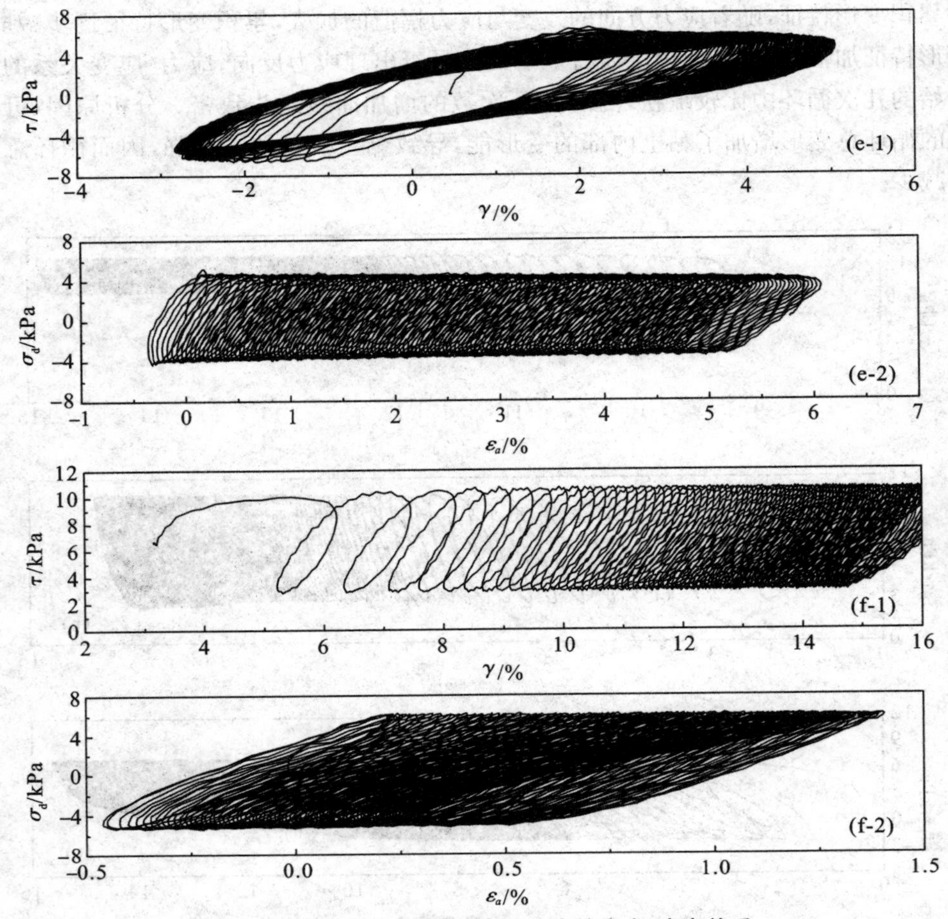

图 3.17 双向耦合循环剪切试验中的应力-应变关系

(3)单向总变形的组成分量及其算式

图 3.16 定性地反映了饱和黏土的单向循环变形特征，尚不能对变形做定量地分析；而且在对黏土循环试验的数据处理中，不同研究者选取应变的方法并不一致，如取循环滞回圈的中部，或者取应变幅值等。为此，归纳出反映初始预剪应力和循环应力联合作用下黏土变形特征的典型应力-应变关系，如图 3.18 所示，图中 τ_s 为施加的初始静剪应力，τ_c 为循环应力幅值。

可见，当初始预剪应力较小时，土的变形以循环效应为主，随着循环次数的增加，割线模量不断衰减。当预剪应力较大、土的变形显示出显著的循环累积效应，应力-应变滞回圈的割线模量基本上保持恒定，而剪应变发生了累积的增加。实际所测得的应力-应变关系往往同时具有这两种变形特征，因而在单向循环荷载作用下，总的应变由初始静应力引起的应变 γ_s 和静应力与循环应力联合作用的应变 γ_{sd} 两部分组成，其中联合应变 γ_{sd} 又包含累积应变 γ_a 和循环应变 γ_c 两部分。实际上，累积应变、循环应变都与每次循环的最大剪应变 γ_{max} 和最小剪应变 γ_{min} 有关，考虑到实测循环滞回圈的不对称性以及循环应变的动态变化，可近似用下面的算式表示单向循环剪切总应变。

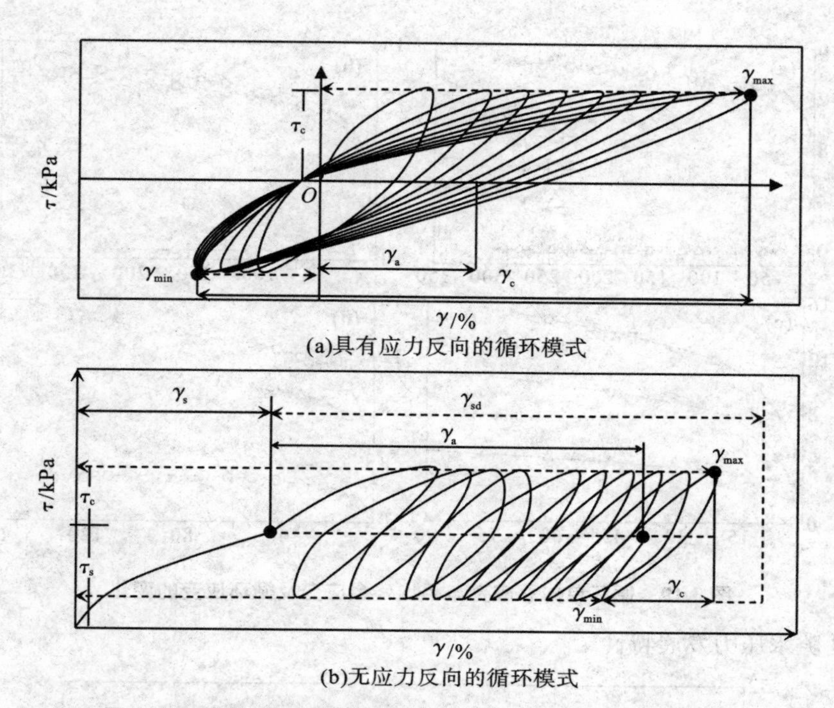

图 3.18 静剪应力与循环应力联合作用下典型应力-应变关系

$$\gamma_{sgs}=\gamma_s+\gamma_{sd} \tag{3-51}$$

$$\gamma_{sd}=\gamma_a+\gamma_c \tag{3-52}$$

$$\gamma_a=\frac{\gamma_{max}+\gamma_{min}}{2}-\gamma_s \tag{3-53}$$

$$\gamma_c=\gamma_{max}-\gamma_{min} \tag{3-54}$$

而且由式(3-51)～(3-54)可以得到

$$\gamma_r=\gamma_a+\gamma_s=\frac{\gamma_{max}+\gamma_{min}}{2} \tag{3-55}$$

$$\gamma_{sgs}=\gamma_r+\gamma_c \tag{3-56}$$

式中，γ_r 为安德森(Andersen)等定义的平均残余剪应变，γ_{sgs}为单向循环总应变。上面给出的单向循环总应变一般情况下大于最大剪应变 γ_{max}，只有在循环应力非常小的条件下才近似等于 γ_{max}，这种划分能够充分反映应变的循环效应。

采用算式(3-51)至式(3-56)对图 3.16 所反映变形的实测数据进行计算，得到的单向循环总应变 γ_{sgs}、平均残余应变 γ_r 与循环应变 γ_c 随循环次数的变化，如图 3.19 所示。随着循环次数的增加总应变 γ_{sgs}的增长速率减小，当初始静应力较大且循环应力较小时，平均残余应变接近于总应变，都远大于循环应变，表明变形以累积效应为主导，如图 3.19(a)与 3.19(b)所示；然而当正向与反向应力近似对称时，循环应变却接近于总应变，都大于平均残余应变，表明变形的主要模式是循环应变的增长，如图 3.19(d)所示。因此，通过式(3-51)～式(3-56)对试验数据处理得到各应变分量的变化，不仅能够定性反映循环荷载下黏土的变形特征，而且能够对静、动组合条件下的各组成应变分量做定量地比较分析。

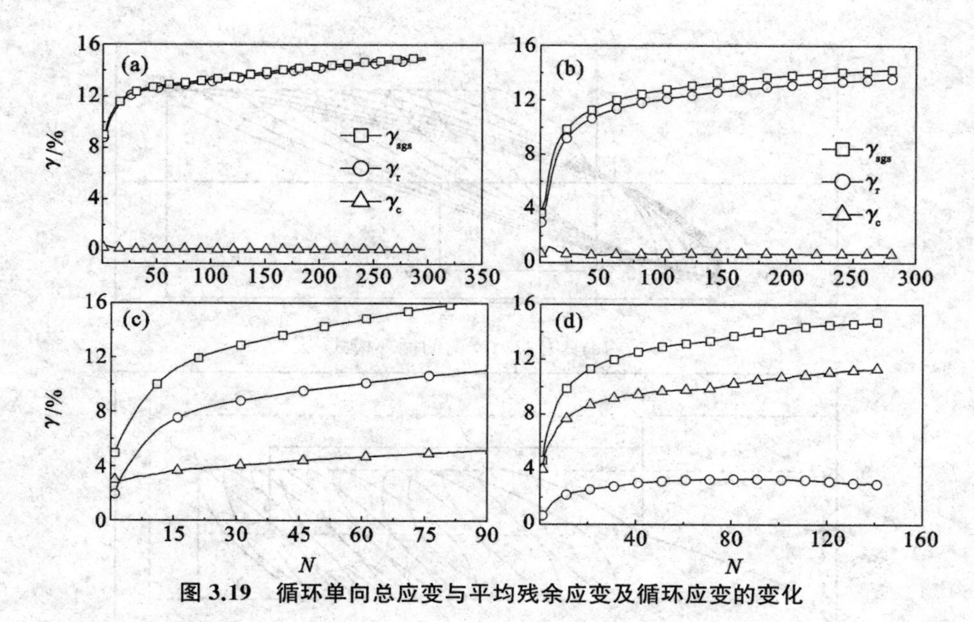

图 3.19　循环单向总应变与平均残余应变及循环应变的变化

(4)孔隙水压力发展特性

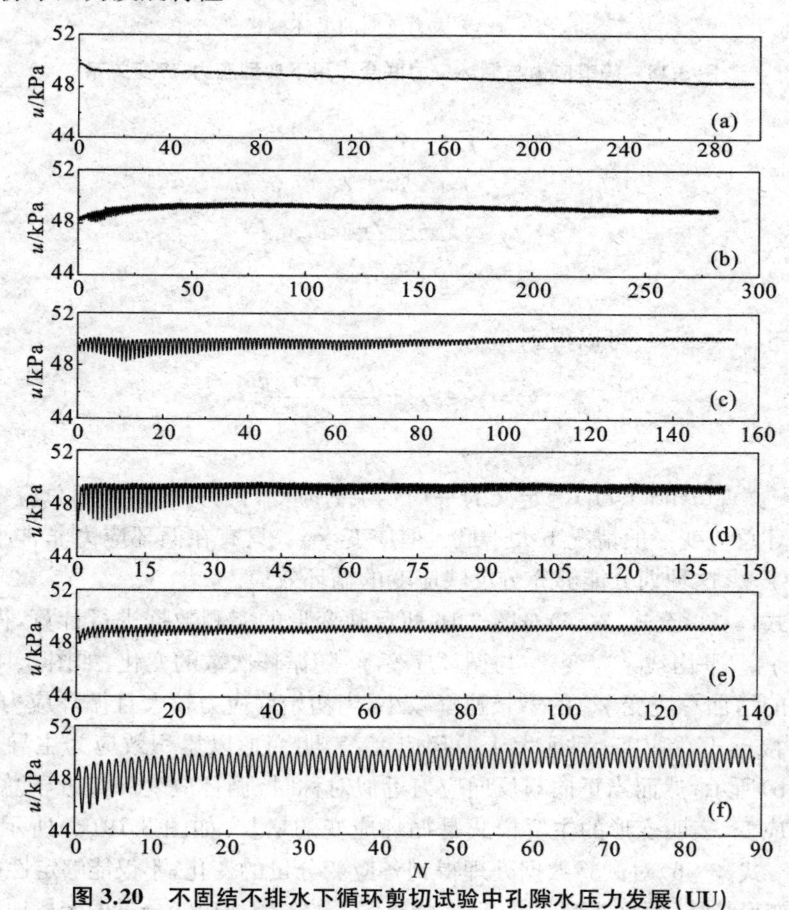

图 3.20　不固结不排水下循环剪切试验中孔隙水压力发展(UU)

在循环应力作用下，对饱和黏土在非均等固结条件下的孔隙水压力发展特性的研究表明，孔隙水压力随循环次数累积上升，但不能达到固结压力。然而，在不固结不排水条件下孔隙水压力 u 随循环次数的变化如图 3.20 所示，无论对于循环扭剪试验，还是对于竖向—扭转耦合剪切试验，孔隙水压力总是在所施加的约束压力大小附近波动，而且随循环应力的增加孔隙水压力的波动范围有所加大，但不具有固结不排水试验中孔隙水压力累积上升的特点，因而不能通过孔隙水压力判别试样能否发生破坏。

(5)综合应变与应变破坏标准

在室内模拟动力荷载的循环扭剪或三轴试验，通常采用应变标准判别试样是否发生破坏。目前通常采用的应变破坏标准及计算表达式列于表 3.9。

表 3.9　应变标准及计算表达式

编号	名称	试验类型	计算表达式	破坏取值
1	双幅应变标准	循环三轴	$\varepsilon=\varepsilon_{\max}-\varepsilon_{\min}$	5%或 10%
		循环直剪或扭剪	$\gamma=\gamma_{\max}-\gamma_{\min}$	5%或 10%
2	Andersen 等	循环三轴或循环直剪	$\gamma=\gamma_a+\gamma_c$ $\gamma_a=(\gamma_{\max}+\gamma_{\min})/2$ $\gamma_c=(\gamma_{\max}-\gamma_{\min})/2$	15%
3	沈瑞福等	双向循环剪切	$\gamma_g=\sqrt{\varepsilon_z^2+\gamma_{z\theta}^2/3}$	10%
4	广义剪应变标准	竖向-扭转耦合试验	$\gamma_g=\frac{\sqrt{2}}{3}\sqrt{(\varepsilon_1-\varepsilon_2)^2+(\varepsilon_2-\varepsilon_3)^2+(\varepsilon_3-\varepsilon_1)^2}$	5%或 6.5%

表中，$\varepsilon_{\max}$，$\varepsilon_{\min}$ 与 $\gamma_{\max}$，$\gamma_{\min}$ 分别指循环滞回圈的轴向应变与剪应变最大和最小值。

在实际工程中，通常采用双幅循环应变值(5%或 10%)或者采用单幅循环应变与残余累积应变之和(15%或 20%)作为破坏标准。然而对于竖向—扭转耦合试验，双幅应变标准和 Andersen 所提出的控制标准都不能综合考虑剪切向变形和轴向变形的共同影响。因此，为了综合考虑剪切向和轴向应变的影响，通常采用广义剪应变达到某一给定值作为破坏的控制标准，但是基于弹、塑性理论定义的广义剪应变由于应变各分量全部采用二次方的形式，因而不能较好地考虑负向应变的影响。在不同循环加荷模式下广义剪应变的变化规律如图 3.21 所示，当循环变形分量较大时，如图 3.21(d)所示，广义剪应变的波动幅度较大，并且此时的广义剪应变的最大值相对较小，但根据试验中的实际情况或按照双幅应变标准，试样已经达到破坏。因此，对于饱和黏土的不固结不排水试验，按照广义剪应变评判试样破坏是不够合理的。

根据不同加荷模式下黏土应力-应变关系的一般特征，综合考虑水平向剪切变形和轴向变形的共同效应，同时为了反映平均残余变形与循环变形的影响，采用下列综合应变算式作为应变破坏标准。

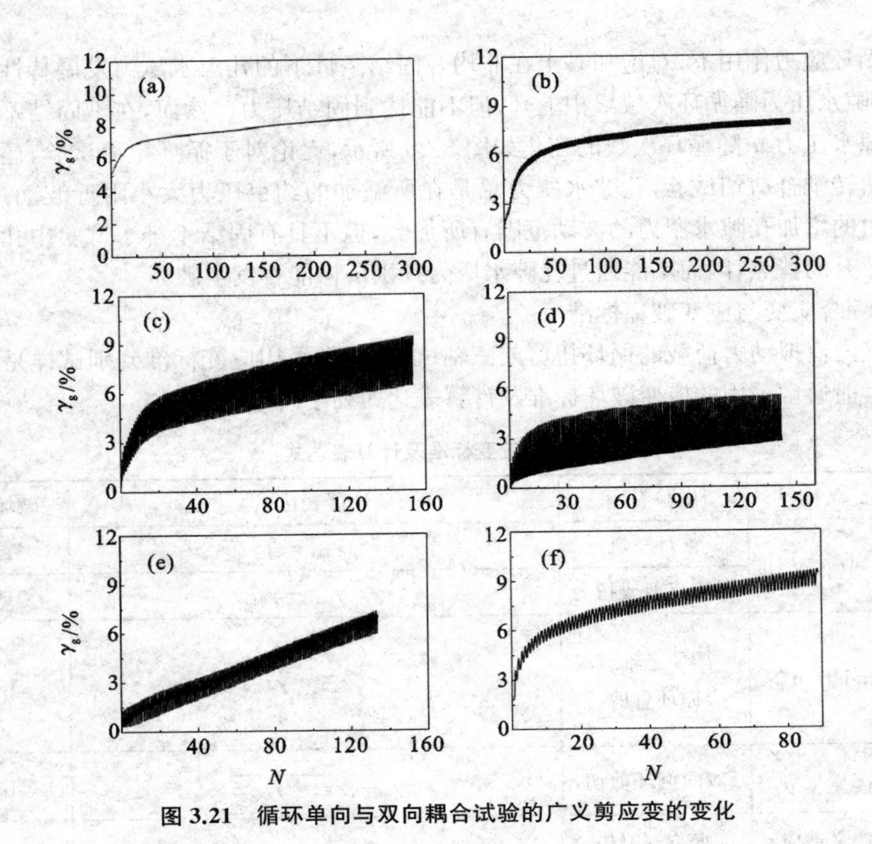

图 3.21 循环单向与双向耦合试验的广义剪应变的变化

$$\gamma_{gs}=\sqrt{[(\varepsilon_{max}+\varepsilon_{min})/2]^2+[(\gamma_{max}+\gamma_{min})/2]^2}+\sqrt{(\varepsilon_{max}-\varepsilon_{min})^2+(\gamma_{max}-\gamma_{min})^2} \tag{3-57}$$

式中，右边的两项分别为轴向偏差应变和剪切向应变两者综合效应所得到的平均残余变形与循环变形。对于单向循环剪切试验，当初始预剪应力较大且循环应力幅值较小时，此时平均残余变形分量较大，而循环变形分量较小，式(3-57)所给出的总变形与 Andersen 等采用的应变标准的计算结果较为一致，如图 3.22(a)和 3.22(b)所示。如果不考虑循环双向耦合试验中的轴向偏差应变，所建议的综合应变算式退化为式(3-51)或式(3-56)所示的单向循环总变形的表达式。因此，综合应变算式与由循环应力-应变关系特征归纳出来的单向总变形的表达式是一致的。

3.6.3 循环剪切强度

(1)波浪荷载作用下海床地基的受力分析

由于黏土的渗透系数低，在一个或几个暴风浪荷载作用下黏土地基通常保持不排水状态，因此该部分主要研究饱和黏土的不排水循环强度特性。根据波浪荷载与重力式平台的特点，由抽象简化得出重力式平台及其海床地基的受力分析如图 3.23，在波浪荷载作用下，海洋平台地基除了要承受平台自重 W，还要经受水平向循环荷载 H 与垂直向循环荷载 V 的共同作用，而且在平台两侧的海床地基要遭受循环波压力 P_W 的作用。

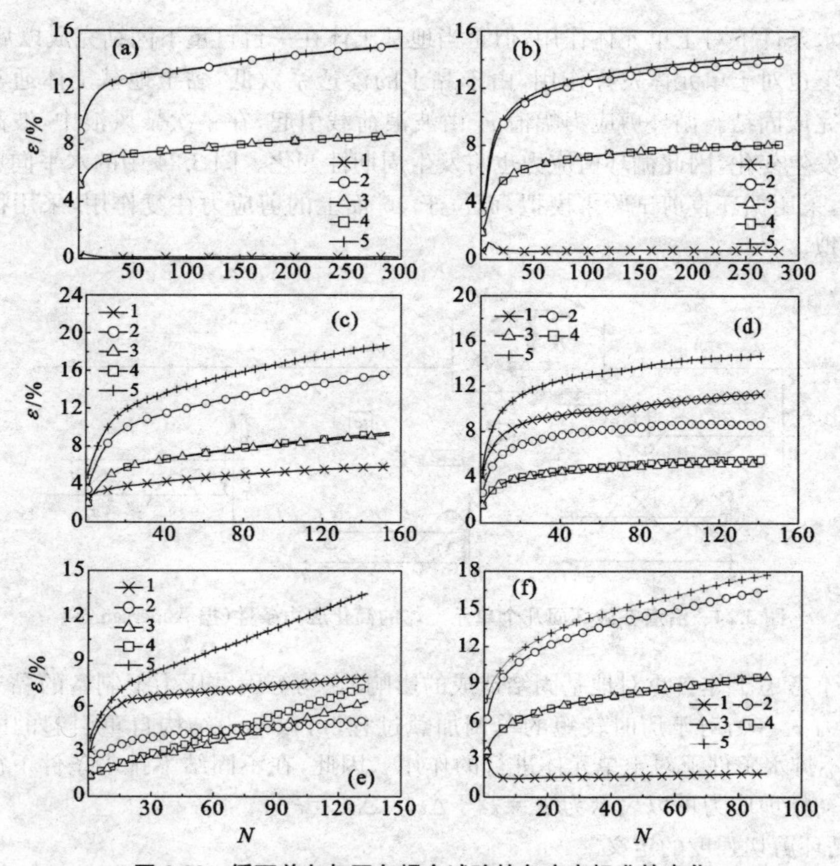

图 3.22　循环单向与双向耦合试验的各应变标准的变化

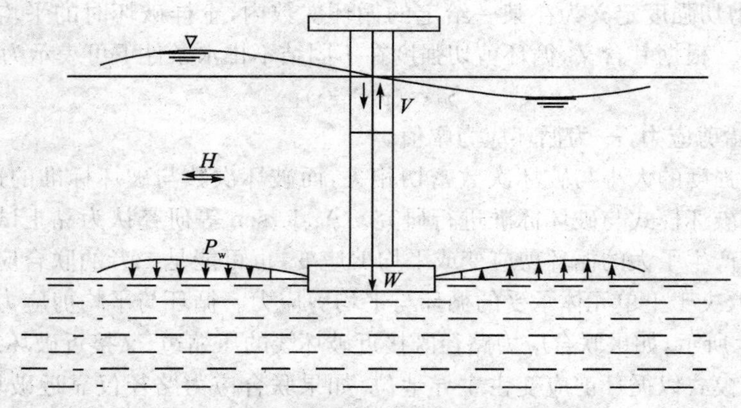

图 3.23　波浪荷载对海床及重力式平台的作用

在上述荷载共同作用下，海洋平台地基土体的应力条件非常复杂。Andersen 等通过沿假定的潜在破坏面划分几个典型土单元体简化了应力条件，如图 3.24 所示。图中平均剪应力 τ_a 由两部分组成：①在平台安装之前由土体自重产生的初始剪应力 τ_0，一般认为土体在该应力作用下发生固结；②在平台安装后建筑物自重引起的附加应力 $\Delta\tau_a$，$\Delta\tau_a$ 首先在不排水条件下对土单元体作用，但是当地基土体在平台自重下固结完成以后，$\Delta\tau_a$ 在排水条件下也对土单元体发挥作用，由于黏土的渗透系数低，黏土地基土体通常要花费数年才能完成固结。循环剪应力幅值 τ_c 由波浪荷载引起，在一次暴风浪中，波高与波浪周期持续发生变化，因此循环剪应力也将发生周期性变化。图 3.24 中的水平向剪应力的往复作用，采用循环直剪试验来模拟，而位于 45°面上的剪应力往复作用，采用循环三轴试验来模拟。

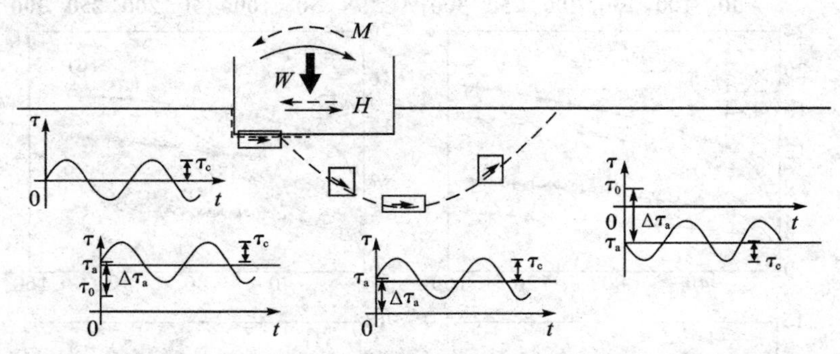

图 3.24　沿潜在破坏面几个单元土体的简化应力条件(据 Andersen 等)

如果不考虑土体自重对地基固结造成的影响，在均等固结压力下制备的黏土试样的初始剪应力 $\tau_0=0$，对于历时较短的单调加载过程，可以认为结构自重引起的附加应力 $\Delta\tau_a$ 是在不排水条件下对土单元体进行的作用。因此，在不固结不排水条件下循环剪切试验中的初始剪应力可以表示为 $\tau_s=\tau_0+\Delta\tau_a=\Delta\tau_a=\tau_a$。

(2)循环剪切强度的定义

为了研究波浪等循环荷载作用下的强度特性，Andersen 等提出了循环剪切强度的概念，并将循环剪切强度定义为在某一给定的循环次数内，土样破坏时的平均剪应力与循环剪应力之和。根据其含义，循环剪切强度在不固结不排水条件下可表示为

$$S_c=(\tau_s+\tau_c)_f \tag{3-58}$$

式中，τ_s 为初始剪应力，τ_c 为循环应力幅值。

由于循环强度的大小与破坏次数密切相关，而破坏次数与破坏标准的选取有关，因此需要对循环破坏模式与破坏标准进行研究。Andersen 等研究认为黏土试样的破坏模式可能是由于产生了大的循环剪应变或平均剪应变，也可能是二者的联合应变发生了较大改变，主要取决于土单元体承受的循环与平均剪应力。循环与平均剪应力的联合应力路径如图 3.25 所示，如果联合应力路径既接近破坏线的压缩边，又接近破坏线的拉伸边，可以认为破坏模式以循环剪应变占主导地位；如果联合应力路径仅靠近破坏线的一侧，可以认为破坏模式以平均剪应变占主导地位。然而对于不固结不排水条件，联合应力的有效应力路径在纵轴上往复运动，由此方法不能确定黏土试样的破坏模式，因此通过对各种循环应力模式下的应力-应变关系的分析，得出饱和黏土在不固结不排水条件下的综合应变算式及破坏标准。Andersen 等采用平均残余应变与循环应变之和达到±15%作为破坏标准，根据所使用黏土实际变形情况，采用综合应变 $\gamma_{gs}=15\%$ 为破坏标准，综合应变 γ_{gs} 可通过式(3-57)计算得到。

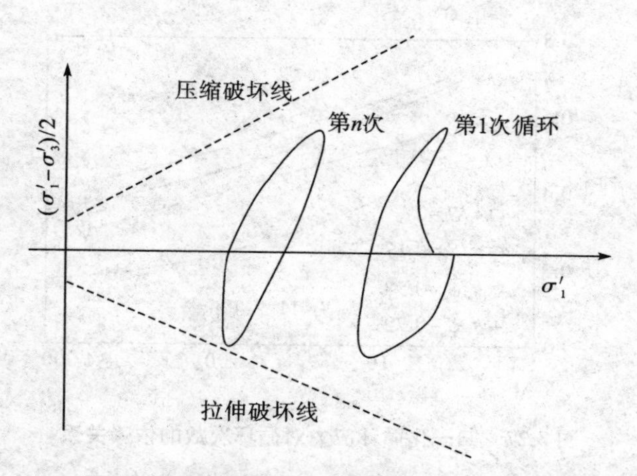

图 3.25 对称循环三轴试验的有效应力路径

(3)归一化循环剪切强度及其存在的问题

由于通过三轴试验和直剪试验得到黏土的单调强度存在一定差别,为了消除其影响,使试验数据具有可比性,Andersen 等将试验中施加的循环应力和初始剪应力,与某一应变速率条件下的单调强度 S_u 相比进行归一化处理,通过循环直剪试验得到的归一化循环强度与平均剪应力、循环次数的关系如图 3.26 所示。

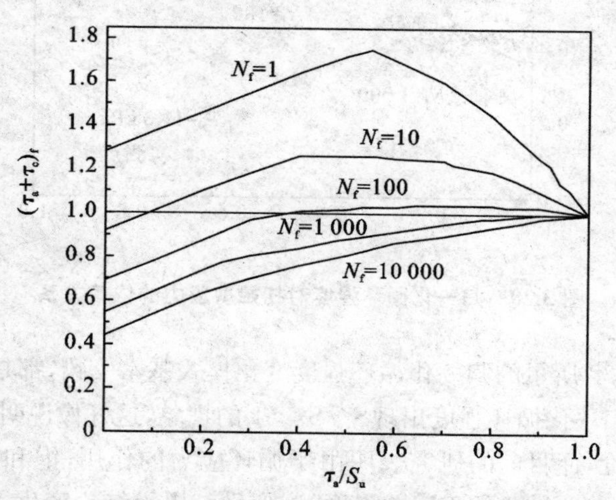

图 3.26 归一化循环强度对初始剪应力的依赖关系(据 Andersen 等)

根据这种归一化方法,采用应变速率为 0.15%/min 扭剪试验确定的单调强度进行归一化,得到循环应力与循环强度同初始剪应力、破坏次数之间的关系,如图 3.27 和图 3.28所示。由图可见,当初始剪应力一定时,破坏时的循环应力与循环强度都随着破坏次数 N_f 的增加而减小;然而对于某一给定的破坏次数 N_f,破坏时的循环应力随初始剪应力的增大而减小,但循环强度随初始剪应力的增加而增大,直至出现峰值,然后随初始剪应力的增大而减小。

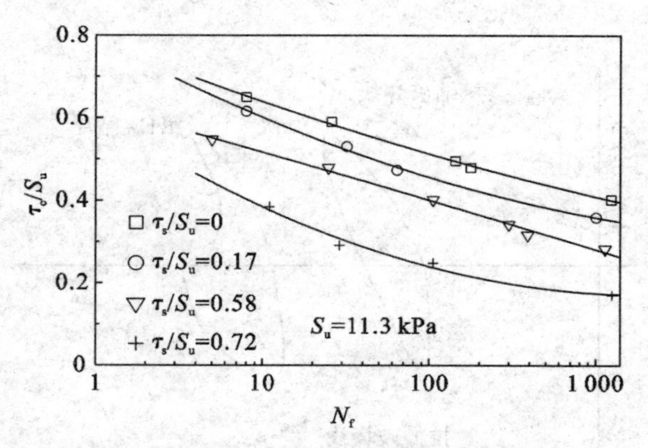

图 3.27 归一化循环应力对循环次数的依赖关系

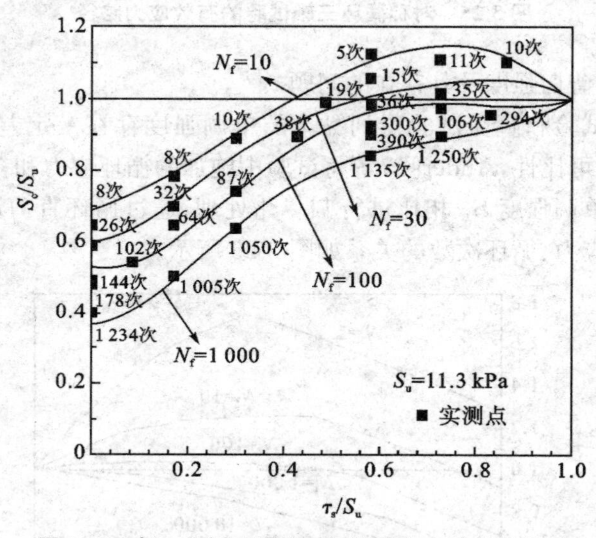

图 3.28 归一化循环强度对初始剪应力的依赖关系

图 3.26 与图 3.28 所示的归一化循环强度变化模式基本一致，都是当 $N_f \leqslant 10$ 和初始剪应力 τ_s 较大时，归一化循环强度出现$S_c/S_u>1$ 的现象，这好像说明循环应力的作用增加了黏土的抗剪强度，而目前的研究表明由于循环应力的作用，饱和黏土的抗剪强度将发生衰减，往往低于单调试验所确定静强度，这似乎与以上结论产生了矛盾。实际上，从应变破坏标准的角度出发，更能加深对黏土的归一化循环强度特性理解。由式(3-51)可知，由于应变破坏标准 γ_{sgs} 取一定值，对于给定初始剪应力，单调荷载引起的应变 γ_s 可以确定，那么静动联合应变 γ_{sd} 也就一定，因此当破坏次数 N_f 较小时，破坏历时就较短，联合应变的平均应变速率$\gamma_{sd}/(N_f T)$就非常大，循环强度的应变速率效应显著，从而掩盖了引起强度衰减的循环软化效应。而且 Lefebvre 等对 Alban 黏土的研究认为，对于破坏次数为 12 次的循环试验，应变速率效应所增加的强度能够完全补偿由于循环荷载作用所造成的强度衰减。同时研究表明，周期加荷使土样受到扰动而软化，所以循环强度降低，但是如果循环次数少，扰动作用就不明显，加荷速率效应使得黏土试样的循环强度提高，

有可能大于单调试验的强度。因此，当初始剪应力一定时，循环强度的大小是由循环软化效应和速率效应共同作用的结果。

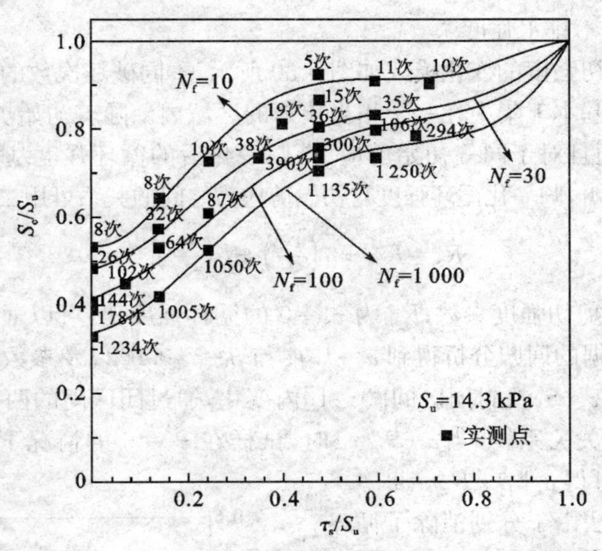

图 3.29 归一化循环强度对初始剪应力的依赖关系

Andersen 等指出在单调剪应力作用下黏土将发生相当大的蠕变变形，因而黏土的单调强度取决于初始剪应力的持续时间。对不固结不排水条件下的单调试验特性表明，饱和黏土的单调强度随应变速率的增加而增大，在双对数坐标下，不排水强度与应变速率之间的经验关系近似地符合线性关系。当采用应变速率为 2.5%/min 单调扭剪试验的不排水抗剪强度进行归一化时，归一化循环强度同初始剪应力、破坏次数之间的关系如图 3.29 所示，由图可见，$N_f \leqslant 10$ 时，归一化循环强度$S_c/S_u<1$。由于采用这种归一化方法会得到不尽相同的结果，而且不同破坏次数的循环强度与初始静应力的关系模式差别太大，很难采用统一、简单的数学关系式表示。因此有必要从决定循环强度的应变速率效应和循环软化效应两个方面考虑循环强度归一化方法，以便探求循环强度的发展规律。

(4)消除速率效应的归一化方法

结合单向总变形组成分量与算式，近似消除应变速率效应的循环强度归一化方法可用下式表示：

$$\dot{\gamma}_{sd}=\frac{(\gamma_f-\gamma_s)}{N_f T} \tag{3-59}$$

$$R_s=\frac{\tau_s}{S_u}+\frac{\tau_c}{S_{ud}} \tag{3-60}$$

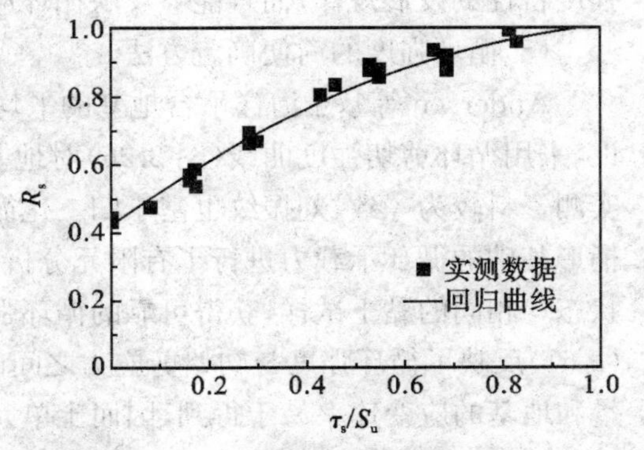

图 3.30 建议的归一化循环剪切强度与初始剪应力的关系

式中，R_s 为归一化循环强度；$\dot{\gamma}_{sd}$ 为联合应变速率；γ_f 为破坏时的剪应变；τ_s 为初始静应力；γ_s 为静力剪应变；$\dot{\gamma}_s$ 为静力剪应变速率；τ_c 为循环应力幅值；N_f 为破坏时的循环次数；T 为循环荷载周期，这里取 10 s；S_u 为在应变速率等于$\dot{\gamma}_s$ 时的不排水强度；S_{ud} 为应变速率等于$\dot{\gamma}_{sd}$时的不排水强度。

归一化循环剪切强度的变化模式如图 3.30 所示，不同破坏次数的循环强度与初始剪应力之间的数据点基本上集中在一个相当狭窄的区域内。随着初始剪应力的增加，归一化循环强度增加，而且对于同一初始剪应力，归一化后的循环强度基本相等。通过对试验数据回归分析表明，归一化循环强度与初始剪应力之间的关系可用二次方程式拟合，即

$$R_s = R_{s0} + \alpha\left(\frac{\tau_s}{S_u}\right) + \beta\left(\frac{\tau_s}{S_u}\right)^2 \tag{3-61}$$

式中，α 与 β 为循环剪切强度参数；R_{s0} 为 $\tau_s=0$ 的循环强度比，可以通过式(3-60)计算得到。通过对试验数据的回归分析得到 $\alpha=1.04$ 与 $\beta=-0.46$ 以及参数 $R_{s0}=0.42$，相关系数 $R^2=0.98$。由于τ_s/S_u在封闭区间[0～1]内变化，通过闭区间的两个端值 0 和 1 可以得到参数之间的相关关系，如当$\tau_s/S_u=1$时，试样在 $\tau_c=0$ 的情况下即达到破坏，由式(3-60)与式(3-61)可得 $\alpha+\beta+R_{s0}=1$。

上述归一化方法由于分别消除了循环应力与初始剪应力的应变速率效应，归一化循环强度主要体现了由于循环荷载的往复作用所引起强度衰减的循环软化效应，因而归一化循环强度 $R_s\leqslant 1$。由于近似消除了循环强度的速率效应，在试样达到破坏时，循环软化的程度主要反映在循环应力比 τ_c/S_{ud} 的变化上，归一化循环应力 τ_c/S_{ud}与初始剪应力τ_s/S_u之间的关系，如图3.31所示。由图可见，随着初始剪应力的增大，黏土的循环应力比τ_c/S_{ud}逐步减小，循环软化效应逐步减弱。因此，采用建议的归一化方法，得到的归一化循环强度与初始剪应力之间的关系模式，不仅能够揭示循环强度特性的发展规律，而且能够反映循环应力作用下饱和黏土的循环软化特性。

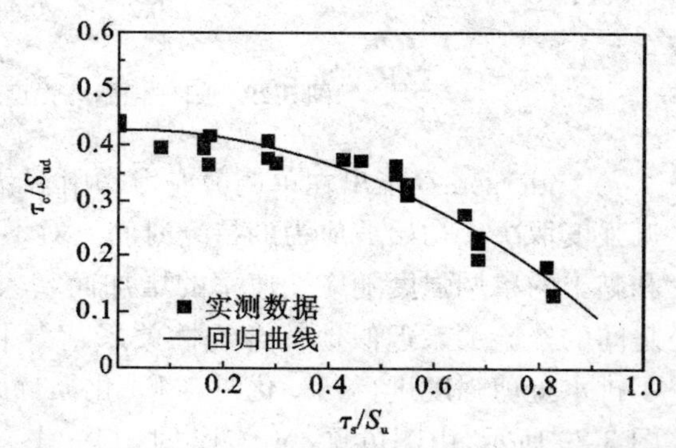

图 3.31　归一化循环应力与初始剪应力的关系

(5)循环强度的简便确定方法

Andersen 等基于海洋平台地基的平均剪应力沿潜在破坏面处于极限平衡状态的假设，采用循环剪切强度曲线(图 3.26)对地基土体的循环承载力进行了计算，计算结果与实测资料较为一致，刘振纹也基于归一化循环强度与初始剪应力、破坏次数 N_f 的关系对桶形基础的循环承载力进行了有限元分析。然而，由于需要大量的组成成份和初始应力状态均相同的黏土试样，获得可靠的循环强度曲线在工程建设中通常难以做到。由于式(3-61)反映了循环强度与初始剪应力之间的发展规律，而且工程建设中建筑物的加载重量和地基的应变速率易于得到，因而土单元体的初始剪应力比τ_s/S_u能够确定，当通过少量的单调和循环剪切试验对式(3-61)的参数确定以后，就能够估算不同破坏次数的循环强度，从而达到在海洋地基稳定性分析中减少工作量的目的。

具体方法如下：

①通过不同应变速率的单调剪切试验，确定 S_u。

②通过少量不同组合的静应力与循环应力的循环剪切试验，结合算式(3-59)、式(3-60)、式(3-61)，确定循环强度参数 α 与 β 以及参数 R_{s0}。

③当上述3个参数确定以后，就能够得出不同破坏次数的循环强度。当初始静应力一定时，既能够在循环应力给定的条件下估算破坏次数 N_f，又能够在破坏次数 N_f 给定条件下估算破坏时的循环应力大小。

3.6.4　饱和黏土动模量与阻尼比

(1)耦合循环应力的加载模式

将水平向剪应力与轴向偏差应力耦合，分级加载的循环应力路径模式如图3.32所示，图中 $\sigma_d=(\sigma_z-\sigma_\theta)/2$ 为轴向偏差应力之半。为了分析循环应力耦合对动剪切模量与阻尼比的影响，具体的加载过程如图3.33所示，图中(a)～(d)分别表示4个不同的典型加载试验(以循环应力幅度表示)，由图可见，试验中初始分级加载的循环剪应力幅度 τ_r 保持近似相等，而各分级加载的轴向偏差应力幅度(a)最高，(b)和(c)的轴向偏差应力幅度 σ_r 近似相等，而(d)的轴向偏差应力幅度为0，表示仅有循环剪应力，没有发生耦合循环应力加载试验。其中循环应力幅度采用下式对实测数据计算：

$$\tau_r=(\tau_{max}-\tau_{min}) \tag{3-62}$$

$$\sigma_r=(\sigma_{max}-\sigma_{min})/2 \tag{3-63}$$

式中，τ_{max} 与 τ_{min} 分别为每次循环的扭转向滞回圈的最大与最小剪应力，σ_{max} 与 σ_{min} 分别为每次循环的轴向滞回圈的最大与最小偏差应力。

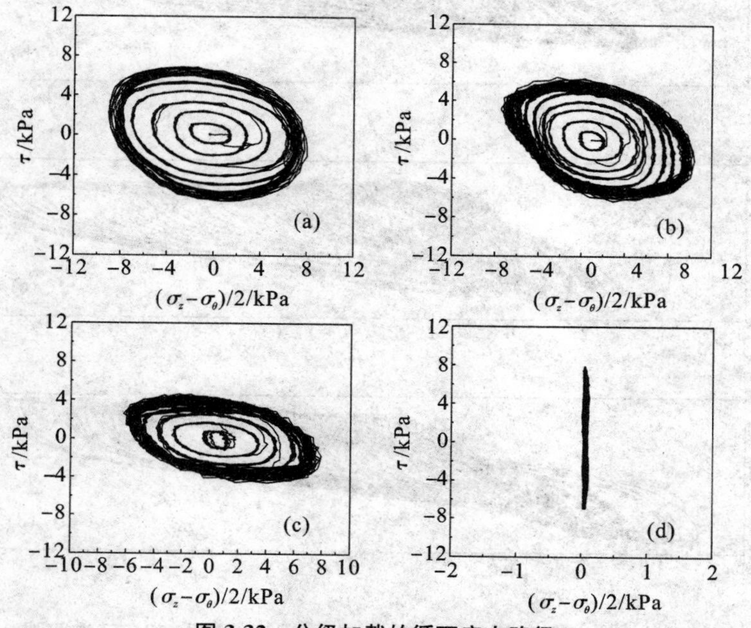

图3.32　分级加载的循环应力路径

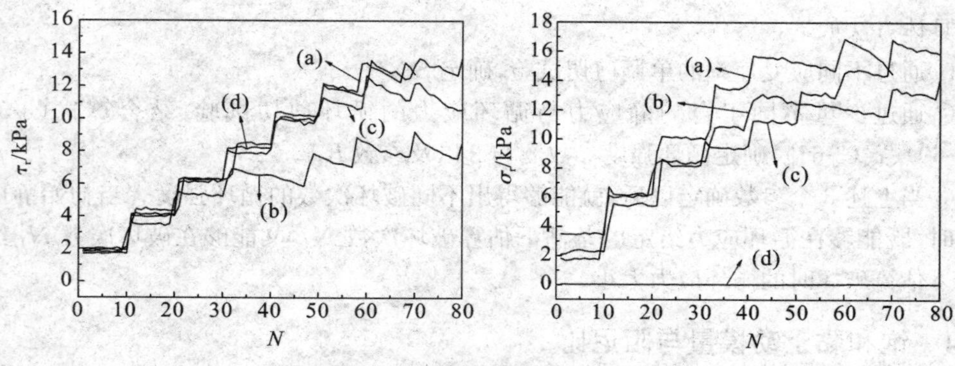

图 3.33 耦合循环应力的分级加载过程

(2)循环应力耦合对滞回圈的影响

在轴向偏差与水平向扭转的双向耦合循环应力作用下，单向的应力-应变滞回圈与变形特性将受到影响，由实测得到水平向扭转的应力-应变滞回圈如图3.34所示，剪应

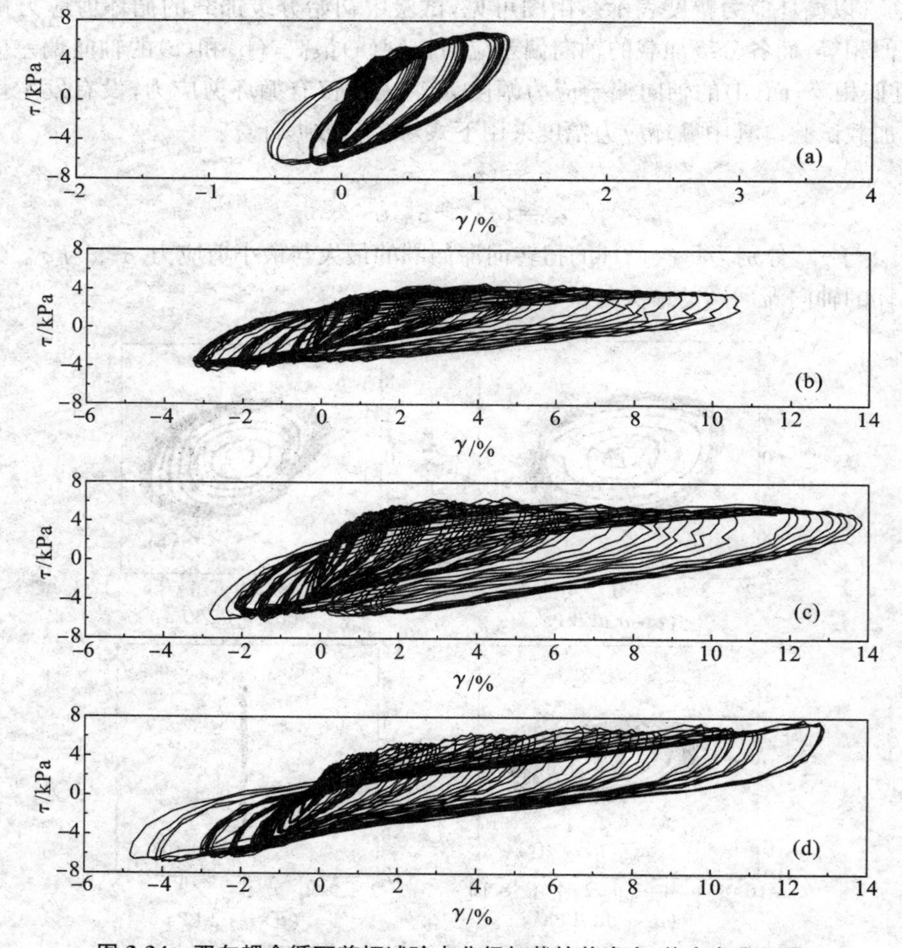

图 3.34 双向耦合循环剪切试验中分级加载的剪应力-剪应变滞回圈

力-应变滞回圈基本围绕某一点对称，随着分级加载级别的增加而倾斜程度增大，结合分级加载过程分析可知，尽管图 3.33 中(a)、(c)与(d)的扭转向循环应力加载过程相似，但是由于(a)、(c)与(d)分级加载的轴向偏差循环应力差别较大，导致图 3.34 中(a)、(c)与(d)的扭转向滞回圈存在显著差别，主要体现在分级加载中对应于图 3.33(a)的循环剪应变幅值最小，对应于图 3.33(d)的循环剪应变幅值最大，这表明增大的轴向偏差循环应力，减小了扭转向剪应力对滞回圈倾斜程度的影响。同时由实测得到轴向应力-应变滞回圈如图 3.35 所示，由图可见，随着荷载级别的增大，轴向应变累积特征显著，应力-应变滞回圈不再围绕一点对称，呈现复杂的变化模式。

对于应力控制的普通循环三轴或循环扭剪试验，在施加的循环应力对称条件下，应力-应变滞回圈基本上围绕某一点对称。不排水条件下试样的体积不变，径向变形量与轴向变形量成比例发展。如果径向变形均匀，在土单元体内将不会产生附加的剪应力，因而不会对扭转向剪应力-应变滞回圈产生较大影响；如果轴向变形较大[图 3.35(a)]，试样吸收了较多变形能后大大增加了黏土的抗剪强度，将对扭转向变形大小产生较大影响[图 3.34(a)]。

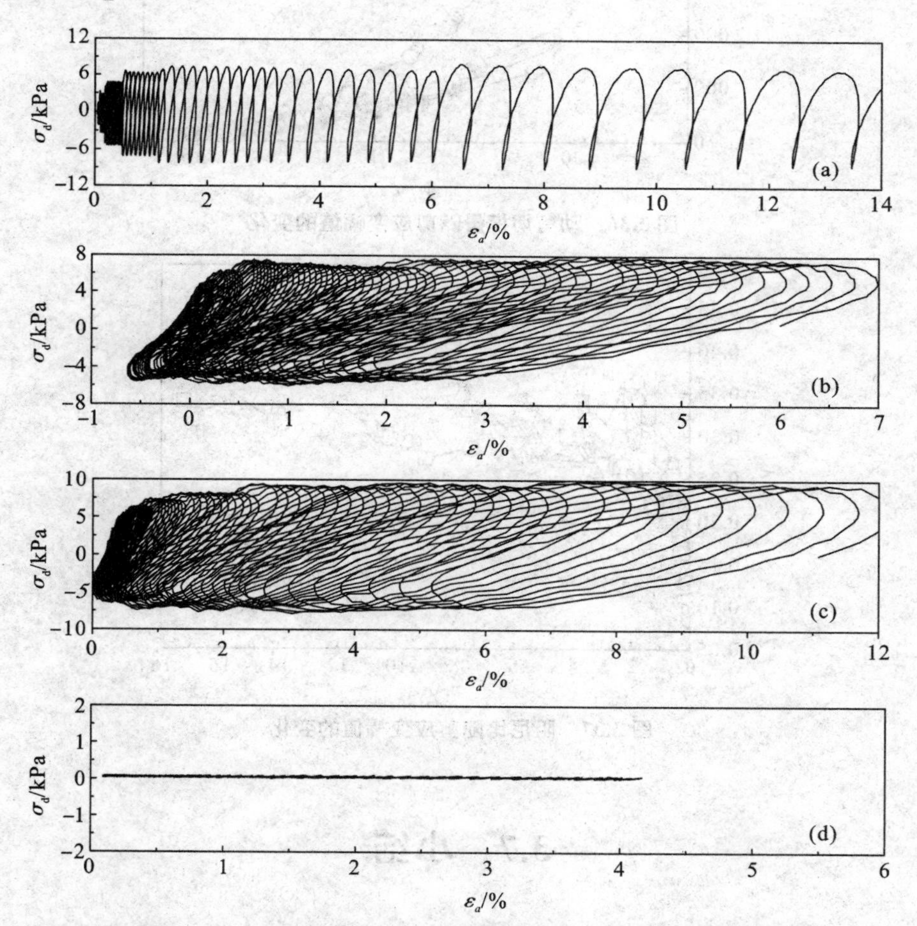

图 3.35　双向耦合循环剪切试验中分级加载的轴向应力-应变滞回圈

(3)循环应力耦合对动剪切模量与阻尼比的影响

由耦合循环应力试验得到的动剪切模量随剪应变幅值的变化，如图 3.36 所示，由图可见，对于给定的某一剪应变幅值，与单向循环试验得到的动剪切模量相比，耦合应力中的轴向偏差应力对动剪切模量具有增大作用，动剪切模量的发展与轴向偏差应力的大小关系密切，尤其是在扭转向剪应力较小的情况下，轴向偏差应力越大，动剪切模量增大越显著，而当扭转向剪应力较大时，轴向偏差应力对动剪切模量增大效用降低。轴向偏差应力对扭转向阻尼比似乎具有一定的增大作用，但是规律性不明显，如图 3.37 所示。

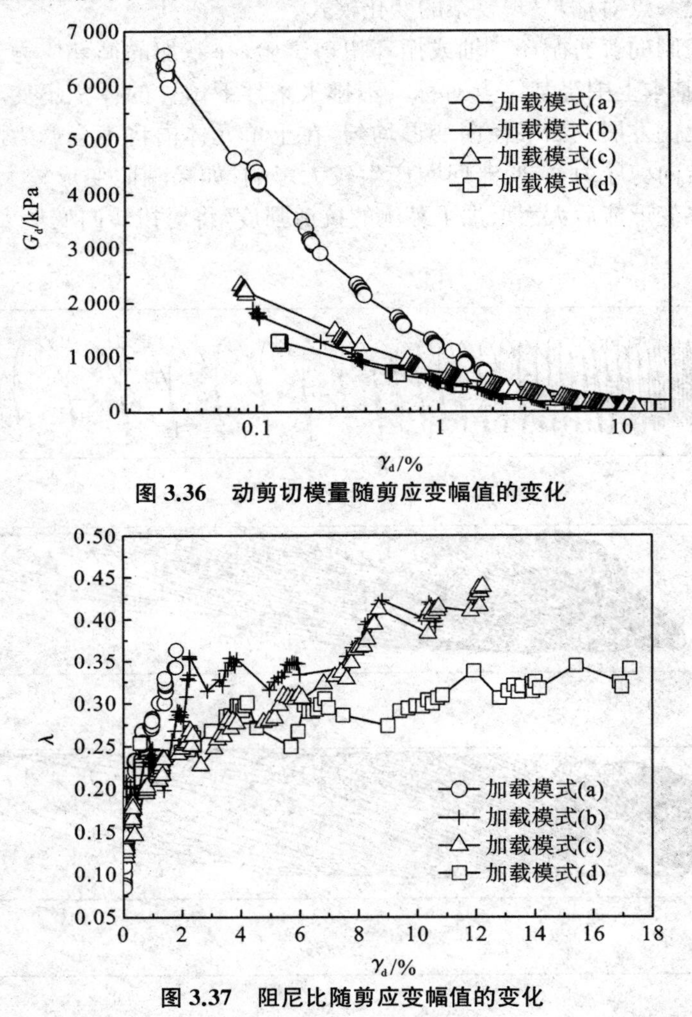

图 3.36　动剪切模量随剪应变幅值的变化

图 3.37　阻尼比随剪应变幅值的变化

3.7　小结

本章针对海洋土物理力学工程特性进行了简要阐述。论述了环境因素对海洋土体工程性质的影响，讲述了海洋土的成因与特点、饱和土与非饱和土强度以及土体固结理论；循环荷载作用下海洋黏土剪切变形与强度，土体循环荷载下动模量与阻尼比变化规律。为接下来的土体应力应变本构关系推导奠定基础。

参考文献

[1] 高国瑞.中国海洋土微结构特征[J].工程勘探，1984(4)：30-34.

[2] 钱寿易，等.海洋土力学现状及发展[J].力学与进展，1980，10(4)：3-16.

[3] 郑继民.海洋土的工程性质概述[J].工程勘探，1980，3：78-80.

[4] 顾慰慈.渗流计算原理及应用[M].北京：中国建材工业出版社，2000.

[5] 张其一.复合加载模式下地基极限承载力与安定性的理论研究及其数值分析[D].大连：大连理工大学，2008.

[6] 张其一.波浪荷载作用下海洋粘(黏，编者改，下同)土力学特性研究[D].大连：大连理工大学，2011.

第 4 章　土体力学性质

4.1　前言

土力学的相关计算问题，一般可以描述为变形问题和强度问题。变形与应力推导过程中，一般采用线性弹性理论求解。弹性理论假定土体应力应变成线性直线关系，即应力增加时应变随之直线增长，应力减小时应变又沿着原路线直线退回，如图 4.1 所示。

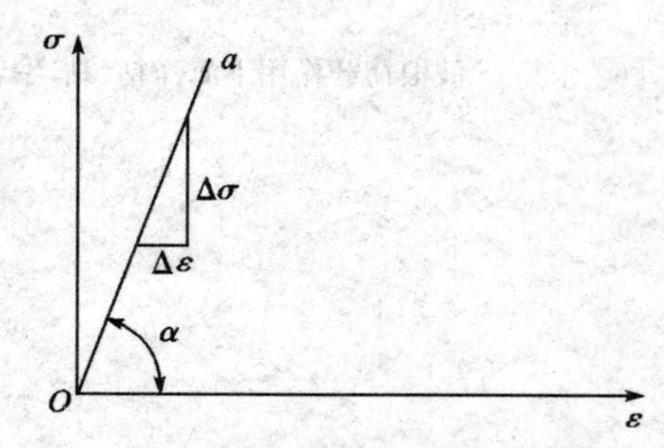

图 4.1　弹性理论中应力应变关系图

图中直线 Oa 与水平轴夹角的正切，称为弹性模量 E

$$E = \tan \alpha = \frac{\Delta\sigma}{\Delta\varepsilon} \tag{4-1}$$

式中，$\Delta\sigma$ 为应力增量，$\Delta\varepsilon$ 相应于 $\Delta\sigma$ 的应变增量。

土的应力应变关系十分复杂，受到很多因素的影响，一般采用应力—应变—强度—时间的关系来描述。其中，时间是一个主要影响因素，而大多数情况下，可以不考虑时间对土体应力—应变和强度的影响；土体的强度是受力发展变形的一个阶段，即在微小的应力增量作用下，土体会发生无限的应变增量的过程。

4.2　土体压缩特性

土的压缩性是指土体在压力作用下体积收缩的性能。土的压缩变形包括：①土颗粒本身的压缩变形；②土骨架孔隙中不同形态的水和气体的压缩变形；③孔隙中水和气体被部分挤出，土颗粒相互靠拢或重新排列使体积变化。

4.2.1　现场试验与变形模量

室内侧限压缩试验不能准确地反映土层的实际情况，可以在现场进行近似无侧限压缩的原位载荷试验，现场载荷试验结果绘制成压力 P 与变形量 S 的关系曲线。

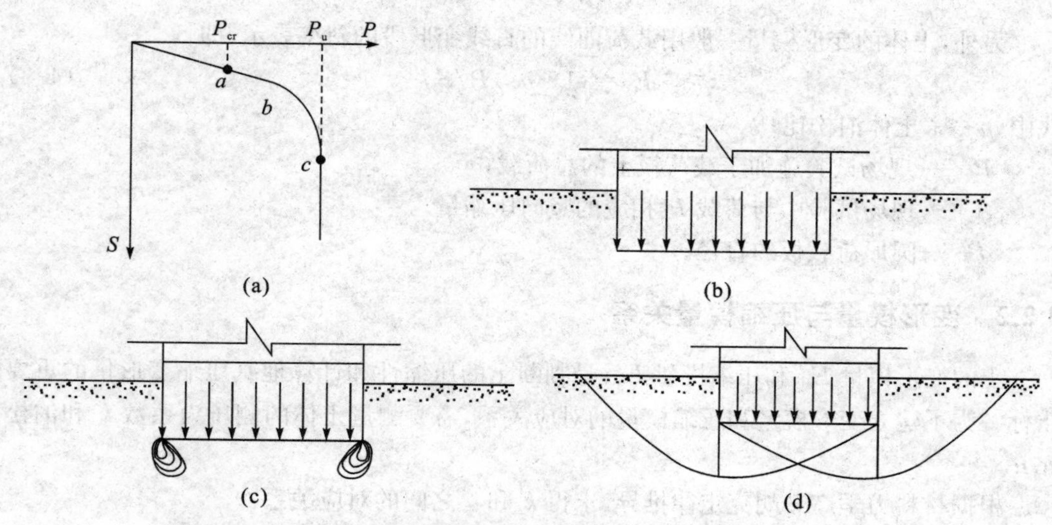

图 4.2 地基土体 $p-s$ 压缩曲线

根据地基从开始加荷到整体破坏的变形过程，苏联学者提出变形三阶段的概念，如图 4.2 所示。图中(a)为变形曲线的三个阶段，(b)、(c)、(d)为相应于变形曲线三个阶段中地基破坏的情况，下面分述地基变形三个阶段的特征。

①直线变形阶段。在这一阶段中，$P-S$ 关系曲线接近于直线，变形的增加率为常量，地基中各点的剪应力都小于抗剪强度，处于稳定状态。地基土下沉主要是因为土颗粒互相挤紧，土体压缩造成的，只有不大的侧向位移[图 4.2(a)、(b)]。

②局部剪切破坏阶段。在此阶段中，$P-S$ 关系曲线已不是直线关系，而是渐次下弯的曲线，其原因为：在地基土中某一局部，出现了剪应力大于抗剪强度的剪切破坏区，或称塑性变形区，如图 4.2(c)所示。随着荷载的加大，塑性变形区也不断扩大，但在此阶段内，还没有扩展到整个地基，剪切破坏区对整个地基来说还只是局部，所以称为局部剪切破坏阶段。在此阶段的初期，相对于支承基础的整个地基来讲塑性变形区还不大。但后期，随着塑性变形区的逐渐增大，地基就向整体失稳发展。所以这一阶段是地基由稳定状态向不稳定状态的过渡阶段。

③整体剪切破坏阶段。当荷载增加至某一极限数值后，地基变形突然增大，或产生连续发展的变形。说明此时地基中的塑性变形，已在基础以下某范围内形成了连续并与地面连通的滑动面。地基向一侧或两侧隆起，基础也随之突然下陷，从而发生了地基整体剪切破坏。如图 4.2(d)所示。

从荷载变形关系曲线与地基破坏过程分析中，可以看出作用在地基上的荷载有两个特征值：一是当地基中开始出现塑性变形区的荷载，称为临塑荷载；二是使地基破坏失去整体稳定时的荷载，称为极限荷载，或称为地基的极限承载力。

上述载荷试验的结果，除了用以确定地基土的允许承载力外，还可以提供地基计算中所需要的另一个压缩性指标——变形模量 E_0。

$$E_0=\frac{\sigma_z}{\varepsilon_z} \tag{4-2}$$

另外，土体的变形模量一般用载荷曲线的直线变形段的斜率表示，即

$$E_0=(1-\mu^2)P/Sd \tag{4-3}$$

式中，μ——土体泊松比；

P——现场试验施加于载荷板上的总荷载；

S——现场试验中与荷载 P 相应的竖向压缩量；

d——圆形荷载板的直径。

4.2.2 变形模量与压缩模量关系

土的变形模量 E_0 和压缩模量 E_s，是判断土的压缩性和计算地基压缩变形量的重要指标。为了建立变形模量和压缩模量的对应关系，需要测量土体的侧压力系数 k 和泊松比 μ。

根据材料力学广义胡克定律推导，求得 k 和 μ 之间的对应关系：

$$k=\frac{\mu}{1-\mu} \tag{4-4}$$

在土的压密变形阶段，假定土为弹性材料，可推导出变形模量 E_0 和压缩模量 E_s 之间的关系：

$$E_0=\beta E_s \tag{4-5}$$

式中，$\beta=1-\frac{2\mu^2}{1-\mu}$，即$E_0/E_s$的比值介于 0～1 之间。考虑到土颗粒之间的结构性，实际工程中常常出现变形模量 E_0 大于压缩模量 E_s 的情况。

4.2.3 影响压缩性的主要因素

土体的压缩性表明土颗粒间的孔隙和连结作用在外加荷载的作用下可能产生的变化。影响土体压缩性的主要因素包括粒度、矿物成分、含水率、密实度、结构和构造特征，同时土的受力条件(受力性质、大小、速度等)也影响着土的压缩性。

(1)粒度和矿物成分的影响

土体可塑状态下，随着黏粒含量的增多，结合水膜变厚，土的透水性减弱，压缩量增大而固结速度缓慢；亲水性强的矿物形成的结合水膜较厚，在饱和软塑状态下压缩量较大，固结较慢。在一定程度上，土的液限 W_L 能说明粒度和矿物成分的影响，饱和黏性土液限愈大，土体的压缩指数 C_c 愈大，一般满足如下关系：

$$C_c=0.009(W_L-10) \tag{4-6}$$

(2)含水率的影响

天然含水率或塑性指数 I_L 决定着土的连结强度，随着含水率的增大，土的压缩性得以增强。

(3)密实度的影响

饱和黏土的密实度与连结有关，随着密实度的增大(孔隙比较小)，土的接触点有所增多，连结增强，则土的压缩性减弱。

(4)结构性的影响

土体的结构状态也影响着土的连结强度,原状土和扰动土存在较大差异,扰动土的压缩性比原状土更强。

(5)构造特征的影响

土体的构造特征不同,其所受的固结压力也不同,导致土体的压缩性也不同。

(6)应力历史的影响

研究土的压缩性,必须考虑土体的受荷历史,经卸荷后再加荷的土体压缩曲线比较平缓,而且重复次数愈多,曲线愈平缓。所以分析土体应力历史,考虑前期固结压力的影响,才能得出更符合实际的压缩结果。

(7)加载速率的影响

加荷速率越快,土体呈现出来的压缩变形越小,土体压缩性越高。

(8)动荷载的影响

在动荷载的作用下,土体将产生附加的压缩变形。土的振动压缩曲线与静荷载压缩曲线较为相似,但压缩量幅值更大,一般随着动荷载作用强度的增大而增大,这与土的特性和先期所经历的荷载历史有关。在动荷载作用下,土体压缩量大小不但取决于振动加速度(振动频率和振幅),还同作用的时间有关,动荷载的作用历时愈长,压缩量愈大。动荷载作用下土的变形同样包括弹性变形和塑性变形两部分,动荷载幅值较小时,主要为弹性变形;随着动荷载幅值的增大,土体塑性变形逐渐增大直至破坏。

4.3　应力分析与应变分析

理论推导过程中,土体研究单元包括构成土骨架的土颗粒与颗粒间的孔隙水以及孔隙气,为多相、多孔的松散介质。在对松散土体进行极限平衡分析过程中,必须首先进行相应的应力、应变分析,才能建立应力应变间的本构方程,从而对土体进行应力、应变、位移与强度分析,如常用的胡克(Hooke)定律。

胡克定律:

$$\sigma=E\varepsilon \tag{4-7}$$

广义胡克定律:

$$\varepsilon_x=\frac{\sigma_x}{E}-\frac{\mu}{E}(\sigma_y+\sigma_z) \tag{4-8}$$

4.3.1　应力分析

(1)土体中一点的应力状态(图 4.3)

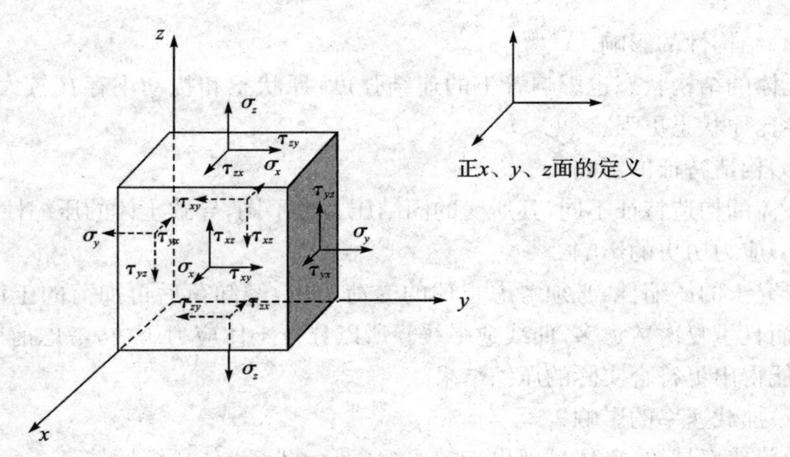

图 4.3　六面体应力单元

另外，任一斜面上的应力状态(图 4.4)：

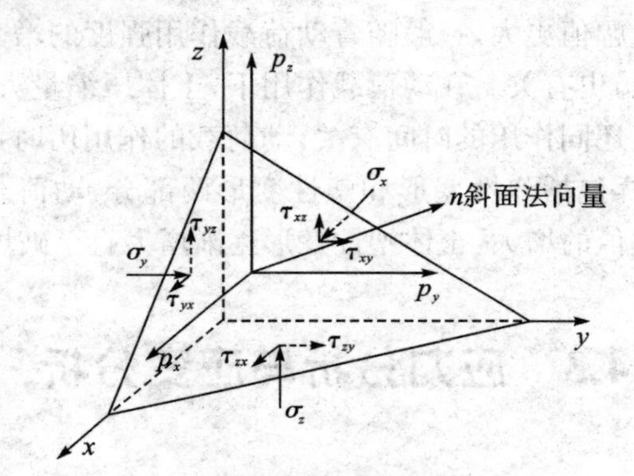

图 4.4　倾斜面的应力状态

主应力与主应力平面

$$\begin{cases}P_x=\sigma_{xj}n_j=\sigma n_x\\P_y=\sigma_{yj}n_j=\sigma n_y\\P_z=\sigma_{zj}n_j=\sigma n_z\end{cases}\longrightarrow\begin{cases}(\sigma_x-\sigma)n_x+\tau_{xy}n_y+\tau_{xz}n_z=0\\\tau_{yx}n_x+(\sigma_y-\sigma)n_y+\tau_{yz}n_z=0\\\tau_{zx}n_x+\tau_{zy}n_y+(\sigma_z-\sigma)n_z=0\end{cases}\longrightarrow(\sigma_{ij}-\sigma\delta_{ij})n_j=0$$

其中，

$$\delta_{ij}=\begin{bmatrix}1&&\\&1&\\&&1\end{bmatrix},$$

以上方程组只有在其系数行列式 Δ=0 时有非零解，

于是存在

$$\begin{vmatrix}\sigma_x-\sigma_n&\tau_{xy}&\tau_{xz}\\\tau_{yx}&\sigma_y-\sigma_n&\tau_{yz}\\\tau_{zx}&\tau_{zy}&\sigma_z-\sigma_n\end{vmatrix}=0\longrightarrow\sigma^3-I_1\sigma^2-I_2\sigma-I_3=0\tag{4-9}$$

其中，

$$I_1=(\sigma_x+\sigma_y+\sigma_z)=\sigma_{ii}=\sigma_{ij}\delta_{ij} \tag{4-10.a}$$

$$I_2=\sigma_x\sigma_y+\sigma_x\sigma_z+\sigma_y\sigma_z-\tau_{xy}^2-\tau_{xz}^2-\tau_{zx}^2 \tag{4-10.b}$$

$$I_3=\begin{vmatrix}\sigma_x & \tau_{xy} & \tau_{xz}\\ \tau_{yx} & \sigma_y & \tau_{yz}\\ \tau_{zx} & \tau_{zy} & \sigma_z\end{vmatrix} \tag{4-10.c}$$

最终可解得

$$\sigma_1\xrightarrow{\text{对应特征向量}}\begin{Bmatrix}n_x\\ n_y\\ n_z\end{Bmatrix}_1 \tag{4-11.a}$$

$$\sigma_2\xrightarrow{\text{对应特征向量}}\begin{Bmatrix}n_x\\ n_y\\ n_z\end{Bmatrix}_2 \tag{4-11.b}$$

$$\sigma_3\xrightarrow{\text{对应特征向量}}\begin{Bmatrix}n_x\\ n_y\\ n_z\end{Bmatrix}_3 \tag{4-11.c}$$

应力张量的分解过程，如图 4.5 所示

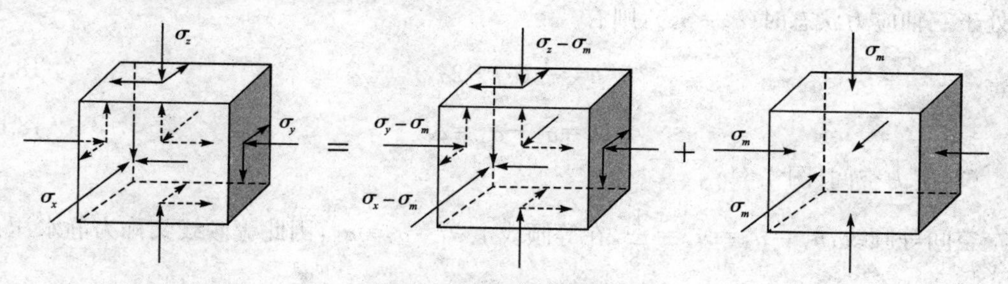

图 4.5　土单元应力状态分解

$$\begin{bmatrix}\sigma_x & \tau_{xy} & \tau_{xz}\\ \tau_{yx} & \sigma_y & \tau_{yz}\\ \tau_{zx} & \tau_{zy} & \sigma_z\end{bmatrix}\overset{\sigma_m=\frac{1}{3}(\sigma_x+\sigma_y+\sigma_z)}{=\!=\!=\!=\!=}\begin{bmatrix}\sigma_x-\sigma_m & \tau_{xy} & \tau_{xz}\\ \tau_{yx} & \sigma_y-\sigma_m & \tau_{yz}\\ \tau_{zx} & \tau_{zy} & \sigma_z-\sigma_m\end{bmatrix}+\begin{bmatrix}\sigma_m & 0 & 0\\ 0 & \sigma_m & 0\\ 0 & 0 & \sigma_m\end{bmatrix} \tag{4-12}$$

即有

$$\sigma_{ij}=S_{ij}(\text{应力偏张量})+\sigma_{ii}(\text{应力球张量})=\begin{bmatrix}s_x & s_{xy} & s_{xz}\\ s_{yx} & s_y & s_{yz}\\ s_{zx} & s_{zy} & s_z\end{bmatrix}+\begin{bmatrix}\sigma_m & & \\ & \sigma_m & \\ & & \sigma_m\end{bmatrix} \tag{4-13}$$

球应力状态时，对于球应力张量不变量有

$$\overline{I_1}=3\sigma_m=I_1 \tag{4-14.a}$$

$$\overline{I_2}=-3\sigma_m^2=-\frac{1}{3}I_1^2 \tag{4-14.b}$$

$$\overline{I_3}=\sigma_m^3=\frac{1}{27}I_1^3 \tag{4-14.c}$$

而偏应力状态时，偏应力张量为

$$J_1=s_x+s_y+s_z=(\sigma_x-\sigma_m)+(\sigma_y-\sigma_m)+(\sigma_y-\sigma_m)=0 \tag{4-15.a}$$

$$J_2=\frac{1}{6}\left[(\sigma_x-\sigma_y)^2+(\sigma_x-\sigma_z)^2+(\sigma_y-\sigma_z)^2+6(\tau_{xy}^2+\tau_{yx}^2+\tau_{zx}^2)\right] \tag{4-15.b}$$

$$J_3=\frac{1}{27}(2\sigma_x-\sigma_y-\sigma_z)\cdot(2\sigma_y-\sigma_x-\sigma_z)\cdot(2\sigma_z-\sigma_x-\sigma_y) \tag{4-15.c}$$

J_2 代表了正应力偏差与剪应力共同作用，三轴试验是由于正应力偏差而达到剪切变形破坏。

(2)平均应力 p 与广义剪应力 q

$$p=\sigma_m=\frac{1}{3}(\sigma_x+\sigma_y+\sigma_z) \tag{4-16}$$

$$q=\sqrt{3J_2}=\frac{1}{\sqrt{2}}\sqrt{(\sigma_x-\sigma_y)^2+(\sigma_x-\sigma_z)^2+(\sigma_y-\sigma_z)^2+6(\tau_{xy}^2+\tau_{yx}^2+\tau_{zx}^2)} \tag{4-17}$$

$$\xlongequal{\text{用主应力表达}}\frac{1}{\sqrt{2}}\sqrt{(\sigma_1^2-\sigma_2^2)^2+(\sigma_2^2-\sigma_3^2)^2+(\sigma_1^2-\sigma_3^2)^2}$$

当处于三轴应力状态时($\sigma_2=\sigma_3$)，则有

$$p=\frac{1}{3}(\sigma_1+2\sigma_2) \tag{4-18.a}$$

$$q=\sigma_1-\sigma_3=\Delta\sigma \tag{4-18.b}$$

(3)应力空间(图 4.6)

空间等倾线：$n_x=n_y=n_z=\frac{1}{\sqrt{3}}$，在等倾线上 $\sigma_1=\sigma_2=\sigma_3$，因此等倾线又称为静水压力线或空间主对角线。

偏平面：正交于空间等倾线，即法线方向与空间等倾线相同。

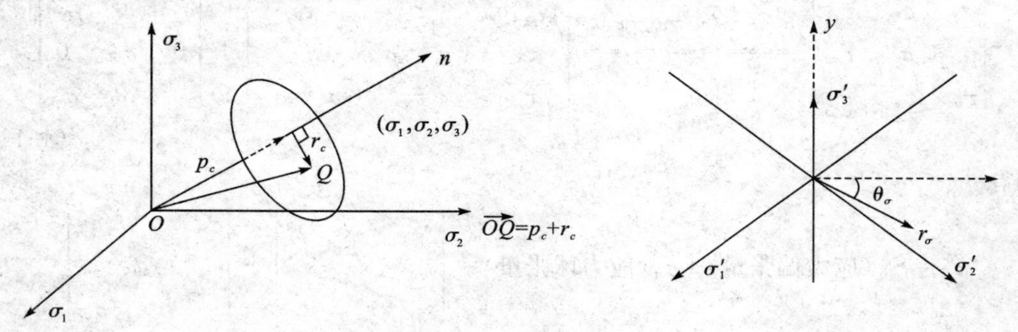

图 4.6 主应力空间

$$|\vec{\rho}|=\frac{1}{\sqrt{3}}(\sigma_1+\sigma_2+\sigma_3)=\frac{3}{\sqrt{3}}\sigma_m=\sqrt{3}\sigma_m=\sqrt{3}p \tag{4-19}$$

$$|\vec{r_\sigma}|=\sqrt{(\sigma_1^2+\sigma_2^2+\sigma_3^2)-\rho_\sigma^2}=\sqrt{2J_2}=\sqrt{\frac{2}{3}}q \tag{4-20}$$

如果沿着$-n$方向看，则有

$$\theta_\sigma=\arctan\left(\frac{u_\sigma}{\sqrt{3}}\right)=\frac{2\sigma_1-(\sigma_2+\sigma_3)}{\sigma_1-\sigma_3} \tag{4-21}$$

称为应力Lode角。u_σ称为应力Lode参数，当$\sigma_2=\sigma_3$时，$u_\sigma=-1,\theta=-\frac{\pi}{6}$，称为压子午面或压平面；而当$\sigma_2=\sigma_1$时，$u_\sigma=1,\theta=\frac{\pi}{6}$，为拉子午面或拉平面。

$$\begin{cases}\sigma_1=p+\frac{2}{3}q\sin\left(\theta_\sigma+\frac{2\pi}{3}\right)\\ \sigma_2=p+\frac{2}{3}q\sin\theta_\sigma\\ \sigma_3=p+\frac{2}{3}q\sin\left(\theta_\sigma-\frac{2\pi}{3}\right)\end{cases} \tag{4-22}$$

4.3.2　应变分析

(1)一点的应变状态与应变张量

直角坐标系下几何方程表示为

$$\begin{cases}\varepsilon_x=-\frac{\partial u_x}{\partial x}=-u_{x,x}\\ \varepsilon_y=-\frac{\partial u_y}{\partial y}=-u_{y,y}\\ \varepsilon_z=-\frac{\partial u_z}{\partial z}=-u_{z,z}\\ \gamma_{xy}=-\left(\frac{\partial u_x}{\partial y}+\frac{\partial u_y}{\partial x}\right)\\ \gamma_{yz}=-\left(\frac{\partial u_y}{\partial z}+\frac{\partial u_z}{\partial y}\right)\\ \gamma_{zx}=-\left(\frac{\partial u_z}{\partial x}+\frac{\partial u_x}{\partial z}\right)\end{cases} \tag{4-23}$$

相应的应变张量写为

$$\begin{bmatrix}\varepsilon_x & \frac{1}{2}\gamma_{xy} & \frac{1}{2}\gamma_{xz}\\ \frac{1}{2}\gamma_{yx} & \varepsilon_y & \frac{1}{2}\gamma_{yz}\\ \frac{1}{2}\gamma_{zx} & \frac{1}{2}\gamma_{zy} & \varepsilon_z\end{bmatrix}\underline{\underline{令}}\begin{bmatrix}\varepsilon_x & \varepsilon_{xy} & \varepsilon_{xz}\\ \varepsilon_{yx} & \varepsilon_y & \varepsilon_{yz}\\ \varepsilon_{zx} & \varepsilon_{zy} & \varepsilon_z\end{bmatrix}=\varepsilon_{ij} \tag{4-24}$$

(2)主应变平面、应变空间

如果一点上存在着三个相互垂直的方向，且沿着它只有长度的改变，没有转动，则这三个相互垂直的方向称为变形主轴，变形的三个应变称为主应变 ε_1、ε_2、ε_3。

与应力空间一样，应变空间也是由三个主应变构成的三维空间，用来表示一点的应变状态。应变空间中的一定点对应着一定的应变状态。图 4.7 中等倾线 On，在该线上 $\varepsilon_1=\varepsilon_2=\varepsilon_3$。与此线垂直的平面称应变 π 平面。其方程为

$$\varepsilon_1+\varepsilon_2+\varepsilon_3=\sqrt{3}\,r \tag{4-25}$$

π 平面上的法向应变为

$$\varepsilon_x=\sqrt{3}\,\varepsilon_m \tag{4-26}$$

π 平面上的剪应变 γ_m，又称偏剪应变，为

$$\gamma_\pi=2\sqrt{e_{ij}e_{ij}}=2\sqrt{2}\sqrt{J_2'} \tag{4-27}$$

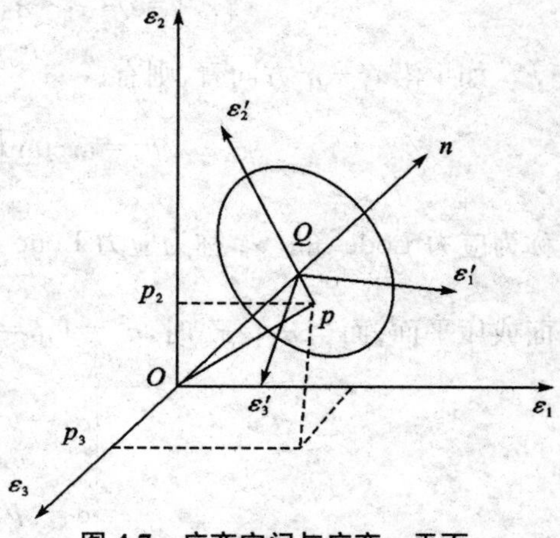

图 4.7　应变空间与应变 π 平面

如在应变 π 平面上取直角坐标 xOy，并使 y 轴方向与 ε_2 轴在 π 平面上的投影一致，则得

$$x=\frac{1}{\sqrt{2}}(\varepsilon_1-\varepsilon_2) \tag{4-28}$$

$$y=\frac{1}{\sqrt{6}}(2\varepsilon_2-\varepsilon_1-\varepsilon_3) \tag{4-29}$$

如 π 平面上取极坐标 r_ε、θ_ε，则：

$$r_\varepsilon=\sqrt{x^2+y^2}=\frac{1}{\sqrt{3}}\left[(\varepsilon_1-\varepsilon_2)^2+(\varepsilon_1-\varepsilon_2)^2+(\varepsilon_1-\varepsilon_2)^2\right]^{\frac{1}{2}} \tag{4-30}$$

$$\tan\theta_\varepsilon=\frac{y}{x}=\frac{1}{\sqrt{3}}\frac{2\varepsilon_2-\varepsilon_1-\varepsilon_3}{\varepsilon_1-\varepsilon_3}=\frac{1}{\sqrt{3}}\mu_\varepsilon \tag{4-31}$$

式中，θ_ε、μ_ε 为应变洛德角与应变洛德参数。

$$\begin{aligned}\varepsilon_1&=\sqrt{\frac{2}{3}}\,\gamma_\varepsilon\sin\left(\theta_\varepsilon+\frac{2\pi}{3}\right)+\varepsilon_m\\ \varepsilon_2&=\sqrt{\frac{2}{3}}\,\gamma_\varepsilon\sin\theta_\varepsilon+\varepsilon_m\\ \varepsilon_3&=\sqrt{\frac{2}{3}}\,\gamma_\varepsilon\sin\left(\theta_\varepsilon-\frac{2\pi}{3}\right)+\varepsilon_m\end{aligned} \tag{4-32}$$

(3)应变张量不变量

类似于应力张量，应变张量也存在着不变量，应变张量不变量分别以 $I_{1\varepsilon}$、$I_{2\varepsilon}$ 和 $I_{3\varepsilon}$ 表示：

$$\begin{aligned}I_{1\varepsilon}&=\varepsilon_x+\varepsilon_y+\varepsilon_z=\varepsilon_1+\varepsilon_2+\varepsilon_3=\varepsilon_{ii}\\ I_{2\varepsilon}&=\varepsilon_x\varepsilon_y+\varepsilon_y\varepsilon_z+\varepsilon_z\varepsilon_x-\frac{1}{4}(\gamma_{xy}^2+\gamma_{yz}^2+\gamma_{zx}^2)=\varepsilon_1\varepsilon_2+\varepsilon_2\varepsilon_3+\varepsilon_3\varepsilon_1\\ I_{3\varepsilon}&=\varepsilon_x\varepsilon_y\varepsilon_z-\frac{1}{4}\left[\gamma_{xy}\gamma_{yz}\gamma_{zx}-(\varepsilon_z\gamma_{xy}^2+\varepsilon_x\gamma_{yz}^2+\varepsilon_y\gamma_{zx}^2\right]=\varepsilon_1\varepsilon_2\varepsilon_3\end{aligned} \tag{4-33}$$

应变张量的分解：

$$\varepsilon_x = -\frac{\partial u_x}{\partial_x} = -u_{xx} = u_{ii} \tag{4-34a}$$

$$\gamma_{xy} = -\left(\frac{\partial u_x}{\partial y} + \frac{\partial u_y}{\partial x}\right) \tag{4-34b}$$

$$\Rightarrow \varepsilon_{ij} = -\frac{1}{2}\left(\frac{\partial u_i}{\partial j} + \frac{\partial u_j}{\partial i}\right) = -\frac{1}{2}(u_{i,j} + u_{j,i}) \tag{4-35}$$

引入体应变 ε_m，即

$$\varepsilon_{ij} = \varepsilon_m \delta_{ij} + e_{ij} \tag{4-36}$$

可得偏应变

$$e_{ij} = \varepsilon_{ij} - \frac{1}{3}\varepsilon_v \delta_{ij} \tag{4-37}$$

$$\gamma_g = \bar{\gamma} = \sqrt{\frac{1}{2} e_{ij} e_{ij}} \tag{4-38}$$

$$J_{2\varepsilon} = \frac{1}{2} e_{ij} e_{ij} \tag{4-39}$$

4.4　应力路径与应力水平

4.4.1　应力路径

土体的力学性质与应力应变本构关系，往往随着时间与空间的变化而不同，因此需要对应力或应变的加载过程进行深入分析。通常称描述土体应力状态变化的路线为应力路径，而称描述应变状态的路线称为应变路径，目前工程上应用较多的是应力路径。

对海洋土体而言，一点的应力状态完全可由总主应力及其方向和孔隙水压力所确定。有效应力可通过 Terzaghi 原理给出。

令三个总主应力或有效主应力为坐标轴，建立应力空间或有效应力空间，如图 4.8 所示。图 σ_1'、σ_2'及 σ_3'为三个有效主应力，将一单元的瞬时有效应力状态所有的点连结起来的线，并标上箭头指明应力发展的趋向，就可得到有效应力路径，简称 ESP。同样可在主应力空间中给出总应力路径，简称 TSP。通常，将总主应力轴与有效应力轴叠置在一起，既能表示有效应力路径与总主应力路径，又能表示孔隙压力的大小。

当略去中间主应力 σ_2 和 σ_2'时，则可在二向应力平面上绘制有效应力路径和总主应力路径。如图 4.9 所示，图中 $A'B'C'$为有效应力路径，若在 B'的孔隙压力为 u 值，则 B 点代表瞬时总应力，因为有效应力与总应力之间的水平距离与垂直距离均为孔隙压力 u 值。由目测可知，瞬时总应力与有效应力的点，必定沿与坐标轴倾斜成 45°的线上。

在应力空间中描绘应力路径既不方便，也不便于应用。通常对两向应力状态用 s'、t' 及 s、t 坐标表示，而对三向应力状态则用 p'、q'及 p、q 坐标表示。二向瞬时应力状态可

用莫尔应力圆表示，如图 4.10 所示，莫尔圆的大小及其位置可用其顶点 M' 的坐标(s'，t')表示，因而可在 s'、t' 坐标平面上绘制 M' 点的路径来描述有效应力路径，同样能在 s、t 平面上描述总应力路径。

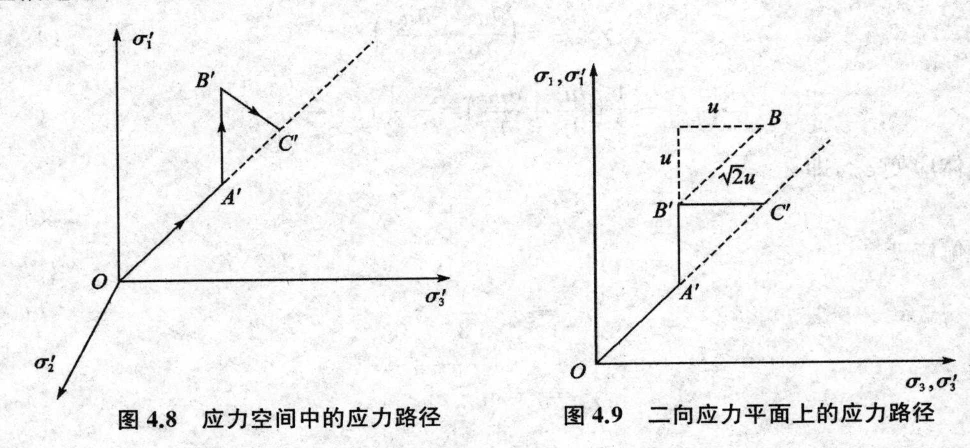

图 4.8　应力空间中的应力路径　　　图 4.9　二向应力平面上的应力路径

从图 4.10(a)中看出，t' 为莫尔有效应力圆半径，并等于最大剪应力；而 s' 为自坐标原点至莫尔圆圆心的距离，并等于 $\sigma_y{}'$ 与 $\sigma_x{}'$ 的平均值。由于存在剪应力互等，图中的几何关系存在：

$$t'=\frac{1}{2}\left[(\sigma_x{}'-\sigma_y{}')^2+4\tau_{xy}^2\right]^{\frac{1}{2}} \tag{4-40}$$

$$s'=\frac{1}{2}(\sigma_x{}'+\sigma_y{}') \tag{4-41}$$

如以有效主应力表示，则为

$$t'=\frac{1}{2}(\sigma_1{}'-\sigma_3{}') \tag{4-42}$$

$$s'=\frac{1}{2}(\sigma_1{}'+\sigma_3{}') \tag{4-43}$$

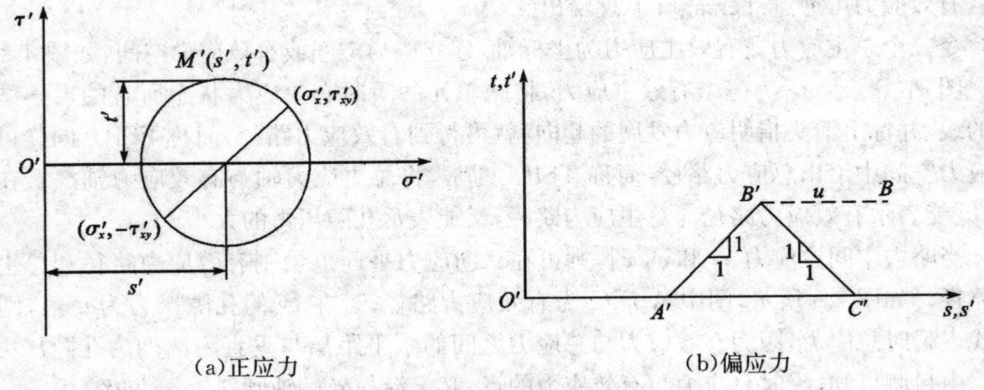

(a)正应力　　　(b)偏应力

图 4.10　应力表示方法

相应的总应力为

$$t=\frac{1}{2}(\sigma_1-\sigma_3) \tag{4-44}$$

$$s=\frac{1}{2}(\sigma_1+\sigma_3) \tag{4-45}$$

经简单变换，采用有效应力公式，即得

$$t'=t \tag{4-46}$$

$$s'=s-u \tag{4-47}$$

如将总应力路径与有效应力路径用叠合在一起的 s'、t' 及 s、t 坐标系表示，则图 4.10(b)中两种路径的水平间距在数值上等于孔隙压力 u。

用 s'、t' 坐标系绘制图 4.10(a)的应力路径，其结果示于图 4.10(b)中。为了计算 $A'B'$ 及 $B'C'$ 的坡度，将式(4-42)及式(4-43)写成如下形式：

$$\mathrm{d}t'=\frac{1}{2}(d\sigma_1'-d\sigma_3') \tag{4-48}$$

$$\mathrm{d}s'=\frac{1}{2}(d\sigma_1'+d\sigma_3') \tag{4-49}$$

对于 $A'B'$，$\mathrm{d}\sigma_3'=0$ 及 $\mathrm{d}t'/\mathrm{d}s'=1$；同时，对于 $B'C'$，$\mathrm{d}\sigma_1'=0$ 及 $\mathrm{d}t'/\mathrm{d}s'=-1$。相应 B' 点的有效应力，用总应力状态 B 点表示，则 B' 点与 B 点的水平距离就是孔隙压力 u。

对于三向应力状态，通常是在 p'、q' 和 p、q 坐标上表示。因而其应力需用广义剪应力或八面体应力等变量来表示。已知：

$$p=\frac{1}{3}(\sigma_1+\sigma_2+\sigma_3)=\sigma_8 \tag{4-50}$$

$$q=\frac{1}{\sqrt{2}}[(\sigma_1-\sigma_2)^2+(\sigma_2-\sigma_3)^2+(\sigma_3-\sigma_1)^2]^{\frac{1}{2}}=\frac{3}{\sqrt{2}}\tau_8 \tag{4-51}$$

且第三不变量将不为零。相应有效应力可写成：

$$p'=p-u=\frac{1}{3}(\sigma_1'+\sigma_2'+\sigma_3')=\sigma_8' \tag{4-52}$$

$$q'=\frac{1}{\sqrt{2}}[(\sigma_1'-\sigma_2')^2+(\sigma_2'-\sigma_3')^2+(\sigma_3'-\sigma_1')^2]^{\frac{1}{2}}=\frac{3}{\sqrt{2}}\tau_1'=q \tag{4-53}$$

以 p'、q' 和 p、q 为坐标系即可绘制有效应力路径和总应力路径，为计算 $A'B'$ 及 $B'C'$ 部分坡度，将式(4-52)、式(4-53)改写，并考虑应用于轴对称情况。为了使所绘图形与常见图形一致，这里假设以 p 受压为正，则常规三轴压缩试验时，有 $\sigma_1>\sigma_2=\sigma_3$。因而，

$$\mathrm{d}p'=\frac{1}{3}(\mathrm{d}\sigma_1'+2\mathrm{d}\sigma_3') \tag{4-54}$$

$$\mathrm{d}q'=\mathrm{d}\sigma_1'-\mathrm{d}\sigma_3' \tag{4-55}$$

对于 $A'B'$，$\mathrm{d}\sigma_2'=\mathrm{d}\sigma_3'=0$ 及 $\mathrm{d}q'/\mathrm{d}p'=3$；而对于 $B'C'$，$\mathrm{d}\sigma_1'=0$，$\mathrm{d}\sigma_2'=\mathrm{d}\sigma_3'$ 及 $\mathrm{d}q'/\mathrm{d}p'=-\frac{3}{2}$。$B$ 点相应于 B' 点有效应力的总应力状态，孔隙压力为 u。

4.4.2 应力水平

应力水平是指球应力或偏应力相对接近于某一个特征应力的水平。对于球应力，当应力超过某一特定值时将造成土体发生结构体缩，导致土体破坏的球应力愈大，土的压硬性就越明显；对于偏应力，当应力愈接近能使土发生剪切破坏的偏应力时，即偏应力作用的水平愈高时，土的剪切变形发展愈迅速，剪胀性愈加明显。这种应力水平对土体变形与强度特性的影响也是土区别于其他材料的重要特性。对多相碎散的土体而言，通常所说的应力水平是指偏应力作用的水平。

在土的应力-应变曲线上，对应于峰值应力或达到规定破坏标准的应力称为破坏应力。应力-应变曲线渐近线的剪应力称为极限剪应力，如图 4.11 所示。由于土的非线性特性，它的变形大小与作用应力$(\sigma_1-\sigma_3)$同土的破坏应力$(\sigma_1-\sigma_3)_f$所接近的程度有密切关系。一般地，应力的这种接近程度用它们的比值来表示，称为应力水平。应力水平可写为

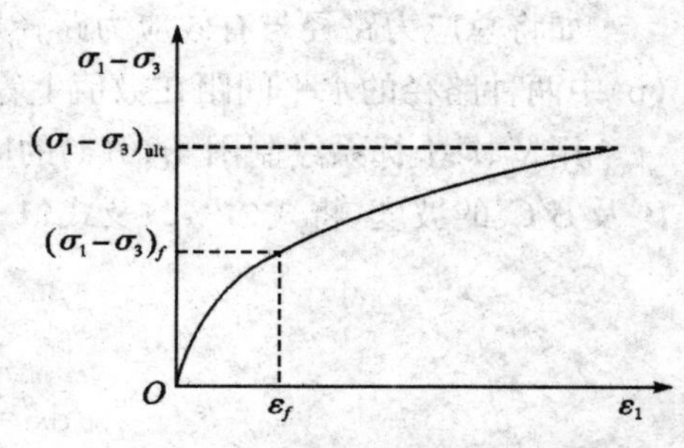

图 4.11 常三轴应力-应变曲线

$$S=\frac{(\sigma_1-\sigma_3)}{(\sigma_1-\sigma_3)_f} \tag{4-56}$$

而将破坏剪应力$(\sigma_1-\sigma_3)_f$与极限剪应力$(\sigma_1-\sigma_3)_{ult}$之比值称为破坏比$R_f$。

可见，应力水平S实际上代表了土在该应力状态时土强度得到发挥的程度。当按作用应力的 Mohr 圆与破坏应力的 Mohr 圆之间的关系来表示时，可以用下式描述，如图 4.12 所示。

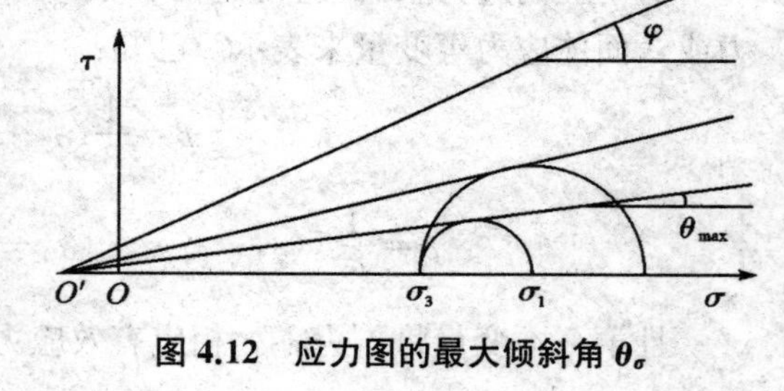

图 4.12 应力图的最大倾斜角 θ_σ

$$S=\frac{\tan\varphi}{\tan\theta_{max}} \tag{4-57}$$

式中，θ_{max}称为作用应力的 Mohr 圆的切线角，即最大倾斜角，它随着作用应力的增大而增大，表示土的强度得到进一步的发挥。当$\theta_{max}=\varphi$时，土的强度得到完全发挥，土即处于濒临破坏的状态。

4.5 土的强度理论与破坏准则

4.5.1 最大剪应力强度理论与屈雷斯卡(Tresca)准则

最大剪应力理论是 Tresca 在研究塑性材料剪切破坏过程中获得的强度理论，故也称

之为 Tresca 强度准则。一般认为剪切滑移是材料塑性变形的根本原因，最大剪应力强度理论认为材料的破坏取决于最大剪应力。当土体承受的最大剪应力 τ_{max} 达到其单轴压缩或单轴拉伸极限剪应力时，便发生剪切破坏，即土体处于塑性状态时，其最大切应力是一不变的定值，该定值只取决于材料在变形条件下的性质，而与应力状态无关。

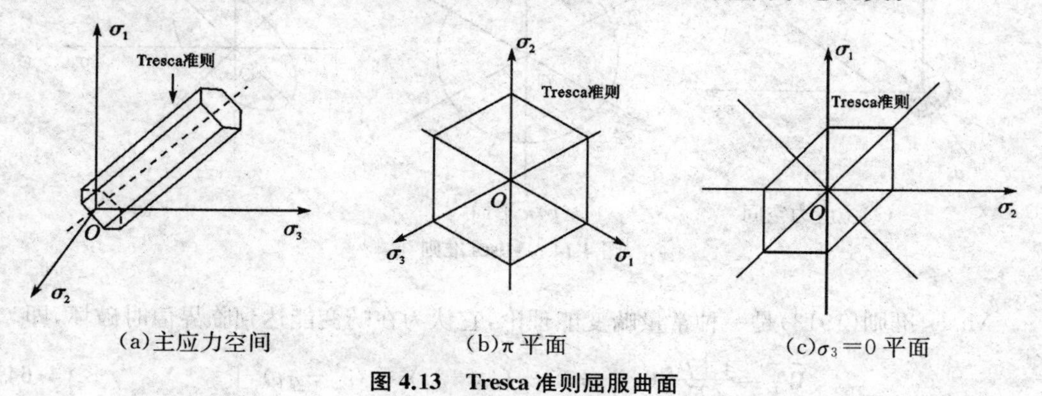

图 4.13　Tresca 准则屈服曲面

Tresca 准则数学表达式为

$$\tau_{max}=\frac{\sigma_s}{2}=K \tag{4-58}$$

或者

$$|\sigma_{max}-\sigma_{min}|=\sigma_s=2K \tag{4-59}$$

式中，K 为材料屈服时的最大切应力值，也称剪切屈服强度。

若规定主应力大小顺序为 $\sigma_1 \geqslant \sigma_2 \geqslant \sigma_3$，则有

$$|\sigma_1-\sigma_3|=2K \tag{4-60}$$

如果不知道主应力大小顺序时，则 Tresca 屈服准则表达式为

$$\left.\begin{aligned}\sigma_1-\sigma_2=\pm 2K=\pm\sigma_s\\ \sigma_2-\sigma_3=\pm 2K=\pm\sigma_s\\ \sigma_3-\sigma_1=\pm 2K=\pm\sigma_s\end{aligned}\right\} \tag{4-61}$$

从推导过程可知，Tresca 准则假定材料内摩擦角为零($\varphi=0$)，因而在岩土工程设计中，其用于一些只有粘聚力的纯黏性土体($\varphi=0$)。

如果知道主应力大小顺序时，假设 $\sigma_1>\sigma_2>\sigma_3$ 时，可以表示为

$$\sigma_1-\sigma_3=k_f \tag{4-62}$$

或

$$F=\sqrt{J_2}\cos\theta_\sigma-k=0\left(-\frac{\pi}{6}\leqslant\theta_\sigma\leqslant\frac{\pi}{6}\right) \tag{4-63}$$

4.5.2　最大畸变能理论与米塞斯(Mises)准则

最大畸变能理论，又叫 von Mises 屈服准则，同时也被称为第四强度理论，表述的就是土体的屈服和畸变能密度有关，即在土体里的任意一点，如果单位体积里各向应力引

起的畸变能量等于单向拉伸屈服时的单位体积畸变能，土体就会屈服。

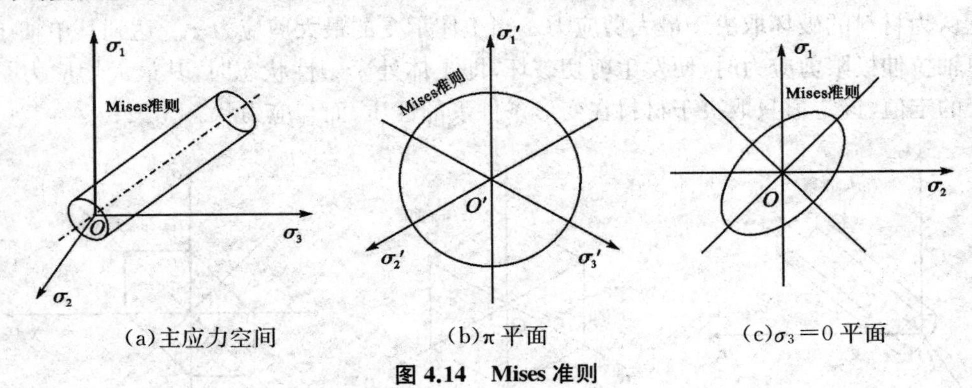

(a)主应力空间　(b)π平面　(c)$\sigma_3=0$平面

图 4.14　Mises 准则

Mises 准则(1913)是一种常量畸变能理论，它认为在畸变能达到临界值时破坏，即

$$\overline{W_D}=\frac{1+\mu}{6E}[(\sigma_1-\sigma_2)^2+(\sigma_2-\sigma_3)^2+(\sigma_3-\sigma_1)^2] \tag{4-64}$$

式中，μ、E 分别为泊松(Poisson)和弹性模量。公式(4-64)还可以写成

$$(\sigma_1-\sigma_2)^2+(\sigma_2-\sigma_3)^2+(\sigma_3-\sigma_1)^2=k^2 \tag{4-65}$$

或

$$F=\sqrt{J_2}-k=0 \tag{4-66}$$

前者相当于八面体剪应力为常数，故为一个圆；后者因在 π 平面上的剪应力 $\tau_\pi=\sqrt{2J_2}$，故 Mises 准则的$\sqrt{2J_2}$为常数，在 π 平面上也为一个圆。

4.5.3　广义 Tresca 准则、广义 Mises 准则及 Drucker-Prager 准则

4.5.3.1　广义 Tresca 准则(图 4.15)

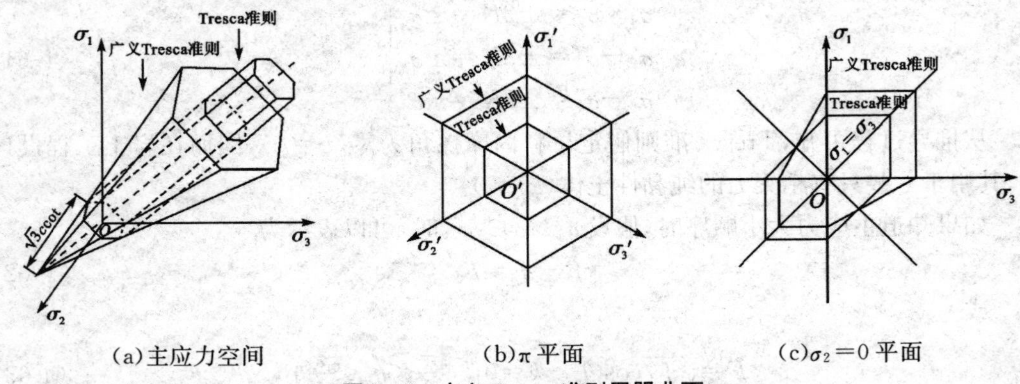

(a)主应力空间　(b)π平面　(c)$\sigma_2=0$平面

图 4.15　广义 Tresca 准则屈服曲面

在主应力大小顺序为 $\sigma_1>\sigma_2>\sigma_3$ 时，如在其中再引入球应力的贡献，即可得到广义 Tresca 准则(Scannles)，则式(4-63)可写为

$$F=\sqrt{J_2}\cos\theta_\sigma-\alpha I_1-k=0 \tag{4-67}$$

或

$$F=(\sigma_1-\sigma_3)^2-\left[k_2+\frac{1}{3}(\sigma_1+\sigma_2+\sigma_3)\alpha_2\right]^2=0 \tag{4-68}$$

式中，α_2、k_2 分别为材料常数。

4.5.3.2 广义 Mises 准则(图 4.16)

π 平面上 Mises 准则在引入球应力的贡献后，可以得到广义 Mises 准则(Schleicher)，即

$$F=\sqrt{J_2}-\alpha I_1-k=0 \tag{4-69}$$

或

$$F=(\sigma_1-\sigma_2)^2+(\sigma_2-\sigma_3)^2+(\sigma_3-\sigma_1)^2-\left[k_1+\alpha_1\cdot\frac{1}{3}(\sigma_1+\sigma_2+\sigma_3)\right]=0 \tag{4-70}$$

式中，α_1、k_1 分别为材料常数。

$$\overline{W_D}=\frac{1+\mu}{6E}[(\sigma_1-\sigma_2)^2+(\sigma_2-\sigma_3)^2+(\sigma_3-\sigma_1)^2] \tag{4-71}$$

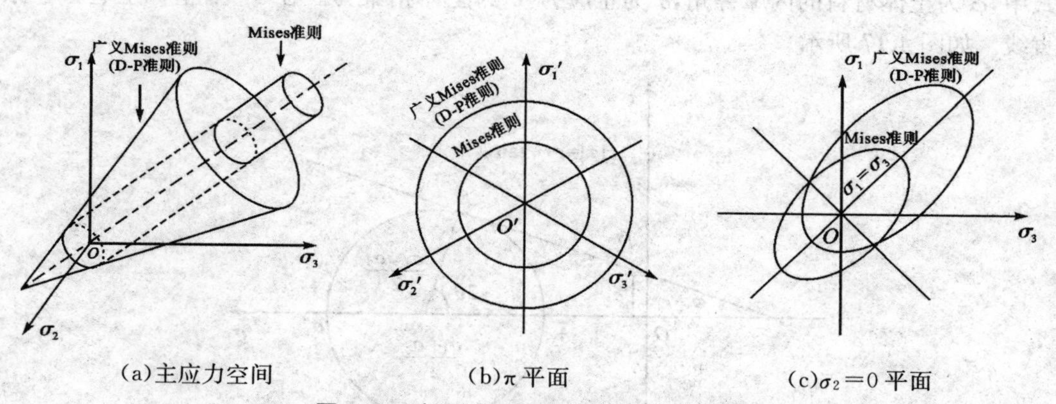

(a)主应力空间　　(b)π 平面　　(c)$\sigma_2=0$ 平面

图 4.16　广义 Mises(D－P)准则屈服曲面

4.5.3.3 Drucker-Prager 准则

为了克服 Mises 准则没有考虑静水压力对屈服与破坏的影响，Drucker 和 Prager 于 1952 年提出了考虑静水压力的广义 Mises 屈服与破坏准则，称为 Drucker-Prager 屈服准则，简称 D－P 准则。

在主应力空间中，D－P 屈服面表达式为

$$f(I_1,\sqrt{J_2})=\sqrt{J_2}-\alpha I_1-k=0 \tag{4-72}$$

式中，f 为塑性势函数，I_1 为主应力张量第一不变量，J_2 为偏应力张量第二不变量，α、k 为材料常数。按照平面应变条件下的应力和塑性变形条件，Drucker 与 Prager 推导出了其与粘聚力 c 和内摩擦角 φ 的关系式：

$$\alpha=\frac{\sin\varphi}{\sqrt{3}\sqrt{3+\sin^2\varphi}}=\frac{\tan\varphi}{\sqrt{9+12\tan^2\varphi}} \tag{4-73}$$

$$k=\frac{\sqrt{3}c\cdot\cos\varphi}{\sqrt{3+\sin^2\varphi}}=\frac{3c}{\sqrt{9+12\tan^2\varphi}} \tag{4-74}$$

Drucker-Prager 屈服准则是对 Mohr-Coulomb 准则的近似，它修正了 von Mises 屈服准则，即在 von Mises 表达式中包含一个附加项。其屈服面并不随着材料的屈服而改变，因此没有强化准则，塑性行为被假定为理想塑性，然而其屈服强度随着侧限压力（静水应力）的增加而相应增加。另外，这种材料考虑了由于屈服而引起的体积膨胀，但不考虑温度变化的影响。

4.5.4 Mohr-Coulomb 准则

Mohr-Coulomb 准则认为材料的破坏属于在正应力作用下的剪切破坏，它不仅与该剪切面上剪应力有关，而且与该面上的正应力有关。所以土体并不是沿着最大剪应力作用面发生破坏，而是沿着剪应力和正应力最不利组合的某一面产生破坏的。其表达式为

$$|\tau|=c+\sigma\tan\varphi \tag{4-75}$$

式中，φ 为土体材料的内摩擦角，σ 为正应力，c 为土体粘聚力。在 $\sigma-\tau$ 坐标上它是一条直线。如图 4.17 所示。

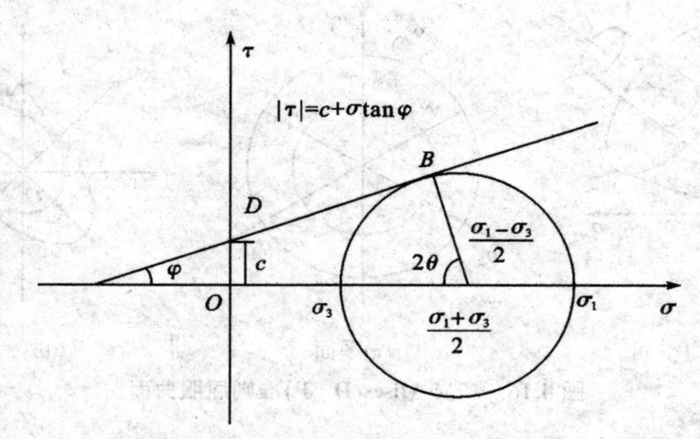

图 4.17 Mohr-Coulomb 强度线及极限应力圆

利用图 4.17 所示的关系，可推导出：

$$\sigma_1=\frac{2c\cos\varphi+\sigma_3(1+\sin\varphi)}{1-\sin\varphi} \tag{4-76}$$

或

$$F=\frac{1}{2}(\sigma_1-\sigma_3)-\frac{1}{2}(\sigma_1+\sigma_3)\sin\varphi-c\cos\varphi=0 \tag{4-77}$$

或

$$F=\frac{1}{3}I_1\sin\varphi-\left[\cos\theta_\sigma+\frac{\sin\theta_\sigma\sin\varphi}{\sqrt{3}}\right]\sqrt{J_2}+c\cos\varphi=0 \tag{4-78}$$

当土体在单向拉伸条件下破坏时，即 $\sigma_1=0$，此时的单轴抗拉强度为

$$\sigma_t=\sigma_3=-\frac{2c\cos\varphi}{1+\sin\varphi} \tag{4-79}$$

当土体在单向压缩条件下破坏时，即 $\sigma_3=0$，此时的单轴抗压强度为

$$\sigma_c=\sigma_1=-\frac{2c\cos\varphi}{1-\sin\varphi} \tag{4-80}$$

Mohr-Coulomb 准则是一种经验公式，它一般只适用于土体材料的受压状态。该准则只考虑了最大和最小主应力对破坏的影响，并没有考虑中间主应力的影响。

在 π 平面上，式(4-78)又可表示成

$$F=p\sin\varphi-\frac{1}{\sqrt{3}}\left(\cos\theta_\sigma+\frac{1}{\sqrt{3}}\sin\theta_\sigma\sin\varphi\right)\cdot q+c\cdot\cos\varphi=0 \tag{4-81}$$

由此可见，Mohr-Coulomb 准则在 π 平面上的 τ_π 在 $\theta_\sigma=-\frac{\pi}{6}$(压剪)时要比 $\theta_\sigma=\frac{\pi}{6}$时大，故为一个不等角的六边形。将式(4-81)简写成

$$F=q-p\tan\bar{\varphi}-\bar{c} \tag{4-82}$$

则有

$$\tan\bar{\varphi}=\frac{3\sin\varphi}{\sqrt{3}\cos\theta_\sigma+\sin\theta_\sigma\sin\varphi}\qquad \bar{c}=\frac{3c\cos\varphi}{\sqrt{3}\cos\theta_\sigma+\sin\theta_\sigma\sin\varphi} \tag{4-83}$$

对常规三轴压剪试验($\sigma_1>\sigma_2=\sigma_3$)和挤剪试验($\sigma_1=\sigma_2>\sigma_3$)，式(4-83)可写成

$$\tan\bar{\varphi}=\frac{6\sin\varphi}{3\mp\sin\varphi}\qquad \bar{c}=\frac{6\cos\varphi}{3\mp\sin\varphi} \tag{4-84}$$

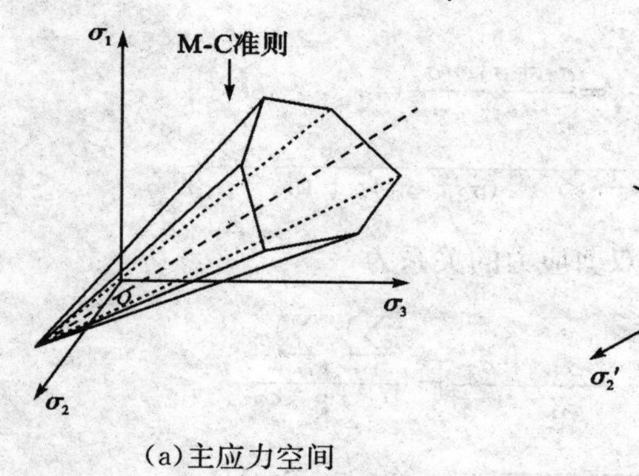

(a)主应力空间　　(b)π 平面

图 4.18　Mohr-Coulomb 准则屈服曲面

4.5.5　松冈元-中井照夫空间滑动面(SMP)准则

采用任一斜截面去截取正六面单元体，如图 4.19(a)、(b)所示，采用材料力学或弹性力学的方法，则可推导出该斜截面上的最大切应力和主应力，即该截面与其中两个主应力轴成 45°，亦即两个方向余弦为 $\pm\frac{\sqrt{2}}{2}$；而与另一个主应力轴平行，即方向余弦为 0，则相应的应力分别记作双剪主切应力和双剪正应力，统称为双剪应力。

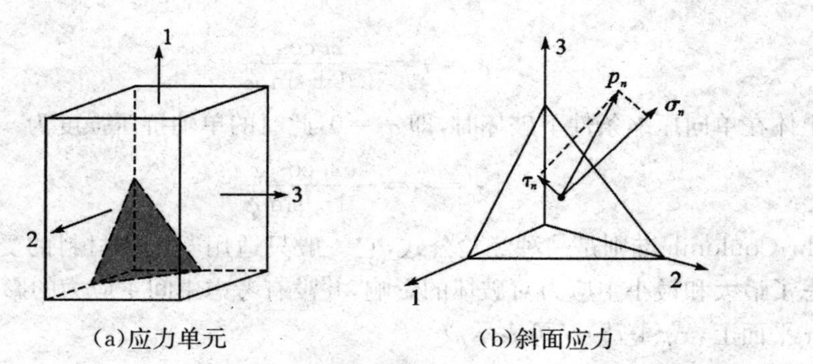

(a)应力单元　　(b)斜面应力

图 4.19　斜截面应力

根据斜截面上的应力与主应力关系，则有

$$\sigma_l=\sigma_1 l_1^2+\sigma_2 l_2^2+\sigma_3 l_3^2 \tag{4-85}$$

$$\tau_l=\sqrt{\sigma_1 l_1^2+\sigma_2 l_2^2+\sigma_3 l_3^2-(\sigma_1 l_1^2+\sigma_2 l_2^2+\sigma_3 l_3^2)^2} \tag{4-86}$$

由此，可得到正交八面单元体上双剪应力与主应力的关系：

$$\sigma_{13}/\tau_{13}=\frac{1}{2}(\sigma_1\pm\sigma_3) \tag{4-87}$$

$$\sigma_{12}/\tau_{12}=\frac{1}{2}(\sigma_1\pm\sigma_2) \tag{4-88}$$

$$\sigma_{23}/\tau_{23}=\frac{1}{2}(\sigma_2\pm\sigma_3) \tag{4-89}$$

根据弹性理论，有

$$\sigma_8=\frac{\sigma_1+\sigma_2+\sigma_3}{3}=\sigma_m \tag{4-90}$$

$$\tau_8=\frac{1}{3}\sqrt{(\sigma_1-\sigma_2)^2+(\sigma_2-\sigma_3)^2+(\sigma_3-\sigma_1)^2} \tag{4-91}$$

通过变换，等倾八面体应力与双剪应力的关系为

$$\sigma_8=\frac{\sigma_{13}+\sigma_{12}+\sigma_{23}}{3}=\frac{\sum_{i=1,j=1}^{3}\sum_{i<j}^{3}\sigma_{ij}}{3} \tag{4-92}$$

$$\tau_8=\frac{2}{3}\sqrt{\tau_{13}^2+\tau_{12}^2+\tau_{23}^2}=\frac{2}{3}\sqrt{\sum_{i=1,j=1}^{3}\sum_{i<j}^{3}\tau_{ij}^2} \tag{4-93}$$

八面体应力强度理论认为当八面体上剪应力 τ_{OCT} 达到某一临界值时，材料便屈服或破坏。冯·米塞斯(von Mises)认为，当八面体上的剪应力 τ_{OCT} 达到单向受力至屈服的八面体极限剪应力 τ_s 时，材料便屈服或破坏。由冯·米塞斯强度条件 $\tau_{\mathrm{OCT}}=\tau_s$，得

$$\frac{1}{3}\sqrt{(\sigma_1-\sigma_2)^2+(\sigma_2-\sigma_3)^2+(\sigma_3-\sigma_1)^2}=\frac{\sqrt{2}}{3}\sigma_y \tag{4-94}$$

式(4-94)如图 4.20(a)所示，对于塑性材料，这个理论与试验结果很吻合。在塑性力学中，这个理论称之为冯·米塞斯破坏条件，一直被广泛应用。

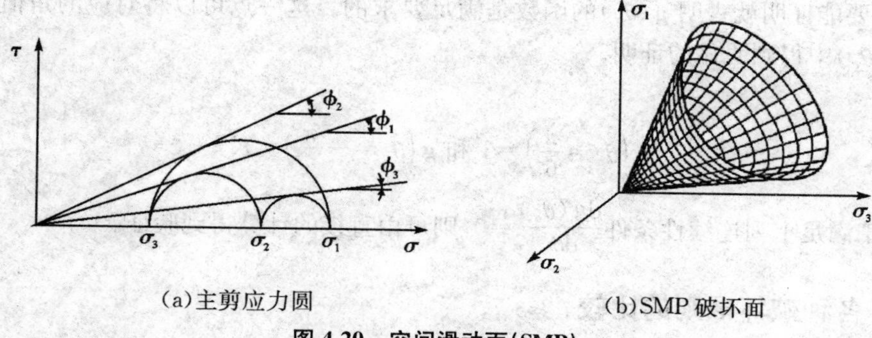

图 4.20　空间滑动面(SMP)

4.5.6　Zienkiewicz-Pande 准则

数值计算过程中，为提高求解过程的收敛性，往往需要对非连续的屈服面进行数学上的有效处理，如 Zienkiewicz-Pande 准则。Zienkiewicz-Pande 提出的强度准则有利于对强度准则的抹圆化处理，而且具有更好的广泛性，其形式如下：

$$F=\left(\frac{\sqrt{J_2}}{g(\theta_\sigma)}\right)^n-\alpha_1\sigma_m-\beta\sigma_m^2-k=0 \tag{4-95}$$

式中，$g(\theta_\sigma)$为形状函数，是一个表示 π 平面上的强度曲线，随应力角变化的函数。为了抹圆 Mohr-Coulomb 准则的角点，确定 $g(\theta_\sigma)$的条件应使曲线在 $\theta_\sigma=\pm\frac{\pi}{6}$处抹圆而且连续，即有$\frac{\mathrm{d}g(\theta_\sigma)}{\mathrm{d}\theta_\sigma}=0$，而且当 $g(\theta_\sigma)=g\left(\pm\frac{\pi}{6}\right)$时，π 平面上的曲线分别通过两个角点。为满足这些条件，Gudehus 和 Arygris，Williams 和 Warnke 以及郑颖人等提出了 $g(\theta_\sigma)$的不同函数形式，其中，Gudehus 和 Arygris 提出的表达式为

$$g(\theta_\sigma)=\frac{2K}{(1+K)-(1-K)\sin 3\theta_\sigma} \tag{4-96}$$

当引入系数 α 时，其表达式变为

$$g(\theta_\sigma)=\frac{2K}{(1+K)-(1-K)\sin 3\theta_\sigma+\alpha\cos^2 3\theta_\sigma} \tag{4-97}$$

式(4-96)和式(4-97)在 π 平面或偏平面上的图形如图 4.21 所示：

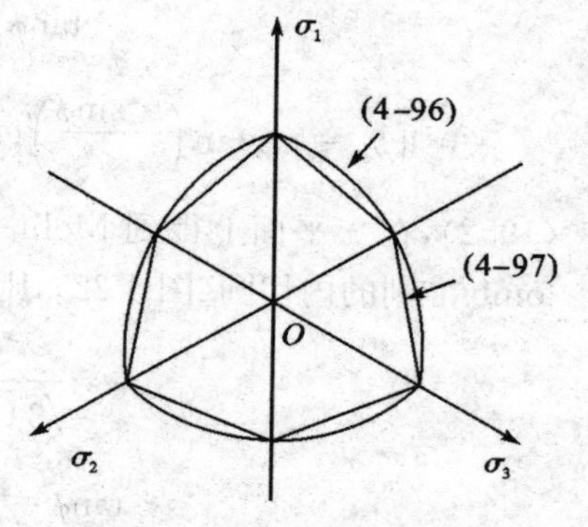

图 4.21　π 平面强度曲线对比

由于系数 α 可以通过计算机作图使强度曲线尽量通近 Mohr-Coulomb 准则的几何图形来确定(其值为 α =0.2～0.4)，故它有较高的计算精度。

为了证明上述 $g(\theta_\sigma)$的正确性，取内角圆的半径为 r_t(挤剪，$\theta_\sigma=\frac{\pi}{6}$)，外角圆的半径为 r_e(压剪，$\theta_\sigma=-\frac{\pi}{6}$)，则由内角圆和外角圆的强度曲线有$\frac{r_t}{r_e}=\frac{3-\sin\varphi}{3+\sin\varphi}=K$，

因此，只要能证明就表明 $g(\theta_\sigma)$ 的函数是满足要求的。这一点可以将对应的角值代入到函数 $g(\theta_\sigma)$ 中得到明显的证明。

即

$$g\left(\theta_\sigma=\frac{\pi}{6}\right)=1 \text{ 和 } g\left(\theta_\sigma=-\frac{\pi}{6}\right)=K \tag{4-98}$$

至于满足上列连续性条件 $\frac{\mathrm{d}g(\theta_\sigma)}{\mathrm{d}\theta_\sigma}=0$，则可由直接的计算得到验证。

4.5.7 各种破坏准则的比较

前文已详细介绍了主要的强度准则，下面对它们之间的联系再予以讨论，将有助于进一步深入了解不同准则之间的关系。

如果以 Mohr-Coulomb 准则作为分析的中心，则由 Mohr-Coulomb 准则的条件，可以看出：

①当 $\phi=0,\theta_\sigma\neq 0$ 时，有 $\sqrt{J_2}\cos\theta_\sigma-c=0$，即得 Tresca 准则。

②当 $\phi=0,\theta_\sigma=0$ 时，有 $\sqrt{J_2}-c=0$，即得 Mises 准则。

③当 $\phi\neq 0,\theta_\sigma=\text{const}$ 时，有 $\alpha I_2-\sqrt{J_2}+k=0$，即得广义 Mises 准则。

④如 $\theta_\sigma=-\frac{\pi}{6}$，则为压剪破坏，在 π 平面上得到 Mohr-Coulomb 准则的外角圆（图 4.22），则式(4-69)和式(4-83)中的参数分别是

$$\alpha=\frac{2\sin\varphi}{\sqrt{3}(3-\sin\varphi)} \qquad k=\frac{6c\cos\varphi}{\sqrt{3}(3-\sin\varphi)} \tag{4-99}$$

$$\tan\bar{\varphi}=\frac{6\sin\varphi}{3-\sin\varphi} \qquad \bar{c}=\frac{6c\cos\varphi}{3-\sin\varphi} \tag{4-100}$$

⑤如 $\theta_\sigma=\frac{\pi}{6}$，则为挤剪破坏，在 π 平面上得到 Mohr-Coulomb 准则的内角圆（图 4.22），则式(4-69)和式(4-83)中的参数分别是

$$\alpha=\frac{2\sin\phi}{\sqrt{3}(3+\sin\phi)} \qquad k=\frac{6c\cos\phi}{\sqrt{3}(3+\sin\phi)} \tag{4-101}$$

$$\tan\bar{\phi}=\frac{6\sin\phi}{3+\sin\phi} \qquad \bar{c}=\frac{6c\cos\phi}{3+\sin\phi} \tag{4-102}$$

⑥如 $\theta_\sigma=\arctan\left(-\frac{\sin\phi}{\sqrt{3}}\right)$（在 $\frac{\partial F}{\partial\theta_\sigma}=0$ 的条件下得出），则为 Drucker-Prager 准则(1952)，在 π 平面上得到 Mohr-Coulomb 准则为挤剪破坏，在 π 平面上得到 Mohr-Coulomb 准则的内切圆（图 4.22），则式(4-69)和式(4-83)中的参数分别是

$$\alpha=\frac{\sin\phi}{\sqrt{3}(3+\sin^2\phi)} \qquad k=\frac{\sqrt{3}c\cos\phi}{\sqrt{3+\sin^2\phi}} \tag{4-103}$$

$$\tan\bar{\phi}=\frac{3\sin\phi}{\sqrt{3+\sin^2\phi}} \qquad \bar{c}=\frac{3c\cos\phi}{\sqrt{3+\sin^2\phi}} \tag{4-104}$$

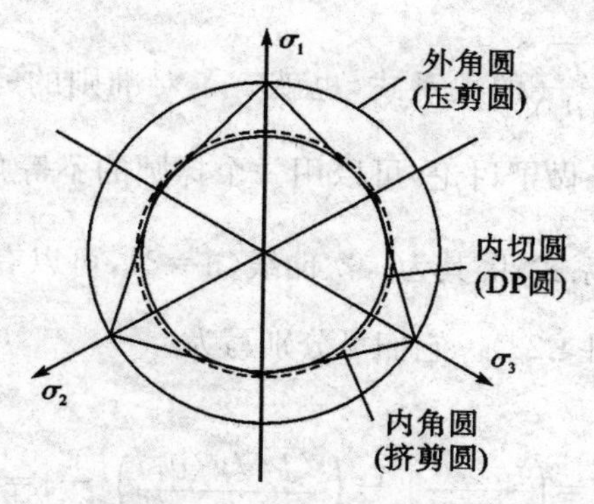

图 4.22　π 平面上 Mohr-Coulomb 准则的各种特性

⑦如果以 Zienkiewicz-Pande 准则作为分析的中心，则 Zienkiewicz-Pande 准则（式 4-95）可以统一地描述其他准则，只是对应不同的 n、β、α_1、k 和 $g(\theta_\sigma)$，如表 4.1 所示。

表 4.1　屈服准则的强度参数

破坏条件	n	β	α_1	k	$g(\theta_\sigma)$
Mises	1	0	0	c	1
Tresca	1	0	0	$2c/\sqrt{3}$	$\dfrac{\sqrt{3}}{2\cos\theta_\sigma}$
Mohr-Coulomb	1	0	$\dfrac{6\sin\varphi}{\sqrt{3}(3-\sin\varphi)}$	$\dfrac{6c\cos\varphi}{\sqrt{3}(3-\sin\varphi)}$	$\dfrac{3-\sin\varphi}{2(\sqrt{3}\cos\theta_\sigma+\sin\theta_\sigma\sin\varphi)}$
广义 Mises 外角圆锥	1	0	$\dfrac{6\sin\varphi}{\sqrt{3}(3-\sin\varphi)}$	$\dfrac{6c\cos\varphi}{\sqrt{3}(3-\sin\varphi)}$	1
广义 Mises 内角圆锥	1	0	$\dfrac{6\sin\varphi}{\sqrt{3}(3+\sin\varphi)}$	$\dfrac{6c\cos\varphi}{\sqrt{3}(3+\sin\varphi)}$	1
广义 Mises 内切圆锥 (Drucker-Parager)	1	0	$\dfrac{\sin\varphi}{\sqrt{3}\sqrt{3+\sin^2\varphi}}$	$\dfrac{c\sqrt{3}\cos\varphi}{\sqrt{3+\sin\varphi}}$	1
广义 Tresca	1	0	按广义 Mises 条件确定	按广义 Mises 条件确定	$\dfrac{\sqrt{3}}{2\cos\theta_\sigma}$

同时，Zienkiewicz-Pande 准则还可以更一般地表示为

$$F=\alpha_1\sigma_m+\beta\sigma_m^2-\left(\frac{\sqrt{J_2}}{g(\theta_\sigma)}\right)^n+k=\delta(\sigma_m)-h\left(\frac{\sqrt{J_2}}{g(\theta_\sigma)}\right)=0 \tag{4-105}$$

式中，$\delta(\sigma_m)=\alpha_1\sigma_m+\beta\sigma_m^2$，为一个 σ_m 的函数；$h\left(\dfrac{\sqrt{J_2}}{g(\theta_\sigma)}\right)=\left(\dfrac{\sqrt{J_2}}{g(\theta_\sigma)}\right)^n-k$，为一个$\sqrt{J_2}$的函数。在式(4-105)中，如果 $\sigma_m=\text{const}$，则得到 π 平面内$\sqrt{J_2}-\theta_\sigma$ 的关系式；如果 $\sigma_m=\text{const}$，还可以得到子午平面内 $\sigma_m-\dfrac{\sqrt{J_2}}{g(\theta_\sigma)}$的关系式。因此，有了 π 平面内$\sqrt{J_2}-\theta_\sigma$ 的关

系式和子午平面内 $\sigma_m-\dfrac{\sqrt{J_2}}{g(\theta_\sigma)}$ 的关系式，也就有了对准则的完整描述。对于 π 平面内 $\sqrt{J_2}-\theta_\sigma$ 的关系式，前面已做了讨论，可以用一个抹圆的不等角六边形来表示。对于子午平面内 $\sigma_m-\dfrac{\sqrt{J_2}}{g(\theta_\sigma)}$ 的关系式，因其为二次曲线（$n=2$），可以有双曲线、抛物线和椭圆线等三种不同的描述方法（图 4.23）。它们可分别写为

对双曲线有

$$F=\left(\frac{\sigma_m+d}{a}\right)^2-\left(\frac{\sqrt{J_2}/g(\theta_\sigma)}{b}\right)^2-1=0 \tag{4-106}$$

对抛物线有

$$F=(\sigma_m+d)-a(\sqrt{J_2}/g(\theta_\sigma))^2=0 \tag{4-107}$$

对椭圆线有

$$F=\left(\frac{\sigma_m-d}{a}\right)^2+\left(\frac{\sqrt{J_2}/g(\theta_\sigma)}{b}\right)^2-1=0 \tag{4-108}$$

式中的 a、d 如图 4.23 所示。

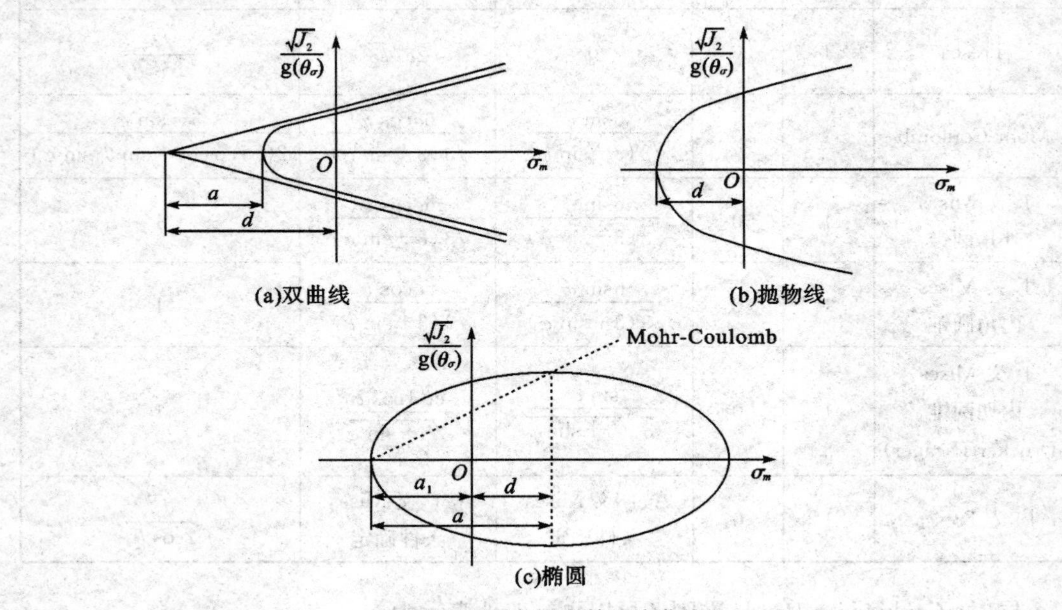

图 4.23　子午面上的强度曲线

这样，将上述三种不同形式的 $\sigma_m-\dfrac{\sqrt{J_2}}{g(\theta_\sigma)}$ 曲线带入 Zienkiewicz-Pande 准则时，各自的 β、α_1、k 可有如下关系：

对双曲线有

$$\beta=\tan^2\bar{\varphi}\quad \alpha_1=2d\tan\bar{\varphi}\quad k=d^2\tan^2\bar{\varphi}-b^2 \tag{4-109}$$

对抛物线有

$$\beta=0 \quad \alpha_1=\frac{1}{a} \quad k=\frac{d}{a} \tag{4-110}$$

对椭圆线有

$$\beta=-\tan^2\bar{\varphi} \quad \alpha_1=2(a-a_1)\tan^2\bar{\varphi} \quad k=b^2-(a-a_1)^2\tan^2\bar{\varphi} \tag{4-111}$$

它们的 $g(\theta_\sigma)$ 均为 Gudehus 和 Arygris 的表达式(4-96)。

4.6　塑性公设与流动法则

4.6.1　德鲁克(Drucker)公设

Drucker 公设可表述为:对某一应力状态下的土体材料,额外施加一个外部荷载于土体原有应力上,在附加应力的施加和卸除的循环内,外部荷载所做之功非负。

设在 $t=0$ 的初始时刻,原有应力状态为 σ_0,σ_0 在应力空间内的点可以在加载面 $f=0$ 之上,也可在加载面之内,屈服函数满足 $f(\sigma_0,\sigma^p,w^p)\leqslant 0$,在 $t=t_1$ 时刻土体开始发生塑性变形,应力为 σ,有 $f(\sigma,\sigma^p,w^p)=0$。持续加载至 $t=t_2(>t_1)$,在此期间应力增加到 $\sigma+\mathrm{d}\sigma$,并产生塑性应变 $\mathrm{d}\varepsilon^p$;在 $t=t_2$ 时刻开始卸去附加应力,在 $t=t_3$ 时刻应力状态又回到 σ_0(图 4.24)。在这样的一个闭合的应力循环内($0\leqslant t\leqslant t_3$),应力在弹性应变上所做的功为零,而塑性变形只在 $t_1<t<t_2$ 内增加了一个小量 $\mathrm{d}\varepsilon^p$。

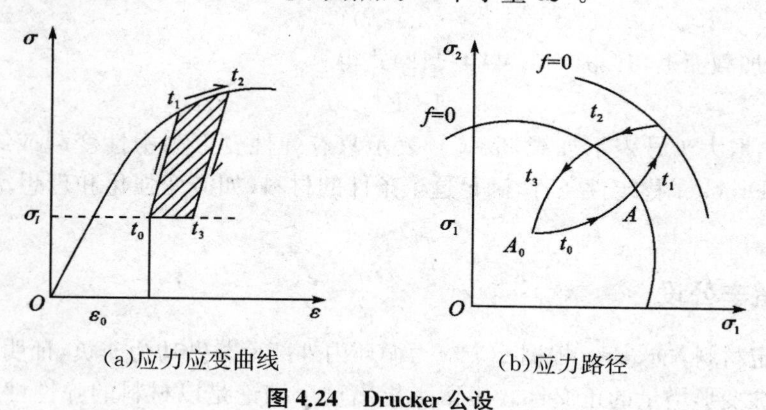

(a)应力应变曲线　　(b)应力路径

图 4.24　Drucker 公设

根据 Drucker 公设,在一个完整的闭合应力循环内,外部作用所做的功为

$$W_D=\left(\sigma-\sigma_0+\frac{1}{2}\mathrm{d}\sigma\right)^t \mathrm{d}\varepsilon^p\geqslant 0 \tag{4-112}$$

如果 σ_0 处在加载面之内,$\sigma-\sigma_0\neq 0$,在式(4-112)中略去高阶项,得

$$(\sigma-\sigma_0)^t\,\mathrm{d}\varepsilon^p\geqslant 0 \tag{4-113}$$

因此,可推得应力空间加载面 $f=0$ 的外凸性和 $\mathrm{d}\varepsilon^p$ 与 $f=0$ 的正交性。事实上,如果把塑性应变空间的坐标与应力空间坐标重迭,用 $\overrightarrow{OA_0}$ 和 $\overrightarrow{OA}$ 分别表示 σ_0 和 σ,用 $\overrightarrow{\mathrm{d}\varepsilon^p}$ 表示 $\mathrm{d}\varepsilon^p$,如图 4.25 所示,式(4-113)可以表示为

$$\overrightarrow{A_0A} \cdot \overrightarrow{\mathrm{d}\varepsilon^p} \geqslant 0 \tag{4-114}$$

此式表明矢量$\overrightarrow{A_0A}$和$\overrightarrow{\mathrm{d}\varepsilon^p}$成锐角或直角。过 A 点作垂直于 $\mathrm{d}\varepsilon^p$ 的平面,则式(4-114)要求 A_0 必须在这个平面的一侧,这只有外加载面为外凸时才有可能(如果加载面是凹的,A_0 就可能跑到平面的另一侧去)。其次,设在加载面上 A 点外法向为 $\vec{n}$,作平面与 $\vec{n}$ 垂直,如果矢量$\overrightarrow{\mathrm{d}\varepsilon^p}$不与 $\vec{n}$ 重合,则可以找到这样的 A_0,使式(4-114)不成立,因此,我们有关于 $f=0$ 的正交法则

$$\mathrm{d}\varepsilon^p = \mathrm{d}\lambda \frac{\partial f}{\partial \sigma} \tag{4-115}$$

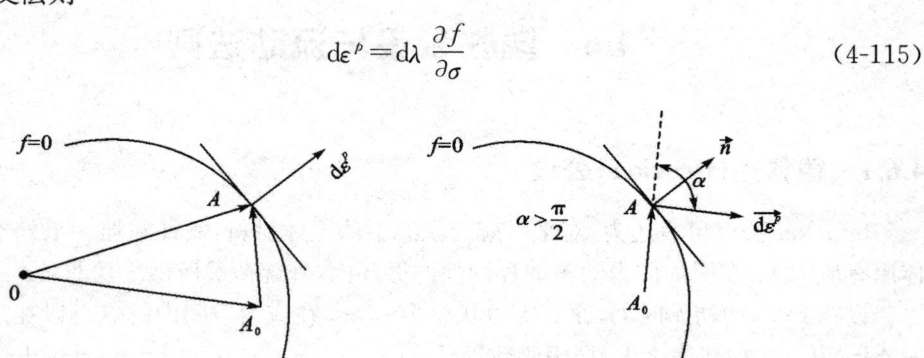

图 4.25 塑性加载面外凸性

其中,塑性因子 $\mathrm{d}\lambda > 0$,如果考虑到式(4-112)或式(4-113)的等号,可以把只产生塑性变形的情况看作 $\mathrm{d}\lambda = 0$,因而对因子 $\mathrm{d}\lambda$ 的限制为

$$\mathrm{d}\lambda \geqslant 0 \tag{4-116}$$

如果 σ_0 取在加载面上,$\sigma - \sigma_0 = 0$,从(4-112)式得

$$\mathrm{d}\sigma^t \mathrm{d}\varepsilon^p \geqslant 0 \tag{4-117}$$

式(4-117)中,取大于号表示加载,取等号表示只有弹性变形为中性变载或卸载。式(4-117)也称为 Drucker 稳定性条件,满足这个条件的材料(如应变强化和理想塑性材料)叫稳定材料。

4.6.2 伊留辛公设

对于稳定材料,Drucker 根据一个应力循环内外部荷载做功为非负,证明了加载面的外凸性和塑性变形增量的正交性。伊留辛指出这个结论是以材料的弹性性质不变以及加载面连续变化为前提。Palmer 对于非稳定材料(应变软化特性),根据 Drucker 公设,也证明了加载面的外凸性和正交法则。但是对于非稳定材料,Drucker 公设存在应力闭合循环不能够满足的情况,例如当初应力点 σ_0 选的十分靠近加载面时,对于非稳定材料由于加载面向内运动,在加载面之后出现最初的应力点落在加载面外侧。

针对上述现象,伊留辛提出了一个更一般的塑性公设,表述为:在弹塑性材料的一个应变循环内,外部荷载做功是非负的。如果做正功,表示有塑性变形发生,如果做功为零,只有弹性变形发生。对于弹性性质不随加载而改变的情况,外部荷载在应变循环内做功 W_I 和在应力循环中做功 W_D 的差别,仅是一个正的附加项(图 4.26)。

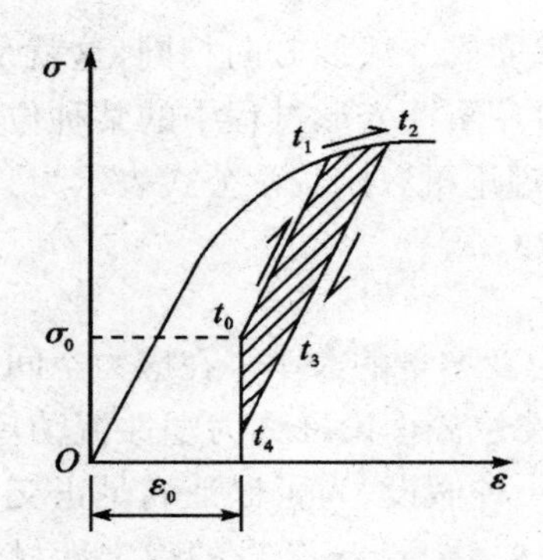

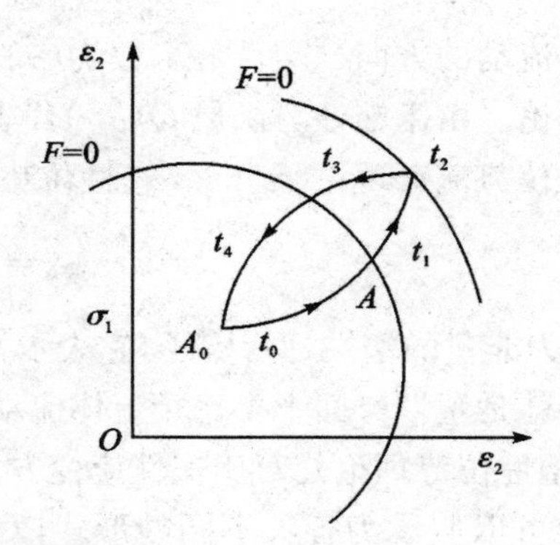

图 4.26　伊留辛公设

$$W_I=W_D+\frac{1}{2}(\mathrm{d}\sigma^p)^t\mathrm{d}\varepsilon^p \tag{4-118}$$

按照伊留辛公设，可得

$$W_I=(\varepsilon-\varepsilon_0+\frac{1}{2}\mathrm{d}\sigma)^t\mathrm{d}\varepsilon^p\geqslant 0 \tag{4-119}$$

式中，ε_0 表示原有应变状态（与 σ_0 相对应）。如果初始应变点 ε_0 在应变空间加载面 $F=0$ 之内，$\varepsilon-\varepsilon_0\neq 0$，在式(4-118)中略去高阶小量，可得

$$(\varepsilon-\varepsilon_0)^t\mathrm{d}\sigma^p\geqslant 0 \tag{4-120}$$

类似前面的讨论，可以由式(4-120)推出应变空间中加载面 $F=0$ 的外凸性以及 $\mathrm{d}\sigma^p$ 关于 $F=0$ 的正交法则

$$\mathrm{d}\sigma^p=\mathrm{d}\mu\,\frac{\partial F}{\partial\varepsilon} \tag{4-121}$$

式中，$\mathrm{d}\mu$ 是非负的塑性因子。由残余应力 σ^p 与塑性应变 ε^p 关系 $\sigma^P=D\cdot\varepsilon^P$，可得塑性因子：

$$\mathrm{d}\mu=\mathrm{d}\lambda \tag{4-122}$$

如果应变点在屈服面之上 $\varepsilon-\varepsilon_0=0$，由(4-118)式得

$$\mathrm{d}\sigma^t\mathrm{d}\varepsilon^p\geqslant 0 \tag{4-123}$$

在式(4-123)中，取大于号表示新的塑性变形发生，即加载；取等号表示只有弹性变形，即中性加载或卸载。而且式(4-123)对稳定材料和不稳定材料都适用，这是因为应变空间的加载面在加载时，总是向外扩大的。

4.6.3　塑性位势理论——流动法则

与弹性理论不同，塑性应变增量方向一般与应力增量方向无关。因此塑性增量理论的一个重要内容就是如何确定塑性应变增量方向或塑性流动方向。对于岩土类材料而言，塑性流动方向一般并非沿加载面的法线方向。Mises 将弹性势概念推广到塑性理论中，假设对于塑性流动状态，也存在着某种塑性势函数 Q，并假设塑性势函数是应力或应力不变量的标量函数，即 $Q(\sigma_{ij})$或 $Q(I_1,\sqrt{J_2},J_3)$

而塑性流动的方向与塑性势函数 $Q(\sigma_{ij})$ 的梯度或外法线方向相同，这就是 Mises 的塑性位势理论。由于塑性势函数 $Q(\sigma_{ij})$ 代表材料在塑性变形过程中的某种位能或势能，故称为塑性位势流动理论。Mises 塑性位势流动理论可以用数学公式表示为

$$d\varepsilon_{ij}^{P}=d\lambda\ \frac{\partial Q}{\partial \sigma_{ij}} \tag{4-124}$$

式中，$d\lambda$ 亦为非负的塑性标量因子，它表示塑性应变增量的大小。在应力空间中，塑性势函数的图形就是塑性势面。类比于流体流动，塑性位势理论又称为塑性流动规律或正交流动法则，塑性位势理论是对于塑性应变方向的一种假设，为了保证满足正交流动法则，塑性势函数可以假设为各种不同的形式，对于服从 Drucker 公设的稳定性材料而言，如果假设塑性势函数等于屈服函数或加载函数，即 $Q=f$ 或 $Q=\varphi$，如图 4.27 中 A 点所示，这时(4-124)式与 Drucker 公设的推论式 $d\varepsilon_{ij}^{P}=d\lambda\ \frac{\partial Q}{\partial \sigma_{ij}}$ 相同，称这种流动为与屈服条件或加载条件相关联的流动法则。由此而得的本构关系称为与屈服条件或加载条件相关联的本构关系。如果假设 $Q\neq f$ 或 $Q\neq\varphi$，则塑性流动方向与屈服面或加载面不正交，但仍与塑性势面正交，如图 4.27 中的 B 点所示，称这种流动为与屈服条件或加载条件不相关联的流动法则或非正交流动法则，相应的本构关系为与屈服条件或加载条件不相关联的本构关系。

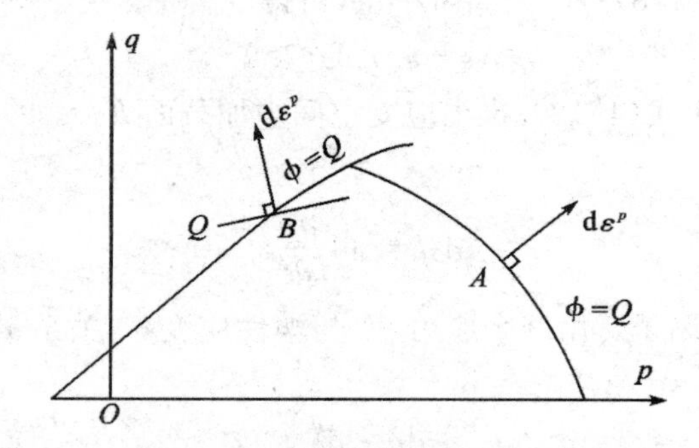

图 4.27 关联与非相关联塑性流动

(1)流动法则的分解

Mises 塑性位势流动理论表示的流动法则可以分解为体积流动法则与剪切流动法则。流动法则在 $p-q$ 平面的分解如图 4.28 所示。

$$\begin{cases} d\varepsilon_{V}^{P}=d\lambda\ \dfrac{\partial Q}{\partial P} \\ d\bar{\gamma}^{P}=d\lambda\ \dfrac{\partial Q}{\partial q} \end{cases} \tag{4-125}$$

体积流动法则说明平均应力(球应力)变化只引起塑性体应变增量的变化；剪切流动法则说明纯剪切应力(偏应力)只引起剪应变增量的变化。

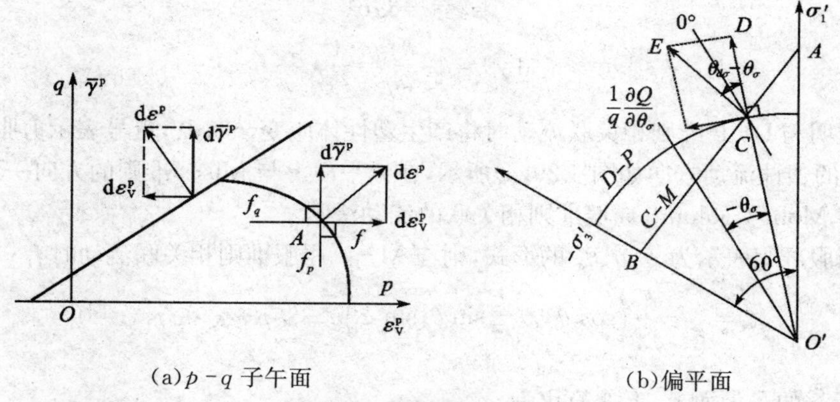

(a) $p-q$ 子午面　　　　(b)偏平面

图 4.28　流动法则的分解

(2)相关流动法则

①与 Mises 屈服准则相关联的流动法则：

$$f=Q=q-k_m=0 \tag{4-126}$$

可得

$$d\varepsilon_v^p=d\lambda\frac{\partial f}{\partial p}=0 \tag{4-127}$$

$$d\bar{\gamma}^p=d\lambda\frac{\partial f}{\partial q}=d\lambda \tag{4-128}$$

这说明在 $p-q$ 坐标系中，方向与 q 一致，如图 4.29(a)所示。在偏平面上方向沿屈服面的外法线即半径方向，与 θ_σ 无关。

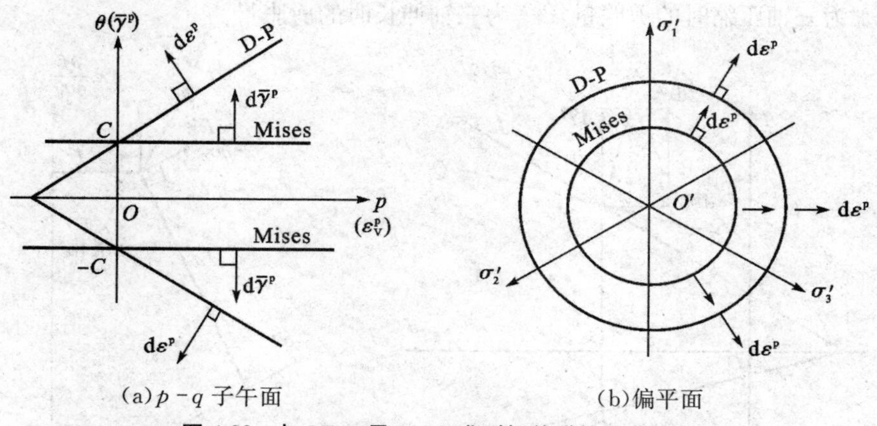

(a) $p-q$ 子午面　　　　(b)偏平面

图 4.29　与 Mises 及 D-P 准则相关联的流动法则

②与 D-P 屈服准则相关联的流动法则：

$$f=Q=\frac{1}{\sqrt{3}}q-3\alpha p-k=0 \tag{4-129}$$

可得

$$d\varepsilon_v^p = -3\alpha d\lambda \tag{4-130}$$

$$d\bar{\gamma}^p = d\lambda \frac{\partial f}{\partial q} = \frac{1}{\sqrt{3}}\lambda \tag{4-131}$$

这说明与D－P准则相关联流动时将产生塑性体应变$-3\alpha d\lambda$，负号表示剪胀。在p－q平面上的塑性流动方向如图4.29(a)所示，在偏平面上与Mises准则的方向一致。

③与Mohr-Coulomb屈服准则相关联的流动法则：

将屈服准则表示为p、q、θ_σ的形式，则与M－C屈服准则相关联流动时有

$$Q = f = \frac{1}{\sqrt{3}}\left(\cos\theta_\sigma + \frac{1}{\sqrt{3}}\sin\theta_\sigma \sin\varphi\right)q - 3\alpha p - c \cdot \cos\varphi = 0 \tag{4-132}$$

在$\theta_\sigma = \mp\frac{\pi}{6}$的子午面上，上式简化为

$$Q = f = q - \frac{6\sin\varphi}{3\mp\sin\varphi}p - \frac{6c\cos\varphi}{3\mp\sin\varphi} \tag{4-133}$$

可得相应的塑性应变增量为

$$d\varepsilon_v^p = d\lambda \frac{\partial f}{\partial p} = -\frac{6\sin\varphi}{3\mp\sin\varphi}d\lambda \tag{4-134}$$

$$d\bar{\gamma}^p = d\lambda \frac{\partial f}{\partial q} = d\lambda \tag{4-135}$$

在p－q子午面上的塑性应变增量分量$d\varepsilon_v^p$、$d\bar{\gamma}^p$，及其合成$d\varepsilon_p$如图4.30(a)所示。由式(4-134)可得，同一个静水压力p值时三轴压缩与三轴伸长的体应变之比为

$$\frac{d\varepsilon_{vp}^p}{d\varepsilon_{vt}^p} = \frac{3+\sin\varphi}{3-\sin\varphi} \tag{4-136}$$

式中，$d\varepsilon_{vp}^p$为三轴压缩时的剪胀量，$d\varepsilon_{vt}^p$为三轴伸长时的剪胀量。

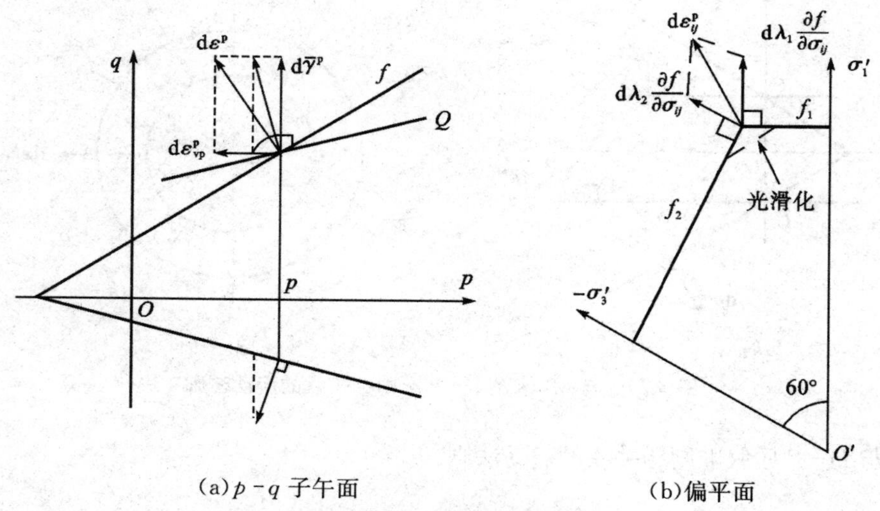

图4.30　与M－C准则相关联的流动法则

4.7　塑性硬化法则

4.7.1　硬化规律

塑性硬化材料在加载过程中，随着加载应力及加载路径的变化，发生塑性变形后的屈服面的形状、大小和加载面中心的位置以及加载面的主方向都可能发生变化，其中屈服面在应力空间中的位置、大小和形状的变化规律称为硬化规律。广义塑性力学中常用的硬化模型有等向强化模型、运动强化模型、混合硬化模型和旋转硬化模型。

(1)等向硬化模型

等向硬化模型用数学式子表示如下：

$$f(\sigma_{ij},H_{\alpha})=f^{*}(J_2',J_3')-\kappa=0 \tag{4-137}$$

式中，f 表示加载面；f^{*} 表示屈服面；κ 表示塑性变形发展的函数，可以用单元所经历的塑性比功或总的塑性变形量来表示

$$\int \mathrm{d}W^{p}=\int \sigma_{ij}\,\mathrm{d}\varepsilon_{ij}^{p}\ \text{或}\int \overline{\mathrm{d}\varepsilon^{p}}=\int \frac{\sqrt{2}}{3}\sqrt{\mathrm{d}e_{ij}^{p}\,\mathrm{d}e_{ij}^{p}} \tag{4-138}$$

对于初始屈服条件服从 Mises 准则的情形：

$$f^{*}(J_2',J_3')=\sigma-\sigma_s=0 \tag{4-139}$$

这时等向强化加载条件变成

$$\sigma-\sigma_s-F\left(\int \mathrm{d}W^{p}\right)=0 \tag{4-140}$$

$$\sigma-\sigma_s-H\left(\int \overline{\mathrm{d}\varepsilon^{p}}\right)=0 \tag{4-141}$$

这样就可以利用简单拉伸的试验曲线，将函数 F、H 的曲线规律确定下来。

在应力空间中，这种加载面的大小只与最大的有效应力有关，而与中间的加载路径无关。图 4.31(a)为 Mises 等向硬化模型，而图 4.31(b)为 Tresca 等向硬化模型。

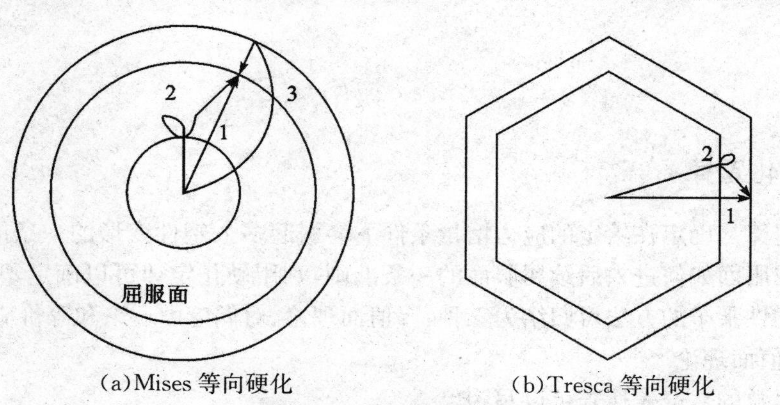

(a)Mises 等向硬化　　(b)Tresca 等向硬化

图 4.31　等向硬化模型

(2)随动硬化模型

Prager 假定在塑性变形过程中,屈服面的大小和形状都不改变,只是在应力空间内做刚性平移,提出了随动硬化模型,如图 4.32 所示。随动强化加载曲面可表示成

$$f(\sigma_{ij},H_\alpha)=f^*(\sigma_{ij}-\alpha_{ij})-k=0 \tag{4-142}$$

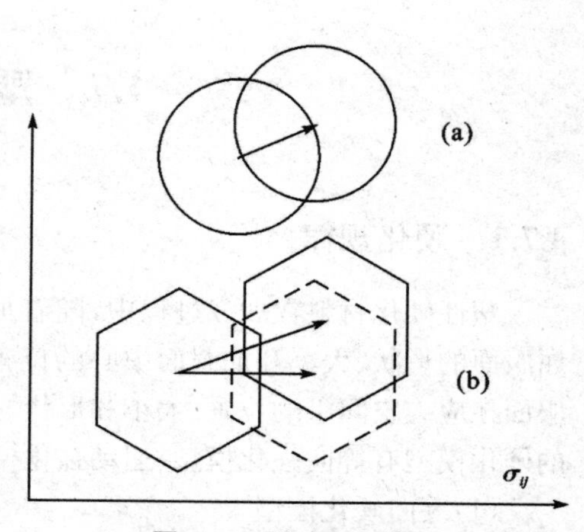

图 4.32 随动硬化模型

式中,$f^*(\sigma_{ij})-k=0$ 为初始屈服曲面,随 σ_{ij} 而移动;σ_{ij} 称为移动张量,取决于塑性变形量。对于线性强化材料,下式中参数 c 为常数,该模型称为线性随动强化模型,这时加载曲面沿着应力点的外法线(即$\dot{\varepsilon}_{ij}^p$)方向移动。

$$f^*(\sigma_{ij}-c\varepsilon_{ij}^p)-k=0 \tag{4-143}$$

对于初始屈服为 Mises 准则的情形:

$$f^*(\sigma_{ij})=\sigma=\sqrt{\frac{3}{2}s_{ij}s_{ij}} \tag{4-144}$$

即

$$f=\sqrt{\frac{3}{2}(s_{ij}-\alpha_{ij})(s_{ij}-\alpha_{ij})}-\sigma_s=0 \tag{4-145}$$

在简单拉伸时为

$$\sqrt{\frac{3}{2}}\sqrt{\left(\frac{2}{3}\sigma-c\varepsilon^p\right)^2+2\left(\frac{1}{3}\sigma-\frac{1}{2}c\varepsilon^p\right)^2}-\sigma_s=0 \tag{4-146}$$

即

$$3\left(\frac{1}{3}\sigma-\frac{1}{2}c\varepsilon^p\right)-\sigma_s=0 \tag{4-147}$$

$$\sigma=\sigma_s+\frac{3}{2}c\varepsilon^p \tag{4-148}$$

可得

$$c=\frac{2}{3}H' \tag{4-149}$$

4.7.2 硬化定律

硬化定律是确定在给定的应力增量条件下会引起多大塑性变形的一条准则,也是确定从某个屈服面如何进入后续屈服面的一条准则,利用硬化定律可以确定塑性乘子的大小。确定塑性乘子的方法可归结为三种:等值面理论、对偶应力理论和等价应力理论。

(1)等值面理论

屈服函数的普遍表达式可以写为

$$F(\{\sigma\},h)=0 \tag{4-150}$$

或把应力$\{\sigma\}$与硬化参数 h 分离后写为

$$f(\{\sigma\})=p(h) \tag{4-151}$$

式(4-151)表明屈服面 f 是硬化参数 h 的等值面。对于加工硬化的情况，p 是 h 的正函数，故屈服面将随 h 的增大而增大。另一方面，塑性应变增量一般写为

$$\{\Delta\varepsilon^{p}\}=\Delta\lambda\{n\} \tag{4-152}$$

式中，$\{n\}$为塑性应变方向矢量；$\Delta\lambda$ 为矢量的幅值，即塑性应变的大小。后者又可以写为

$$\Delta\lambda=A\left\{\frac{\partial f}{\partial\sigma}\right\}^{\mathrm{T}}\{\Delta\sigma\}=\frac{1}{H}\frac{\partial p}{\partial h}\Delta h \tag{4-153}$$

式中，$\left\{\frac{\partial f}{\partial\sigma}\right\}^{\mathrm{T}}\{\Delta\sigma\}=\Delta f$ 和$\frac{\partial p}{\partial h}\Delta h=\Delta p$ 分别为屈服面和硬化函数的增量；A 为塑性乘子，即屈服面扩大一个单位所引起的塑性应变；$H=\frac{1}{\lambda}$为硬化模量。

如果把硬化参数 h 选为与塑性应变$\{\varepsilon^{p}\}$有关的一个量，则 $\Delta h=\left\{\frac{\partial h}{\partial\varepsilon^{p}}\right\}^{\mathrm{T}}\{\Delta\varepsilon^{p}\}$，把式(4-152)代入式(4-153)并消去两边的 $\Delta\lambda$ 后可得

$$H=\frac{\partial p}{\partial h}\left\{\frac{\partial h}{\partial\varepsilon^{p}}\right\}^{\mathrm{T}}\{n\} \tag{4-154}$$

或把式(4-153)、式(4-154)代回式(4-152)后：

$$\{\Delta\varepsilon^{p}\}=[C]_{p}\{\Delta\sigma\} \tag{4-155}$$

式中，

$$[C]_{p}=\frac{\{n\}\left\{\frac{\partial f}{\partial\sigma}\right\}^{\mathrm{T}}}{\frac{\partial p}{\partial h}\left\{\frac{\partial h}{\partial\varepsilon^{p}}\right\}^{\mathrm{T}}\{n\}} \tag{4-156}$$

或当采用正交法则时，

$$[C]_{p}=\frac{\left\{\frac{\partial f}{\partial\sigma}\right\}\left\{\frac{\partial f}{\partial\sigma}\right\}^{\mathrm{T}}}{\frac{\partial p}{\partial h}\left\{\frac{\partial h}{\partial\varepsilon^{p}}\right\}^{\mathrm{T}}\left\{\frac{\partial f}{\partial\sigma}\right\}} \tag{4-156a}$$

式(4-155)就是把屈服面当作硬化参数等值面所推论的塑性乘子表达式。

(2)对偶应力理论

对偶应力理论最先出现于边界面模型中，该方法是先在边界面上找到与现有应力$\{\sigma\}$相对应的对偶应力$\{\bar{\sigma}\}$，并令 δ 为$\{\sigma\}$和$\{\bar{\sigma}\}$两点之间的距离，则硬化模量被假定为 δ 的函数：

$$H=H_{b}+H_{0}\frac{\delta}{\delta_{0}-\delta} \tag{4-157}$$

式(4-157)表明，当应力点达到边界面时，$\delta=0$，$H=H_{b}$，即等于边界面上的硬化模量，而当 $\delta=\delta_{0}$ 时，$H=\infty$，不产生塑性应变。如果用破坏面取代边界面，式(4-157)也可以推广到等向硬化模型。此时可以把式(4-157)改写为

$$H=H_0\frac{\delta}{\delta_0} \tag{4-158}$$

式(4-158)表明塑性破坏时，$H=0$，H_0 为等向固结下的硬化模量(图 4.33)。

(3)等价应力理论

事实上材料屈服是产生塑性应变的同义词，因此，可以把屈服面仅仅用于判别加载或卸载，不一定将屈服函数同硬化参数等值面联系到一起，而塑性乘子或硬化模量可以通过其他途径确定。等价应力理论为材料的塑性变形提供了另一种选择。

首先做等式变换：

$$[C]_p=A\{n\}\left\{\frac{\partial f}{\partial \sigma}\right\}^{\mathrm{T}} \tag{4-159}$$

并假定已通过某一应力路径的试验(例如三轴常规试验)测定 A 的变化规律，设 A 只与现有应力$\{\sigma\}$有关，而与到达这些点的路线无关(图 4.34)。能够从$\{\sigma\}$获得与三轴试验相当的等价应力$\{\sigma_e\}=(\sigma_3,\sigma_s)$，带入已测定的公式中算出相应 A 的值。在三轴应力状态下，$\sigma_s=\sigma_1-\sigma_3$；在其他情况下，$\sigma_s$ 可以仍等于$\sigma_1-\sigma_3$，或等于广义剪应力。

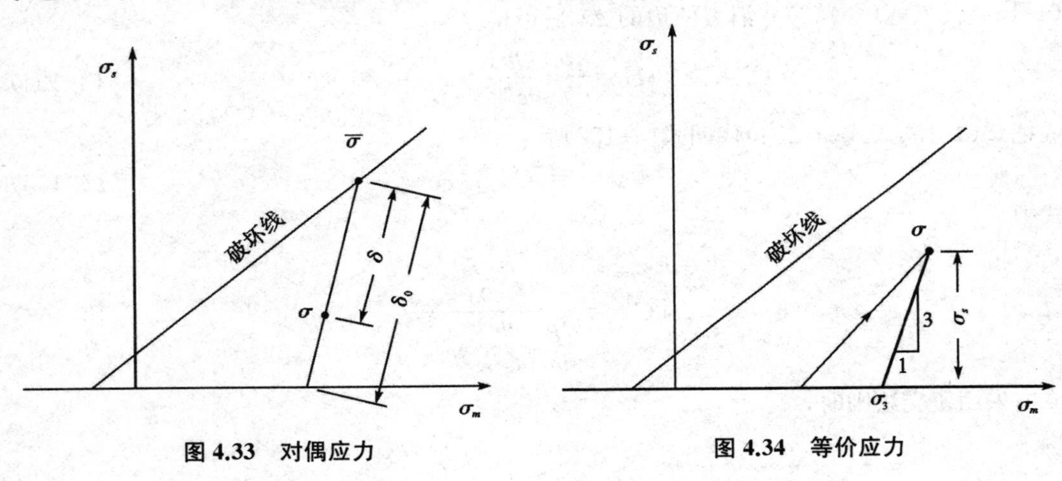

图 4.33 对偶应力　　图 4.34 等价应力

4.8 土的弹塑性本构模型

4.8.1 非线性弹性本构关系

邓肯张(Duncan-Chang)双曲线模型是一种建立在增量广义虎克定律基础上的非线性弹性模型，能够反映应力-应变关系的非线性，物理意义明确。模型的本质在于假定土的应力应变之间的关系具有双曲线性质，如图 4.35 所示。

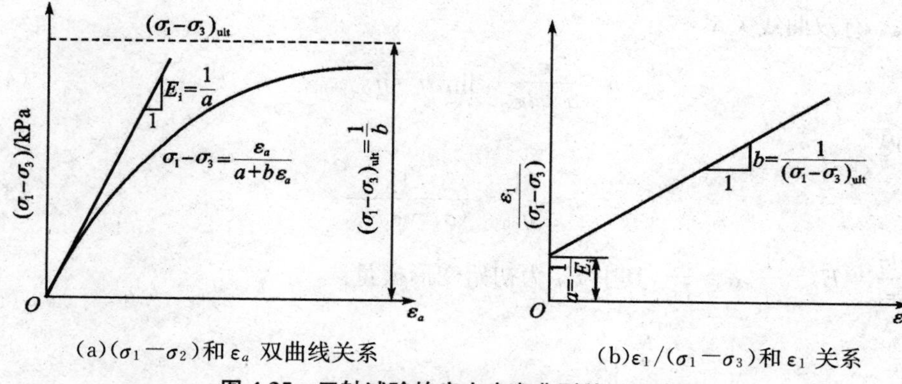

(a)$(\sigma_1-\sigma_2)$和 ε_a 双曲线关系　　(b)$\varepsilon_1/(\sigma_1-\sigma_3)$和 ε_1 关系

图 4.35　三轴试验的应力应变典型关系理论图

通过引入剪切模量 $G=\dfrac{E}{2(1+\mu)}$,体积模量 $K=\dfrac{\mathrm{d}p}{\mathrm{d}\varepsilon}=\dfrac{\sigma_m}{\varepsilon_v}$,应力应变关系可以写成

$$\{\sigma\}=[D]\cdot\{\varepsilon\} \tag{4-160}$$

式中,

$$\{\sigma\}=[\sigma_x\quad \sigma_y\quad \sigma_z\quad \tau_{xy}\quad \tau_{yz}\quad \tau_{zx}]^{\mathrm{T}} \tag{4-161}$$

$$\{\varepsilon\}=[\varepsilon_x\quad \varepsilon_y\quad \varepsilon_z\quad \varepsilon_{xy}\quad \varepsilon_{yz}\quad \varepsilon_{zx}]^{\mathrm{T}} \tag{4-162}$$

$$[D]=\begin{bmatrix} K+\frac{2}{3}G & K-\frac{4}{3}G & K-\frac{4}{3}G & 0 & 0 & 0 \\ K-\frac{4}{3}G & K+\frac{2}{3}G & K-\frac{4}{3}G & 0 & 0 & 0 \\ K-\frac{4}{3}G & K-\frac{4}{3}G & K+\frac{2}{3}G & 0 & 0 & 0 \\ 0 & 0 & 0 & G & 0 & 0 \\ 0 & 0 & 0 & 0 & G & 0 \\ 0 & 0 & 0 & 0 & 0 & G \end{bmatrix} \tag{4-163}$$

Duncan-Chang 给出了 CTC 试验结果,如图 4.36 所示。

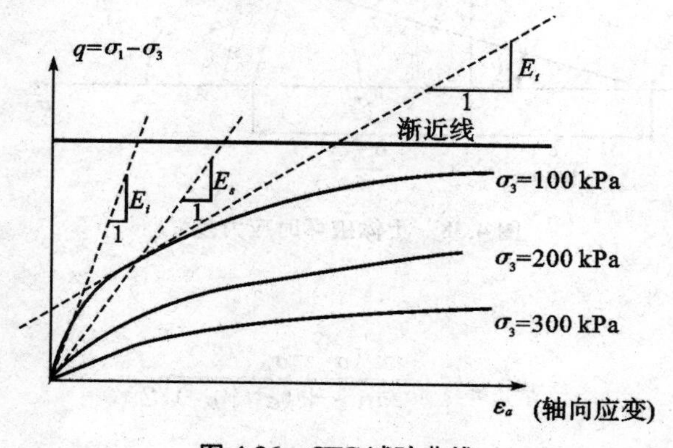

图 4.36　CTC 试验曲线

则 q 与 ε_a 有双曲线关系：

$$q=\frac{\varepsilon_a}{a+b\varepsilon_a},\lim_{\varepsilon_a\to\infty}q=q_{\text{ult(imate)}} \tag{4-164}$$

所以可得

$$b=\frac{1}{q_{\text{ult}}}=\frac{1}{(\sigma_1-\sigma_3)_{\text{ult}}} \tag{4-165}$$

而 $\lim\limits_{\varepsilon_a\to\infty}\frac{\partial q}{\partial\varepsilon_a}=E_i=\frac{1}{a}$，$a=\frac{1}{E_i}$，其中 E_i 为初始变形模量。

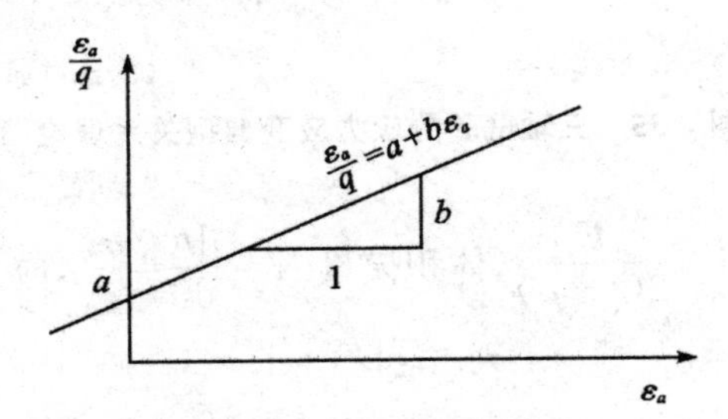

图 4.37　ε_a/q 和 ε_a 关系曲线

选择 $\frac{q}{q_f}=70\%$、95% 这两点所对应的应力与应变来确定直线，作为试验曲线的最佳拟合（逼近），土体破坏时的应力差 $q_f=(\sigma_1-\sigma_3)_f$，如图 4.38 所示。

破坏标准：

①某一个应变值（例如 5%）所对应的应力；

②当应力应变曲线有峰值时，取峰值时的应力；

③当应力路径出现转折或密集时，取其应力为破坏标准。

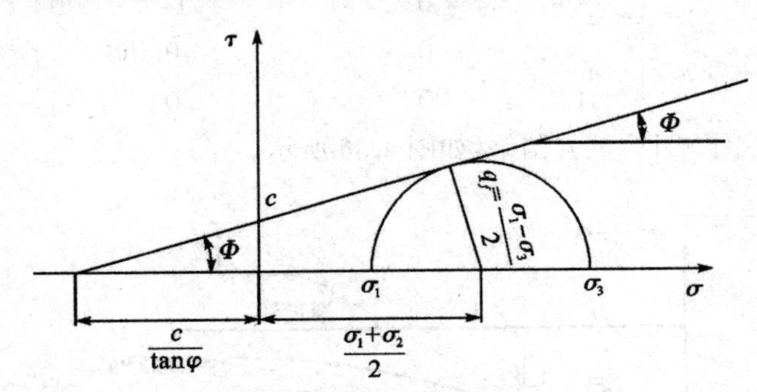

图 4.38　土体破坏时应力差 q_f

由图 4.38 可得

$$\sin\varphi=\frac{(\sigma_1-\sigma_3)/2}{c/\tan\varphi+(\sigma_1+\sigma_3)/2} \tag{4-166}$$

当 $c=0$ 时，$\sin\varphi=\frac{\sigma_1-\sigma_3}{\sigma_1+\sigma_3}$，于是，

$$q_f=(\sigma_1-\sigma_3)_f=\frac{2c\cos\varphi+2\sigma_3\sin\varphi}{1-\sin\varphi} \tag{4-167}$$

q_f 小于真实值。

破坏比 R_f：$R_f=\dfrac{q_f}{q_{\text{ult}}}<1$，那么 $q_{\text{ult}}=\dfrac{q_f}{R_f}$，而 $b=\dfrac{1}{q_{\text{ult}}}$，

于是又有

$$b=\frac{R_f}{q_f}=\frac{R_f(1-\sin\varphi)}{2c\cos\varphi+2\sigma_3\sin\varphi},a=\frac{1}{E_i} \tag{4-168}$$

考虑 Janbu 经验关系式：

$$\frac{E_i}{p_a}=K\left(\frac{\sigma_3}{p_a}\right)^n，\text{或者 } E_i=Kp_a\left(\frac{\sigma_3}{p_a}\right)^n \tag{4-169}$$

式中，K 为初始模量系数，n 为初始模量指数，p_a 为标准大气压。

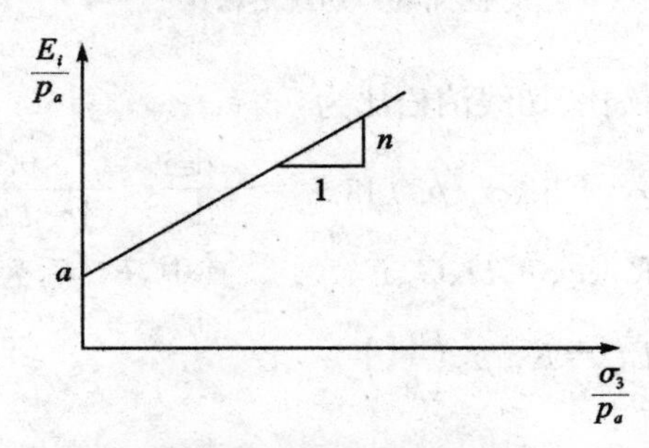

图 4.39　双对数坐标下 Janbu 经验关系图

$$\frac{\partial q}{\partial\varepsilon_a}=\frac{\partial(\sigma_1-\sigma_3)}{\partial\varepsilon_a}=\frac{\partial\sigma_1}{\partial\varepsilon_a}=E_t(\text{切线模量})=E_i(1-R_fS_l)^2 \tag{4-170}$$

式中，S_l 为应力水平，$S_l=\dfrac{q}{q_f}=\dfrac{(\sigma_1-\sigma_3)}{(\sigma_1-\sigma_3)_f}$；$E_t$ 依赖于初始应力状态以及剪应力，而

$$S_l\begin{cases}<1\text{ 时，即 } q<q_f\text{，此时没有破坏；}\\=1\text{ 时，即 } q=q_f\text{，此时极限平衡状态；}\\>1\text{ 时，即 } q>q_f\text{，不存在这种状态，应力重分布。}\end{cases}$$

稍加推导，可知切线变形模量

$$E_t=Kp_a\left(\frac{\sigma_3}{p_a}\right)^n\left[1-\frac{R_f(1-\sin\varphi)(\sigma_1-\sigma_3)}{2c\cos\varphi+2\sigma_3\sin\varphi}\right]^2 \tag{4-171}$$

割线变形模量 $E_s=\dfrac{q}{\varepsilon_a}=E_i(1-R_fS_l)$

式中，$S_l=\dfrac{q}{q_f}=\dfrac{(\sigma_1-\sigma_3)}{(\sigma_1-\sigma_3)_f}=(\sigma_1-\sigma_3)\dfrac{1-\sin\varphi}{2c\cos\varphi+2\sigma_3\sin\varphi}$，泊松比 $\mu=-\dfrac{\varepsilon_{r(\text{侧向变形})}}{\varepsilon_a}$，切向泊松比 $\mu_t=-\dfrac{\mathrm{d}\varepsilon_r}{\mathrm{d}\varepsilon_a}$。

Duncan 等人根据试验资料，假定在常三轴压缩试验中轴向应变 $\varepsilon_a(\varepsilon_1)$ 与侧向应变 $-\varepsilon_3$ 之间也存在双曲线对应关系，如图 4.40 所示。

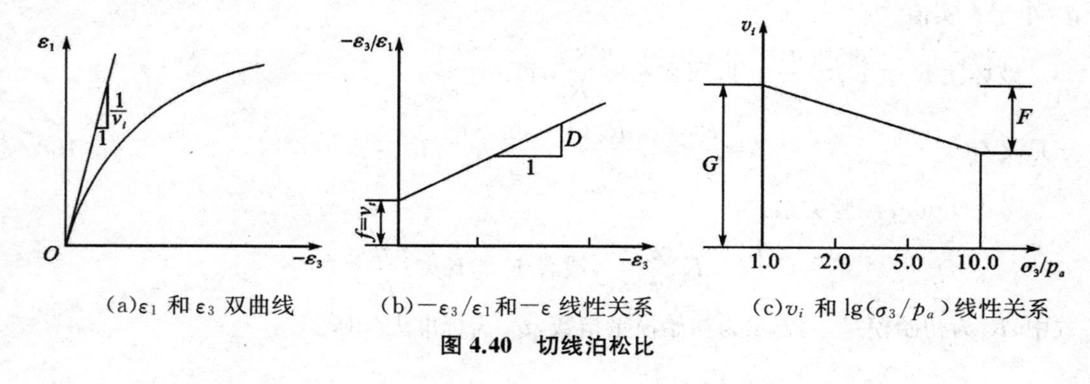

(a)ε_1 和 ε_3 双曲线　(b)$-\varepsilon_3/\varepsilon_1$ 和 $-\varepsilon$ 线性关系　(c)v_i 和 $\lg(\sigma_3/p_a)$ 线性关系

图 4.40　切线泊松比

可以求得土体初始泊松比、切线泊松比为

$$v_i = G - F\lg(\sigma_3/p_a) \text{ 和 } v_t = -\frac{d\varepsilon_3}{d\varepsilon_1} = \frac{v_i}{(1-D\varepsilon_1)^2}$$

至此共计 9 个参数，K、n、R_f、c、φ、D、G、F、K_{ur}。其中，E_{ur} 称为卸荷再加荷模量，而 K_{ur} 为卸荷再加荷模量系数。$E_{ur} = K_{ur} p_a \left(\frac{\sigma_3}{p_a}\right)^n$。

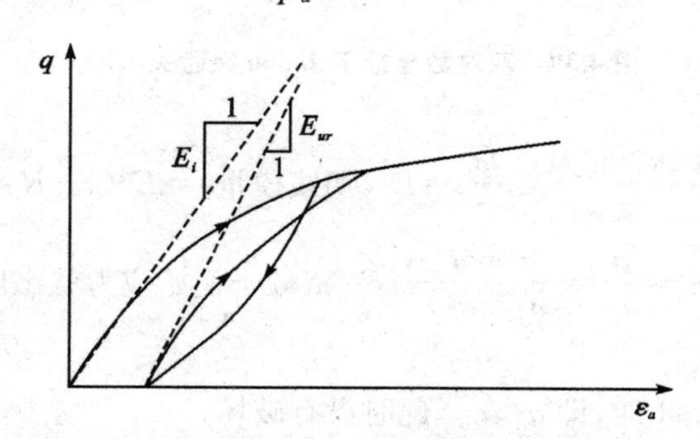

图 4.41　Duncan-Chang 卸荷再加载关系曲线

通过上述分析，可以认为 Duncan-Chang 非线性弹性模型具有如下特性：

①反映了土的非线性特性；

②部分的反映了土的非弹性；

③参数具有一定的物理意义，且均可通过常规三轴试验来确定；

④简便实用，积累了大量的使用经验；

⑤不适用于超固结土；

⑥没考虑剪胀剪缩性；

⑦没有反应中主应力的影响；

⑧应力水平较高时误差较大(适用于低应力水平状态)。

4.8.2　理想弹塑性本构模型

对于拉压强度不等且具有摩擦特性的岩土材料，目前得到广泛应用的屈服准则是 Mohr-Coulomb 屈服准则。其一般表达形式为

$$f=\tau-\sigma\tan\varphi-c=0 \tag{4-172}$$

或

$$f=(\sigma_1-\sigma_3)-(\sigma_1+\sigma_3)\sin\varphi-2c\cos\varphi=0 \quad (\sigma_1\geqslant\sigma_2\geqslant\sigma_3) \tag{4-173}$$

其物理意义为：当剪切面上的主应力与正应力之比达到最大时，材料发生屈服或破坏，如图 4.42 所示。

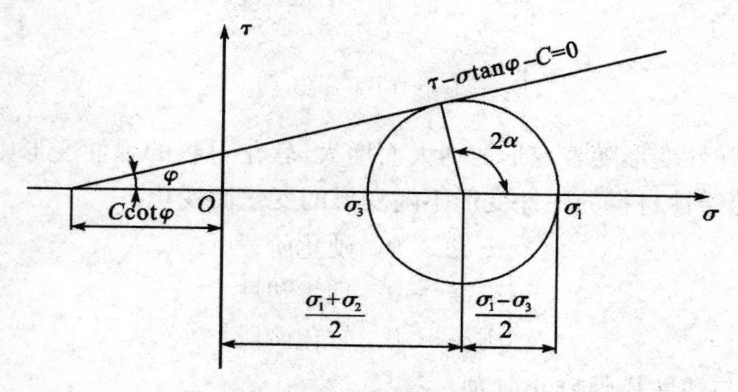

图 4.42　Mohr-Coulomb 屈服准则

在弹性力学中，由弹性势函数可以求出弹性应力应变本构关系。Mises 将弹性势的概念推广到塑性理论中，假定对于塑性流动状态也存在着某种塑性势函数，并假定塑性势函数是应力或应变不变量的标量函数，而塑性流动的方向与塑性势函数的梯度方向相同。塑性势函数 $Q(\sigma_{ij})$ 代表材料在塑性变形过程中的某种势能，可以通过数学表达式表述如下：

$$\mathrm{d}\varepsilon_{ij}^{p}=\mathrm{d}\lambda\frac{\partial Q}{\partial\sigma_{ij}} \tag{4-174}$$

式中，$\mathrm{d}\lambda$ 为非负的塑性标量乘子，表示塑性应变增量的大小。

塑性位势理论是对塑性应变方向的一种假设，可以通过假定塑性势函数为各种不同的形式，来保证其满足正交流动法则。对于服从 Drucker 公设的稳定材料，可以假定塑性势函数等于屈服函数（或加载函数），即 $Q=f$；如果假定 $Q\neq f$，则塑性流动方向与屈服面不正交（但仍与塑性势面正交），此时称这种流动为非关联流动法则，如图 4.43 所示。

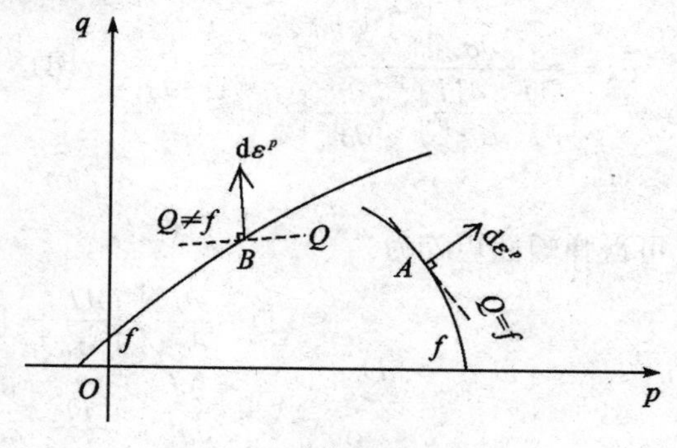

图 4.43　塑性流动方向

当土体材料达到屈服后，加载与卸载情

况下的应力应变关系不同，表明塑性应力应变关系与荷载状态密切相关，加卸载准则是区别非线性弹性体与弹塑性体的一个标志。传统的加卸载准则都是基于屈服面的概念提出的，令屈服面函数为

$$f(\varepsilon_{ij})=0 \tag{4-175}$$

式中，ε_{ij}为应变张量分量。

根据伊留辛公设，可以导出加卸载准则：

$$\begin{cases}\dfrac{\partial f}{\partial \varepsilon_{ij}}\mathrm{d}\varepsilon_{ij}>0 & \text{加载}\\ \dfrac{\partial f}{\partial \varepsilon_{ij}}\mathrm{d}\varepsilon_{ij}=0 & \text{中性变载}\\ \dfrac{\partial f}{\partial \varepsilon_{ij}}\mathrm{d}\varepsilon_{ij}<0 & \text{卸载}\end{cases} \tag{4-176}$$

硬化材料的弹性变形随着变形的增大而增大，软化材料的弹性变形则随着变形的增大而减小，而理想塑性材料的弹性变形不随变形的变化而变化。

$$\begin{cases}\mathrm{d}\varepsilon\,\mathrm{d}\varepsilon^{e}>0 & \text{硬化阶段}\\ \mathrm{d}\varepsilon\,\mathrm{d}\varepsilon^{e}=0 & \text{理想塑性}\\ \mathrm{d}\varepsilon\,\mathrm{d}\varepsilon^{e}<0 & \text{软化阶段}\end{cases} \tag{4-177}$$

令屈服函数与塑性势函数分别为

$$f(\sigma_{ij},H(\varepsilon_{ij}^{P}))=f(P,\sqrt{J_2},J_3,H)=0 \tag{4-178}$$

$$g(\sigma_{ij},H(\varepsilon_{ij}^{P}))=g(P,\sqrt{J_2},J_3,H)=0 \tag{4-179}$$

则由 $\mathrm{d}f=0$ 可得

$$\begin{aligned}\mathrm{d}f&=\left\{\frac{\partial f}{\partial \sigma_{ij}}\right\}^{\mathrm{T}}\{\mathrm{d}\sigma_{ij}\}+\frac{\partial f}{\partial H}\mathrm{d}H\\&=\left\{\frac{\partial f}{\partial \sigma_{ij}}\right\}^{\mathrm{T}}\{\mathrm{d}\sigma_{ij}\}+\frac{\partial f}{\partial H}\left\{\frac{\partial H}{\partial \varepsilon_{ij}^{P}}\right\}^{\mathrm{T}}\mathrm{d}\lambda\left\{\frac{\partial g}{\partial \sigma_{ij}}\right\}=0\end{aligned} \tag{4-180}$$

即有塑性乘子 $\mathrm{d}\lambda$ 的计算公式：

$$\mathrm{d}\lambda=\frac{-\left\{\dfrac{\partial f}{\partial \sigma_{ij}}\right\}^{\mathrm{T}}\{\mathrm{d}\sigma_{ij}\}}{\dfrac{\partial f}{\partial H}\left\{\dfrac{\partial H}{\partial \varepsilon_{ij}^{P}}\right\}^{\mathrm{T}}\left\{\dfrac{\partial g}{\partial \sigma_{ij}}\right\}}=\frac{-1}{A}\left\{\frac{\partial f}{\partial \sigma_{ij}}\right\}^{\mathrm{T}}\{\mathrm{d}\sigma_{ij}\}=\frac{-1}{A}\left\{\frac{\partial f}{\partial \sigma_{ij}}\right\}^{\mathrm{T}}\left[[D]\{\mathrm{d}\varepsilon_{ij}\}-[D]\mathrm{d}\lambda\left\{\frac{\partial g}{\partial \sigma_{ij}}\right\}\right] \tag{4-181}$$

可得弹塑性矩阵为

$$[D]^{\mathrm{ep}}=[D]-\frac{[D]\left\{\dfrac{\partial g}{\partial \sigma_{ij}}\right\}\left\{\dfrac{\partial f}{\partial \sigma_{ij}}\right\}^{\mathrm{T}}[D]}{A+\left\{\dfrac{\partial f}{\partial \sigma_{ij}}\right\}^{\mathrm{T}}[D]\left\{\dfrac{\partial g}{\partial \sigma_{ij}}\right\}}=[D]-\frac{[D]\left\{\dfrac{\partial g}{\partial \sigma_{ij}}\right\}\left\{\dfrac{\partial f}{\partial \sigma_{ij}}\right\}^{\mathrm{T}}[D]}{H} \tag{4-182}$$

当不考虑土体硬化时，

$$\frac{\partial f}{\partial \sigma_{ij}}=\frac{\partial f}{\partial P}\frac{\partial P}{\partial \sigma_{ij}}+\frac{\partial f}{\partial \sqrt{J_2}}\frac{\partial \sqrt{J_2}}{\partial \sigma_{ij}}+\frac{\partial f}{\partial J_3}\frac{\partial J_3}{\partial \sigma_{ij}}=\frac{1}{3}\frac{\partial f}{\partial P}\delta_{ij}+\frac{\partial f}{\partial \sqrt{J_2}}\frac{1}{2\sqrt{J_2}}s_{ij}+\frac{\partial f}{\partial J_3}t_{ij} \tag{4-183}$$

$$\frac{\partial g}{\partial \sigma_{ij}}=\frac{\partial g}{\partial P}\frac{\partial P}{\partial \sigma_{ij}}+\frac{\partial g}{\partial \sqrt{J_2}}\frac{\partial \sqrt{J_2}}{\partial \sigma_{ij}}+\frac{\partial g}{\partial J_3}\frac{\partial J_3}{\partial \sigma_{ij}}=\frac{1}{3}\frac{\partial g}{\partial P}\delta_{ij}+\frac{\partial g}{\partial \sqrt{J_2}}\frac{1}{2\sqrt{J_2}}s_{ij}+\frac{\partial g}{\partial J_3}t_{ij} \tag{4-184}$$

式中，$s_{ij}=\sigma_{ij}-\sigma_m\delta_{ij}$，$t_{ij}=s_{ik}s_{kj}-\frac{2}{3}J_2\delta_{ij}$。

将弹性矩阵写成 $K-G$ 形式，则有

$$D_{ijkl}=(K-3G)\delta_{ij}\delta_{kl}+G(\delta_{ik}\delta_{jl}+\delta_{il}\delta_{jk}) \tag{4-185}$$

令

$$\frac{\partial f}{\partial \sigma_{ij}}D_{ijkl}=H_{kl} \tag{4-186}$$

$$\frac{\partial g}{\partial \sigma_{ij}}D_{ijkl}=H'_{kl} \tag{4-187}$$

$$\begin{cases}H_{ii}=3KB_1\delta_{ii}+2GB_2s_{ii}+2GB_3t_{ii}\\ H'_{ii}=3KC_1\delta_{ii}+2GC_2s_{ii}+2GC_3t_{ii}\end{cases}\quad(i\text{ 不累加求和}) \tag{4-188}$$

$$\begin{cases}H_{ij}=2GB_2s_{ij}+2GB_2t_{ij}\\ H'_{ij}=2GC_2s_{ij}+2GC_3t_{ij}\end{cases}\quad(i\neq j) \tag{4-189}$$

以二维平面应变情况（$\varepsilon_z=0,\tau_{xz}=0,\tau_{yz}=0$）为例，将本构方程展开为矩阵形式

$$\begin{Bmatrix}d\sigma_x\\ d\sigma_y\\ d\sigma_{xy}\end{Bmatrix}=\begin{bmatrix}3K-\frac{H'_{xx}H_{xx}}{H} & K-\frac{2}{3}G-\frac{H'_{xx}H_{yy}}{H} & -\frac{H'_{xx}H_{xy}}{H}\\ -\frac{H'_{yy}H_{xx}}{H} & 3K-\frac{H'_{yy}H_{yy}}{H} & -\frac{H'_{yy}H_{xy}}{H}\\ K-\frac{2}{3}G-\frac{H'_{xy}H_{xx}}{H} & -\frac{H'_{xy}H_{yy}}{H} & G-\frac{H'_{xy}H_{xy}}{H}\end{bmatrix}\cdot\begin{Bmatrix}d\varepsilon_x\\ d\varepsilon_y\\ d\varepsilon_{xy}\end{Bmatrix} \tag{4-190}$$

式(4-190)表明，对于服从非关联流动法则，满足内摩擦角与剪胀角不相等的土体而言，弹塑性矩阵为非对称结构。

4.8.3 MCDP 弹塑性本构模型

针对土体力学性质，常采用 MCDP 理想弹塑性模型进行模拟。所谓 MCDP 模型即屈服或破坏准则取为 Mohr-Coulomb 准则，而塑性势函数取为 Drucker-Prager 准则中的函数形式，采用非关联流动法则将这两者相结合所建立的理想弹塑性模型称为 MCDP 模型。

土的 Mohr-Coulomb 屈服准则 f 采用式(4-77)表达，仿照 Drucker-Prager 屈服函数形式，塑性势函数 g 可用下式来表达：

$$g=\sqrt{J_2}-\alpha I_1(\alpha>0) \tag{4-191}$$

$$\alpha=\frac{\sin\psi}{\sqrt{3}\sqrt{3+\sin^2\psi}}=\tan\psi/\sqrt{9+12\tan^2\psi} \tag{4-192}$$

式中，ψ 为平面应变状态时土体的剪胀角。

鉴于土体变形具有明显的非线性性质，土体的应力-应变关系须采用增量形式来表示：

$$\{\mathrm{d}\sigma\}=[D_{ep}]\{\mathrm{d}\varepsilon\} \tag{4-193}$$

其中

$$[D_{ep}]=[D_e]-\frac{[D_e]\left\{\frac{\partial g}{\partial\sigma}\right\}\left\{\frac{\partial f}{\partial\sigma}\right\}^{\mathrm{T}}[D_e]}{\left\{\frac{\partial g}{\partial\sigma}\right\}^{\mathrm{T}}[D_e]\left\{\frac{\partial g}{\partial\sigma}\right\}} \tag{4-194}$$

这里$[D_{ep}]$称为增量形式理想弹塑性模型的弹塑性矩阵。

MCDP 本构模型的弹塑性系数矩阵的形式与一般弹塑性系数矩阵的表达式相类似，但是在进行应力修正时采用另外一种表达形式：

$$[D_{ep}]=[D_e]-r\frac{[D_e]\left\{\frac{\partial g}{\partial\sigma}\right\}\left\{\frac{\partial f}{\partial\sigma}\right\}^{\mathrm{T}}[D_e]}{\left\{\frac{\partial g}{\partial\sigma}\right\}^{\mathrm{T}}[D_e]\left\{\frac{\partial g}{\partial\sigma}\right\}} \tag{4-195}$$

式中，$[D_e]$为线弹性矩阵；f 和 g 分别为式(4-77)和(4-191)所示的屈服函数与塑性势函数；r 为塑性系数，它表示应力状态达到塑性的程度。$r=0$ 时，为线弹性；当 $r=1$ 时，为完全塑性；当 $0<r<1$ 时，为线弹性向塑性的过渡阶段。r 只能在 0 到 1 之间取值。如果 r 为已知的话，就可以确定当前土体的屈服程度，从而算出对应的应力状态。塑性系数的确定方法如下。

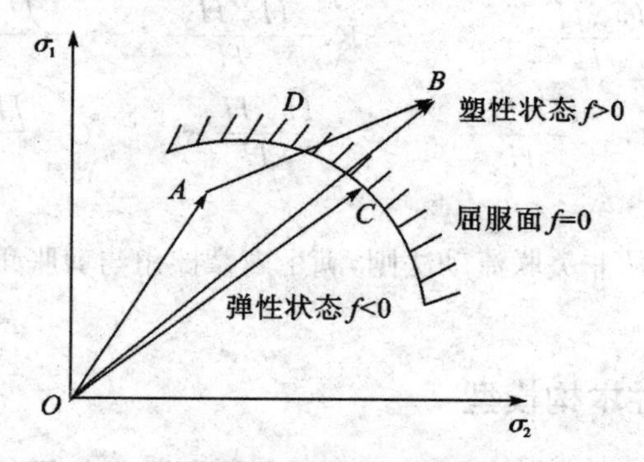

图 4.44 弹性状态向塑性状态过渡的示意图

如图 4.44 所示的 $\sigma_1-\sigma_2$ 坐标系中，阴影部分表示屈服面。点 A 一侧在屈服面内部，处于弹性状态，即 $f(\sigma_A)<0$；点 B 一侧处于屈服面外部，已经发生屈服，即 $f(\sigma_B)>0$；D 和C 分别为屈服面上的点，屈服函数的值为 0。假设开始的应力状态为 A，在施加一个外力增量后，产生了一个应力增量 $\Delta\sigma_{AB}$，如果按线性来计算的话，应力状态将达到 B 点，但实际上 B 点是不存在的，在应力状态达到 D 点($\sigma_A+r\sigma_{AB}$)时，土体已经发生了屈服，屈服函数的值不会再增加，应力状态只能沿着屈服面移动，如图 4.44 所示。应力状态最后到达 C 点，即实际的应力路径为 $OADC$，而不是 OAB。

设 AB 为 1，AD 为 r，根据矢量之间的比例关系，存在如下等式：

$$r=\frac{f(\sigma_A+r\Delta\sigma_{AB})-f(\sigma_A)}{f(\sigma_B)-f(\sigma_A)} \tag{4-196}$$

由于 D 在屈服面上，所以塑性系数又可表示为

$$r=\frac{-f(\sigma_A)}{f(\sigma_B)-f(\sigma_A)} \tag{4-197}$$

4.8.4　加工硬化弹塑性本构模型

剑桥模型是由英国剑桥大学罗斯科(Roscoe)及其同事于 1963 年提出的。此模型主要是在正常固结土和弱固结土试样的排水和不排水三轴试验基础上，提出了土体临界状态的概念；并在试验基础上，再引入加工硬化原理和能量方程，提出的临界状态土体塑性模型。本模型从试验上和理论上较好的阐明了土体弹塑性变形特性，特别是考虑了土的塑性体积变形。一般认为，剑桥模型的问世，标志着土的本构理论发展新阶段的开始。

剑桥模型基于传统塑性位势理论，采用单屈服面和关联流动法则。屈服面形式不是基于大量试验提出的假设，而是依据能量理论得出的。

依据能量方程，外力做功 $\mathrm{d}W$ 一部分转化为 $\mathrm{d}W^e$，另一部分转化为耗散能(或称塑性能)$\mathrm{d}W^p$，因而有

$$\mathrm{d}W=\mathrm{d}W^e+\mathrm{d}W^p \tag{4-198}$$

两种变形能可表示如下：

$$\mathrm{d}W^e=p'\mathrm{d}\varepsilon_V^e+q\mathrm{d}\bar{\gamma}^e$$

$$\mathrm{d}W^p=p'\mathrm{d}\varepsilon_V^p+q\mathrm{d}\bar{\gamma}^p \tag{4-199}$$

剑桥模型中，利用各向等压试验中的回弹曲线来确定土体的弹性体积变形：

$$\mathrm{d}\varepsilon_V^e=\frac{k}{1+e}\frac{\mathrm{d}p'}{p'} \tag{4-200}$$

式中，k 为膨胀指数，即 $e-\ln p'$ 回弹曲线的斜率。

同时，假设弹性剪切变形为零，即

$$\mathrm{d}\bar{\gamma}^e=0 \tag{4-201}$$

则弹性能

$$\mathrm{d}W^e=p'\mathrm{d}\varepsilon_V^e=\frac{k}{1+e}\mathrm{d}p' \tag{4-202}$$

剑桥模型中假定塑性能等于由于摩擦产生的能量耗散，即有如下的能量方程

$$\mathrm{d}W^p=p'\mathrm{d}\varepsilon_V^p+q\mathrm{d}\bar{\gamma}^p \tag{4-203}$$

式中，M 为 $p'-q$ 平面上破坏线的斜率

$$M=\frac{6\sin\varphi'}{3-\sin\varphi'} \tag{4-204}$$

式中，φ'——土体有效摩擦角。

由式(4-203)有

$$\frac{\mathrm{d}\varepsilon_V^p}{\mathrm{d}\overline{\gamma^p}}=M-\frac{q}{p'}=M-\eta \tag{4-205}$$

式中，$\eta=\frac{q}{p'}$。该式实际上就是流动法则，即表示了塑性应变增量在 p'-q 平面上的方向，与这一方向正交的轨迹就是在这个平面上的屈服轨迹(关联流动法则)，见图 4.45。

剑桥模型假设材料服从关联流动法则，在图 4.45 中，设曲线 AB 为屈服面轨迹，$\mathrm{d}\varepsilon^p$ 为屈服时塑性应变增量，它与屈服面正交，按式(4-198)有

$$\mathrm{d}\varepsilon_V^p=\mathrm{d}\lambda\,\frac{\partial\Phi}{\partial p'},\ \mathrm{d}\overline{\gamma^p}=\mathrm{d}\lambda\,\frac{\partial\Phi}{\partial q} \tag{4-206}$$

而沿屈服轨迹有(因在同一屈服面上硬化参数 H 为常数，所以 $\mathrm{d}H=0$)

$$\mathrm{d}\Phi=\frac{\partial\Phi}{\partial p'}\mathrm{d}p'+\frac{\partial\Phi}{\partial q}\mathrm{d}q=0 \tag{4-207}$$

由式(4-206)、式(4-207)可得，在屈服面的任一点 Q 处，应有

$$\frac{\mathrm{d}\varepsilon_V^p}{\mathrm{d}\overline{\gamma^p}}=\frac{\partial\Phi/\partial p'}{\partial\Phi/\partial q}=-\frac{\mathrm{d}q}{\mathrm{d}p'} \tag{4-208}$$

结合式(4-205)、式(4-208)，可得

$$\frac{\mathrm{d}q}{\mathrm{d}p'}-\frac{q}{p'}+M=0 \tag{4-209}$$

积分得

$$\frac{q}{Mp'}+\ln p'=C \tag{4-210}$$

式中，C 为积分常数。

利用图 4.45 中 A 点，$p'=p'_0$，$q=0$。由式(4-210)，即得积分常数：

$$C=\ln p' \tag{4-211}$$

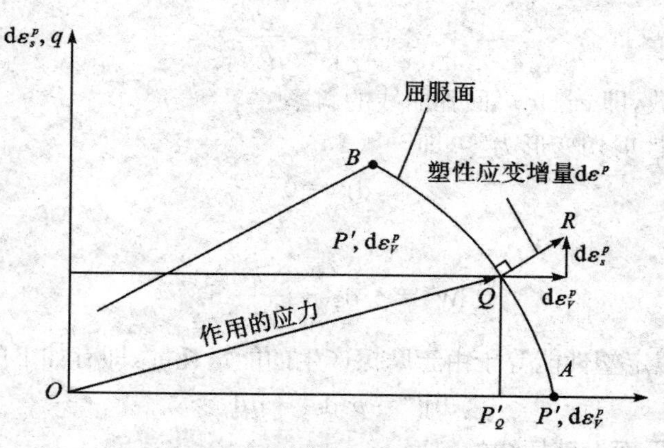

图 4.45　屈服时塑性应变增量

将C代入式(4-210)，就得到屈服面方程

$$\frac{q}{p'}-M\frac{p'_0}{p'}=0 \tag{4-212}$$

式中，p'_0就是硬化参量，而p'_0由ε_v^p确定。

$$H=p'_0=H(\varepsilon_v^p) \tag{4-212}$$

可见剑桥模型的屈服面，以塑性体积变形ε_v^p作硬化参量，屈服面是塑性体积变形的等值面，应力在这一面上移动，虽不产生塑性体积变形，但要产生塑形剪切变形。因而剑桥模型不能很好地反映剪切变形。

鉴于以上原因，假定剑桥模型的屈服面在主应力空间中是子弹头形的，在各向等压试验施加应力增量$\mathrm{d}p'>0$及$\mathrm{d}q=0$时，会产生塑性剪切应变，$\mathrm{d}\overline{\gamma^p}=\mathrm{d}\bar{\gamma}=\mathrm{d}\varepsilon_v^p/M$，这显然是不合理的。另外，剑桥模型的能量方程(4-203)中假设能量耗散仅与塑性剪应变有关，而与塑性体应变无关，这与塑性变形需耗散能量矛盾。为此，布尔兰特(Burland，1965)研究了剑桥模型屈服曲线与临界状态线交点A和正常固结线交点B的变形情况，建议采用下面的能量方程代替式(4-203)。

$$\mathrm{d}W^p=p'\mathrm{d}\varepsilon_v^p+q\mathrm{d}\overline{\gamma^p}=p'\sqrt{(\mathrm{d}\varepsilon_v^p)^2+M^2(\mathrm{d}\overline{\gamma^p})^2} \tag{4-214}$$

这样得到

$$\frac{\mathrm{d}\varepsilon_v^p}{\mathrm{d}\overline{\gamma^p}}=\frac{M^2-\eta^2}{2\eta} \tag{4-215}$$

将式(4-208)代入式(4-215)，得到

$$\frac{\mathrm{d}q}{\mathrm{d}p'}+\frac{M^2-\eta^2}{2\eta}=0 \tag{4-216}$$

在p'-q平面上的屈服轨迹为

$$\frac{p'}{p'_0}=\frac{M^2}{M^2+\eta^2} \tag{4-217}$$

可变形为

$$\left(p'-\frac{p'_0}{2}\right)^2+\left(\frac{q}{M}\right)^2=\left(\frac{p'_0}{2}\right)^2 \tag{4-218}$$

这在p'-q平面上是一个椭圆，其顶点在$q=Mp'$线上，以$p'_0(\varepsilon_v^p)$为硬化参数。

4.8.5　循环荷载下土体弹塑性模型

土体在动力荷载作用下的变形常常包括弹性变形和塑性变形两部分。通常认为当动力荷载较小时，主要表现为弹性变形；当动力荷载不断增大，塑性变形逐渐产生和发展，使得土体应力状态进入塑性阶段。土体应力处于弹塑性状态下，应力-应变之间就没有唯一的对应关系，应力历史、应力路径等因素对其影响显著，此时材料的应力-应变关系称为动力塑性本构关系。针对波浪循环荷载作用下海床软黏土应力-应变特性，给出边界面本构模型的推导过程。

边界面模型的塑性变形通过一个可调的塑性硬化模量来实现，一般定义为从当前荷载作用点的应力状态到边界面上投影应力点之间距离的函数；然后通过合适的映射规则

把前后两个应力状态联系起来。真实应力状态点的塑性模量通过真实应力点与像应力点之间的距离以及像应力点的边界面塑性模量来获得。因此，边界面模型的基本概念主要包括如下三个主要方面：

①把对应于最大应力状态的屈服面作为边界面，后继加载面或屈服面只能在边界面内运动。

②初始屈服面对应着初始加载面，初始加载面内为弹性变形区。当应力状态在初始加载面内运动时，土体只发生弹性变形；若应力状态超出初始加载面，则土体发生弹塑性变形。后继加载面在应力空间中的位置和大小随着塑性应变的产生和发展，将在边界面内移动和硬化；后继屈服面不能与边界面相交。

③建立由边界面上"像"点处的塑性模量求加载面上应力状态点处塑性模量的插值规则，然后再求塑性应变增量。

土体材料的统一破坏函数可以写成如下的表达式：

$$\beta p^2+\alpha p+\frac{\sqrt{J_2}}{g(\theta_\sigma)}-K=0 \tag{4-219}$$

其中，

$$p=\frac{1}{3}(\sigma_1+\sigma_2+\sigma_3) \tag{4-220}$$

$$J_2=\frac{1}{6}[(\sigma_1-\sigma_2)^2+(\sigma_2-\sigma_3)^2+(\sigma_3-\sigma_1)^2]=\frac{1}{2}S_{ij}\cdot S_{ij} \tag{4-221}$$

对于参数 α、β、K、$g(\theta_\sigma)$ 取值方法的不同，式(4-219)可以概括许多常用岩土的破坏函数。系数 α 和 β 表征子午平面上屈服曲线的不同形状，当 α 和 β 都不为零时，子午平面上屈服曲线为抛物线；当 β 取零时，子午平面上屈服曲线为一直线。$g(\theta_\sigma)$ 为表征屈服面形状的函数，当取不同的内摩擦角 φ 时对应不同的 $g(\theta_\sigma)$，屈服面在 π 偏平面上的形状如图 4.46 所示。

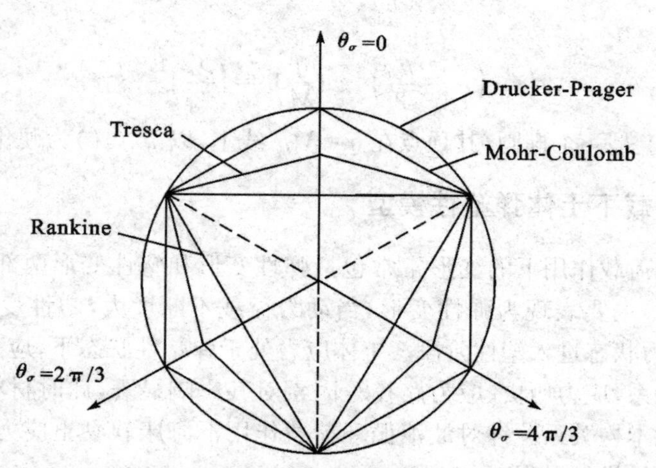

图 4.46 不同 $g(\theta_\sigma)$ 表征屈服面在 π 偏平面上的形状

假设土体屈服面和边界面具有相似的形状：

$$\alpha_\theta^0 = \alpha \cdot g(\theta_\sigma), K_\theta = K \cdot g(\theta_\sigma) \tag{4-222}$$

统一破坏函数格式转变为

$$F = \alpha_\theta^0 p + \sqrt{J_2} - K_\theta = 0 \tag{4-223}$$

由于岩土材料(特别是软土)几乎不存在一个纯弹性变形阶段，因此规定在初始加荷和应力反向后的瞬间为点屈服面，屈服面形式为

$$f = \alpha_\theta p + \sqrt{\frac{1}{2}(S_{ij} - \alpha_{ij}) \cdot (S_{ij} - \alpha_{ij})} - k_\theta = 0 \tag{4-224}$$

式中，α_{ij} 为运动硬化参数，表示后继屈服面的中心在应力空间中的位置坐标；对于初始屈服面而言 α_{ij} 为零。

由式(4-224)可以得到加卸载面的半径为

$$r = \sqrt{2J_2} = \sqrt{2}(k_\theta - \alpha_\theta p) \tag{4-225}$$

模型加卸载准则采用偏应力增量 dS_{ij} 与当前屈服面 f 的单位外法线 n_{ij} 之间的相对位置来判定，单位外法线的计算公式为

$$n_{ij} = \frac{\partial f}{\partial S_{ij}} / \left(\frac{\partial f}{\partial S_{ij}} \frac{\partial f}{\partial S_{ij}}\right)^{\frac{1}{2}} \tag{4-226}$$

在初始加载阶段，认为屈服面在初始加载点从点屈服面开始只发生等向硬化，即 $\alpha_{ij} = 0$。当开始加卸载时，屈服面在应力反向时应力点处从点屈服面开始发生混合硬化；引入后继屈服面函数 f_r 表征土体的弹塑性状态，应力路径如图 4.47 所示；具体嵌套屈服面在应力空间中的分布如图 4.48 所示。

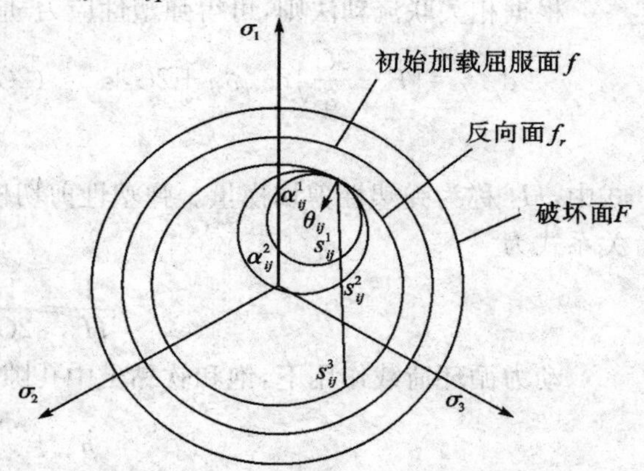

图 4.47　屈服面在偏平面上的应力路径

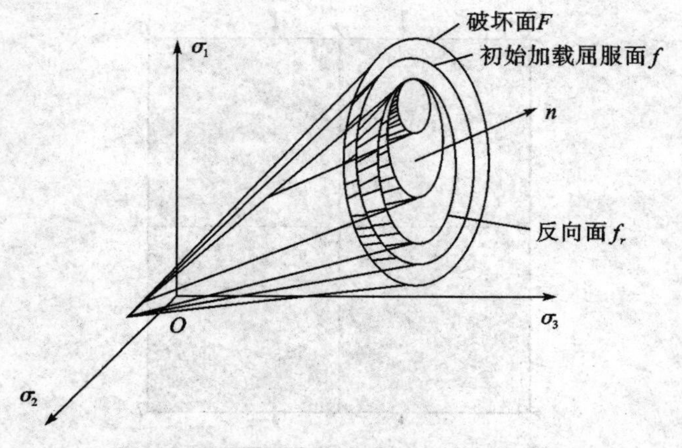

图 4.48　屈服面在应力空间上的应力路径

根据屈服面半径与随动硬化的中心应力点之间的关系，有

$$d\alpha_{ij}=dr\cdot\theta_{ij}=\sqrt{2}\theta_{ij}(dk_\theta-\alpha_\theta\cdot dp-(p+dp)\cdot d\alpha_\theta) \tag{4-227}$$

式中，θ_{ij} 为应力反向点指向应力反向面中心的单位矢量。联立式(4-225)与式(4-227)，从而可得

$$d\alpha_{ij}=\frac{\sqrt{2}\theta_{ij}\cdot[(p_0-p-dp)A'-(p_0-p-2\cdot dp)\alpha_\theta\cdot dp]}{\sqrt{2}\theta_{ij}\cdot[(p_0-p-dp)\cdot A-B\cdot dp]+(p_0-p-2\cdot dp)} \tag{4-228}$$

$$d\alpha_\theta=\frac{B-A}{p_0-p-2\cdot dp}d\alpha_{ij}+\frac{A'}{p_0-p-2\cdot dp} \tag{4-229}$$

$$dk_\theta=\frac{B-A}{p_0-p-2\cdot dp}p_0 d\alpha_{ij}+\frac{A'}{p_0-p-2\cdot dp}p_0-Bd\alpha_{ij} \tag{4-230}$$

式中，$A=\dfrac{(S_{ij}+dS_{ij}-\alpha_{ij})}{2J}$，$B=\dfrac{(S'_{ij}-\alpha_{ij})}{2J'}$，$A'=\alpha_\theta dp+AdS_{ij}$

根据相关联流动法则，可得弹塑性应力-应变关系表达式为

$$d\tilde{\sigma}_{ij}=\left(B-\frac{2G}{3}\right)d\varepsilon_{kk}\delta_{ij}+2Gd\varepsilon_{ij}-(2G-H_t)\frac{(S_{ij}-\alpha_{ij})}{2(k_\theta-\alpha_\theta p)^2}(S_{kl}-\alpha_{kl})d\varepsilon_{kl} \tag{4-231}$$

式中，H_t 称为弹塑性剪切模量。弹塑性剪切模量、剪切模量 G、塑性硬化模量 H 之间的关系式为

$$\frac{1}{H_t}=\frac{1}{2G}+\frac{1}{H} \tag{4-232}$$

动力循环荷载作用下，饱和软黏土中孔隙水压力变化率计算关系式如下：

$$\dot{p}_{por}=\frac{K_w}{n}\dot{\varepsilon}_{ii} \tag{4-233}$$

式中，K_w 为水的体积压缩模量，n 是土骨架孔隙率。

针对图 4.49 所示的四边形单元，在单元边界上添加波浪循环荷载，测试上述土体动力本构方程。

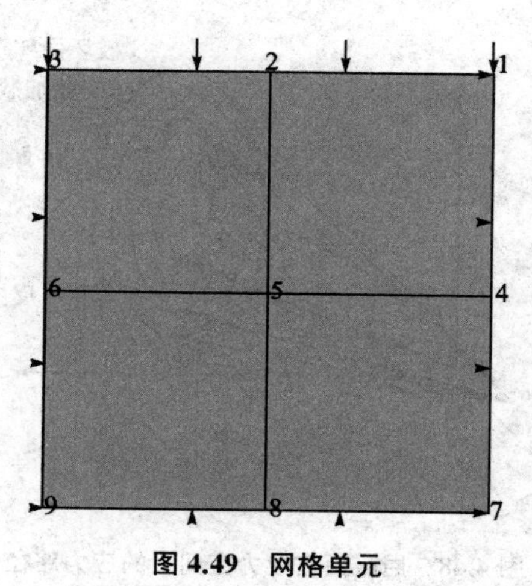

图 4.49　网格单元

(1)循环荷载下土体应力应变关系

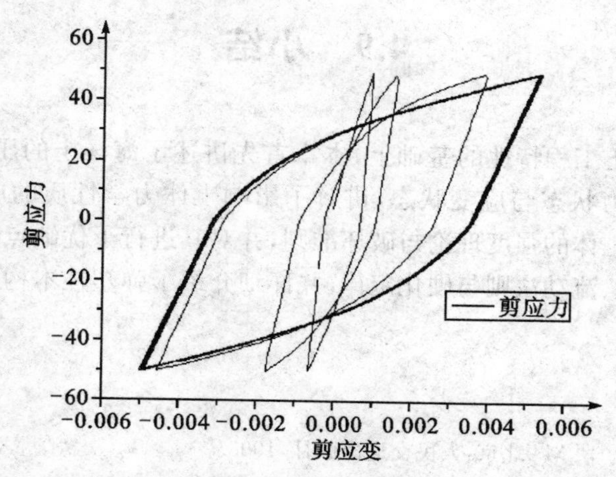

图4.50 循环荷载作用下土体应力应变曲线

由图4.50所示的应力应变循环曲线可知,循环荷载加载初期单元塑性变形比较明显,随着循环荷载加卸载过程的逐渐增加,塑性变形不再累积。分析塑性变形不再累积的原因是,循环荷载幅值较低,达不到单元土体极限抗剪强度。

(2)循环荷载作用下孔压发展模式

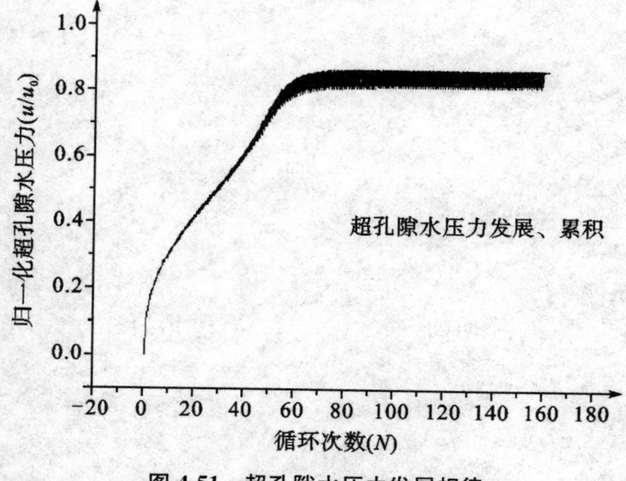

图4.51 超孔隙水压力发展规律

由图4.51所示的超孔隙水压力发展曲线可知,波浪循环荷载作用下不排水单元内超孔隙水压力随着荷载循环次数的增加而累积;当土骨架塑性变形趋于稳定时,孔隙内超孔隙水压力不再累积,而是随着循环荷载的周期变化发生弹性振荡。

4.9 小结

在第3章海洋土工程特性的基础上，本章首先讲述了海洋土的压缩变形；接下来详细论述了土体的应力状态与应变状态，讲解了影响土体力学性质的应力路径和应力水平。总结并论述了土体的强度理论与破坏准则，并对其进行了优缺点对比。介绍了塑性位势理论、塑性公设、流动法则与硬化定律，并详细介绍了弹塑性本构模型与动力本构模型的推导思路。

参考文献

[1] 张学言.岩土塑性力学[M].北京：人民交通出版社，1993.
[2] 王仁.塑性力学基础[M].北京：科学出版社，1982.
[3] 谢定义，姚仰平，党发宁.高等土力学[M].北京：高等教育出版社，2008.
[4] 曲圣年，殷有泉.塑性力学的 Drucker 公设 Илющин 公设[J].力学学报，1981，9(5)：465-473.
[5] 张其一.波浪荷载作用下海洋粘土力学特性研究[D].大连：大连理工大学，2011.

第 5 章　土体塑性极限平衡问题

5.1　前言

土力学中土体极限平衡状态是一种由静力平衡过渡到运动许可的状态，与之对应的应力状态称为极限应力（强度）。极限平衡理论中为了推导与计算简化，往往采用刚-塑性模型来表示土体的应力-应变关系，如图 5.1 所示。极限平衡理论只研究荷载作用下土体最后达到的破坏状态，不考虑达到这一临界平衡状态的详细过程。

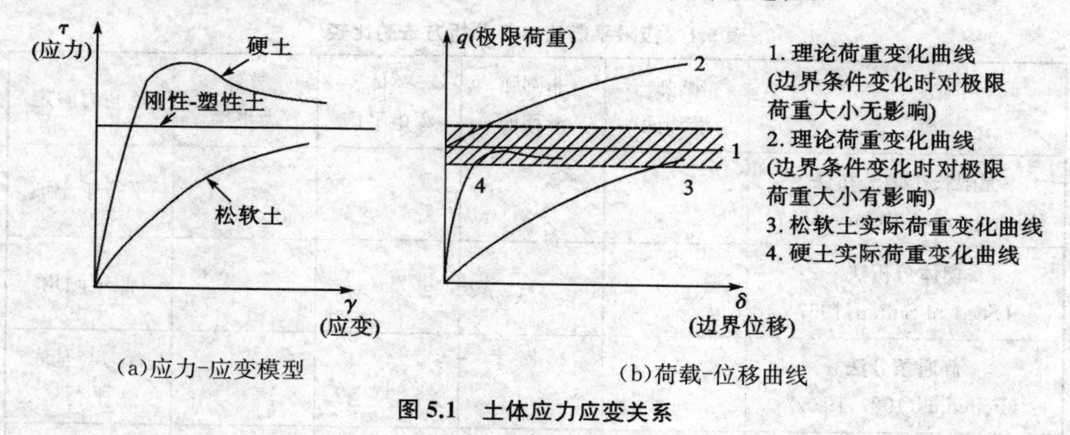

(a)应力-应变模型　　　　(b)荷载-位移曲线

图 5.1　土体应力应变关系

土体处于极限平衡状态时，需要满足应力状态表示的静力平衡方程和应变（率）表示的运动条件，并对它们在相应的边界条件下进行理论求解，最后得到土体相应的极限荷载。极限平衡法由来已久，其基本思想是应用力和力矩平衡方程求解工程问题。极限平衡法作为岩土工程中的一种重要分析手段，它既可以避开追踪实际加载路径的逐步增量非线性计算，又可以较为有效地直接推求出土工建筑物及地基的极限载荷，因而在土工建筑物与地基的稳定性评价中得到了广泛应用。为了叙述方便，下面以边坡稳定分析为例，简述该法。

精确的边坡稳定分析需同时满足平衡条件和相容性条件，详述如下：

①土体内每点均处于平衡状态。

②土体内应力平衡。

③各点处的应变应与其周围各点的应变协调。

④各点处的应变同应力存在一定的关系，即本构关系。

⑤土体内各点均不应违背破坏准则(如 Mohr-Coulomb 破坏准则)。

日常的土坡稳定计算中,由于对土体本构关系的建立存在困难,因而同时满足上述五个条件会使得计算异常烦琐与困难。对于极限平衡法,一般的做法是首先假定潜在滑移面(potential slip surface),在此滑移面上的任一点均不违背破坏准则,然后使得该滑移面所包围的滑移体处于静力平衡。通过重复检查不同的滑移机制以寻求临界滑移面(critical slip surface),并求得所需的极限值(如极限承载力、安全系数)。1916 年 Sweden 假定滑移面为圆弧并将滑移体进行条分。在此后的几十年里,Fellenius 于 1936 年引入了普通条分法,即瑞士条分法。20 世纪 50 年代中期,Janbu 和 Bishop 进一步发展了普通条分法。20 世纪 60 年代计算机的出现使得条分法中的迭代成为可能,而这也使得在数学上更加严密的方法得以发展,如 Morgenstern、Price 和 Spencer 法。传统极限平衡法通常会对某些参数进行各种假定,对于滑移面通常假定为圆弧或者非圆弧(如对数螺旋线)。对于条分法,为了使所求问题静定,通常对条间力进行假定,表 5.1 为极限平衡法中各方法的对比及相关假定[取自 M.G. Anderson 和 K.S.Richards(1987) *Slope Stability: Geotechnical Engineering and Geomorphology*]。

表 5.1　极限平衡法中各分析方法的比较

方法	圆弧滑移面	非圆弧滑移面	整体弯矩平衡	整体力平衡	条间力假定
无限长土坡分析法(Skempton 和 Delory,1957)		*		*	平行于土坡
楔体分析法(Seed 和 Sultan,1967		*		*	假定倾角
普通条分法(Fellenius,1927,1936)	*		*		合力与基底平行
Biship 法	*		*		水平方向
Janbu 简化方法	*	*		*	水平方向
Lowe 和 Karafiath 法	*	*		*	假定倾角
Spencer 法(1967)	*	*	*	*	假定倾角且该值为常数
Morgenstern 和 Price 法(1965)	*	*	*	*	$X/E=\lambda f(x)$
Janbu 严密方法	*	*	*	*	假定推力线
Frelund 和 Krahn 法(1977)	*	*	*	*	$X/E=\lambda f(x)$
$\varphi_u=0$ 法(Fellenius,1918)	*		*		

5.2　特征线法

特征线法是求解一阶非线性偏微分方程的一种有效的数值方法，能够成功求解地基的极限承载力。滑移线场理论于 1854 年作为金属变形的宏观现象被发现，后来又被证明在变形物体表面发生的滑移痕迹符合理论上求得的塑性平衡平面问题偏微分方程的特征线，沿这些线物体长度不发生变化，而剪应力达到极值。特征线法就是按照这些特征线的性质和边界条件，求出塑性区的应力和位移速度的分布，最后求得相应的极限荷载。这种方法一般只满足静力平衡方程和屈服条件，没有唯一的速度场与之对应，弹性区的应力和变形都不确定，一般而言属于极限分析理论的下限解。

在二维平面应变塑性状态下，每一点都存在两个相交的剪切破坏面，将各点的剪切破坏面连接起来，形成两族光滑曲线，称为滑移线或特征线，如图 5.2 中曲线 α—α 和 β—β，滑移线上任一点的切线方向即为相应点的滑移面方向。若把表示各点主应力方向的线段连接起来，就得到两族相互正交的光滑曲线，称为主应力迹线。

平面应变问题中一点的应力状态如图 5.3 所示，且满足平衡：

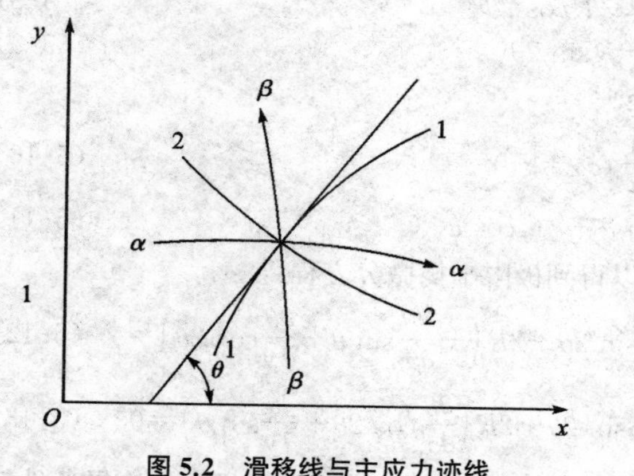

图 5.2　滑移线与主应力迹线

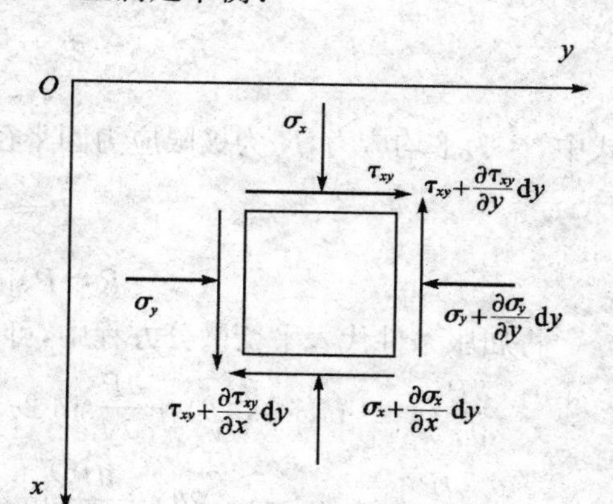

图 5.3　土体应力状态

$$\begin{cases}\dfrac{\partial \sigma_x}{\partial x}+\dfrac{\partial \tau_{xy}}{\partial y}=\gamma \\ \dfrac{\partial \sigma_y}{\partial y}+\dfrac{\partial \tau_{xy}}{\partial x}=0\end{cases} \tag{5-1}$$

式中，γ 为土体容重。

假定土体服从摩尔-库伦破坏准则：

$$\left(\frac{\sigma_y-\sigma_x}{2}\right)^2+\tau_{xy}^2=\left(\frac{\sigma_x+\sigma_y}{2}sin\ \varphi+c\cdot cos\ \varphi\right)^2 \tag{5-2}$$

式中，c 为土体粘聚力，φ 为土体内摩擦角。

Coulomb 材料的两族滑移线相互间夹角为 $2\mu=\frac{\pi}{2}-\varphi$，与主应力迹线的夹角为 $\mu=\frac{\pi}{4}-\frac{\varphi}{2}$，两族滑移线方程：

$$\alpha\text{ 线}\quad \frac{\mathrm{d}y}{\mathrm{d}x}=\tan(\theta-\mu) \tag{5-3}$$

$$\beta\text{ 线}\quad \frac{\mathrm{d}y}{\mathrm{d}x}=\tan(\theta+\mu) \tag{5-4}$$

式中，θ 为第一主应力 σ_1 的方向与 x 轴的夹角。

Tresca 材料的两族滑移线是正交的，与主应力迹线的夹角为 $\mu=\frac{\pi}{4}$，两族滑移线的方程为

$$\alpha\text{ 线}\quad \frac{\mathrm{d}y}{\mathrm{d}x}=\tan\left(\theta-\frac{\pi}{4}\right) \tag{5-5}$$

$$\beta\text{ 线}\quad \frac{\mathrm{d}y}{\mathrm{d}x}=\tan\left(\theta+\frac{\pi}{4}\right) \tag{5-6}$$

令

$$\sigma_x=P+R\cos 2\theta \tag{5-7}$$

$$\sigma_y=P-R\cos 2\theta \tag{5-8}$$

$$\tau_{xy}=R\sin 2\theta \tag{5-9}$$

式中，P 为平均应力，R 为极限应力圆半径。

$$P=\frac{1}{2}(\sigma_x+\sigma_y) \tag{5-10}$$

$$R=P\sin\varphi+c\cdot\cos\varphi \tag{5-11}$$

将屈服条件代入平衡微分方程中，可以得到极限平衡微分方程：

$$\frac{\partial P}{\partial x}(1+\sin\varphi\cos 2\theta)+\frac{\partial P}{\partial y}\sin 2\varphi\sin 2\theta+2R\left(-\frac{\partial\theta}{\partial x}\sin\theta+\frac{\partial\theta}{\partial y}\cos 2\theta\right)=\gamma \tag{5-12}$$

$$\frac{\partial P}{\partial y}(1-\sin\varphi\cos 2\theta)+\frac{\partial P}{\partial x}\sin\varphi\sin 2\theta+2R\left(\frac{\partial\theta}{\partial x}\cos 2\theta+\frac{\partial\theta}{\partial y}\sin\theta\right)=0 \tag{5-13}$$

通过求解上式中的 P、θ，可以求出应力状态 σ_x、σ_y、τ_{xy}，进而根据相应的边界条件就可求得极限荷载。

引入全微分方程关系式：

$$\begin{cases}\mathrm{d}p=\dfrac{\partial p}{\partial x}\mathrm{d}x+\dfrac{\partial p}{\partial y}\mathrm{d}y\\[2ex]\mathrm{d}\theta=\dfrac{\partial\theta}{\partial x}\mathrm{d}x+\dfrac{\partial\theta}{\partial y}\mathrm{d}y\end{cases} \tag{5-14}$$

可以将偏微分方程化简为两族滑移线方程：

$$\begin{cases}\dfrac{\mathrm{d}y}{\mathrm{d}x}=\tan(\theta-\mu)\\[2ex]\mathrm{d}p-2p\tan\varphi\mathrm{d}\theta=\dfrac{\gamma}{\cos\varphi}(\cos\varphi\mathrm{d}y-\sin\varphi\mathrm{d}x)\end{cases} \tag{5-15}$$

$$\begin{cases} \dfrac{\mathrm{d}y}{\mathrm{d}x}=\tan(\theta+\mu) \\ \mathrm{d}p+2p\tan\varphi\mathrm{d}\theta=\dfrac{\gamma}{\cos\varphi}(\cos\varphi\mathrm{d}y+\sin\varphi\mathrm{d}x) \end{cases} \tag{5-16}$$

式中，$\mu=\dfrac{\pi}{4}-\dfrac{\varphi}{2}$，公式(5-15)为 α 族滑移线方程，公式(5-16)为 β 族滑移线方程。方程(5-15)和(5-16)需要采用数值差分方法求解，假定差分网格中 1、2 点处的坐标 (x_1,y_1)、(x_2,y_2) 与应力状态 (p_1,θ_1)、(p_2,θ_2) 已知，则相邻点 (x,y) 的坐标与应力 (p,θ) 可以根据差分方程(5-15)、(5-16)求得：

$$\begin{cases} x=\dfrac{[x_1\tan(\theta_1-\mu)-x_2\tan(\theta_2+\mu)-(y_1-y_2)]}{[\tan(\theta_1-\mu)-\tan(\theta_2+\mu)]} \\ y=y_1+(x-x_1)\tan(\theta_1-\mu) \end{cases} \tag{5-17}$$

$$\begin{cases} \theta=\dfrac{[-p_1+p_2+2(p_1\theta_1+p_2\theta_2)\tan\varphi+\gamma(y_1-y_2)+\gamma\tan\varphi(2x-x_1-x_2)]}{[2\tan\varphi(p_1+p_2)]} \\ p=p_1+2p_1(\theta-\theta_1)\tan\varphi+\gamma[(y-y_1)-(x-x_1)\tan\varphi] \end{cases} \tag{5-18}$$

根据滑移线的意义，可以得出如下基本特性：

①滑移线上的剪应力等于土体的抗剪强度。

②两族滑移线间的夹角与屈服准则有关。

③对土体材料，重力的存在不影响两族滑移线间的夹角，但对滑移线形状有影响；对 $c-\varphi$ 型岩土材料，粘聚力的存在不影响两族滑移线的形状和夹角。

滑移线方程表示的偏微分方程属于双曲线型，可以采用数学上的特征线法进行求解，即根据实际问题的不同边界情况，可以将微分方程(5-15)与(5-16)化为如下三类边值问题。

(1)柯西(Cauchy)问题

如图 5.4 所示，边界可以为任何一条光滑曲线，但必须不是特征线，曲线上的 p 和 θ 为已知条件。当不考虑基础埋深时，自由边界上应力状态如公式(5-19)所示：

$$\begin{cases} p=\dfrac{c}{\tan\varphi(1-\sin\varphi)} \\ \theta=0^\circ \end{cases} \tag{5-19}$$

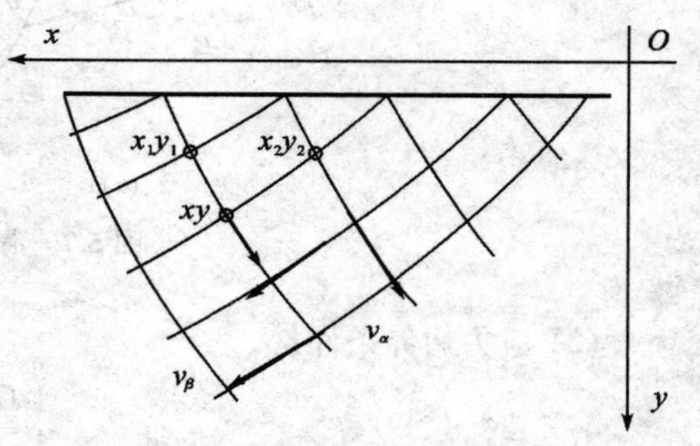

图 5.4　Cauchy 边界问题

(2)黎曼(Riemann)问题

如图 5.5 所示，Riemann 问题的边界为两条相交的特征线，且每条特征线上的 p 与 θ 已知。

(3)混合边界问题

边界由一条特征线和另一条与其相交的光滑曲线组成，特征线上的 p 与 θ 已知，曲线上的 p 或 θ 为已知条件，如图 5.6 所示。

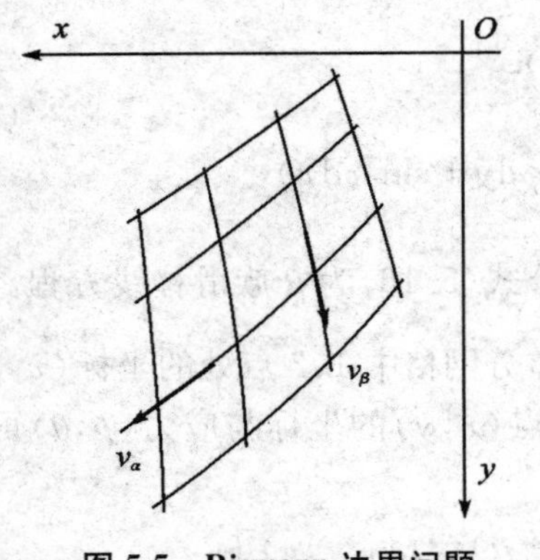

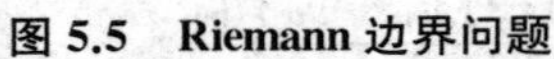
图 5.5 Riemann 边界问题

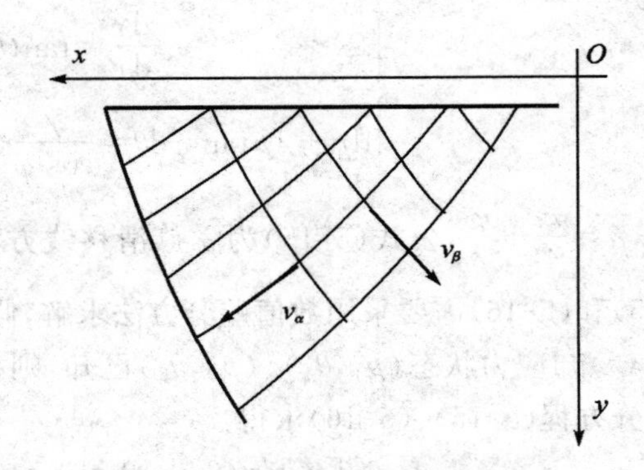

图 5.6 混合边界问题

在求解实际极限平衡问题中，往往要把极限土体所占据的面积分成几个塑性应力区，每一个子区域相当于一个边界问题。当应力区划分好后，每一个塑性区内只能有唯一的一种应力分布形式。

针对不排水饱和软黏土地基，按照上述步骤求解自升式平台桩靴入泥承载力问题。

假定桩靴表面比较光滑，桩靴表面与海床土体之间仅存在法向挤压力，不存在切线方向的摩擦力，则桩靴表面与挤压土体之间成为最大主应力面，滑移线场如图 5.7 所示。

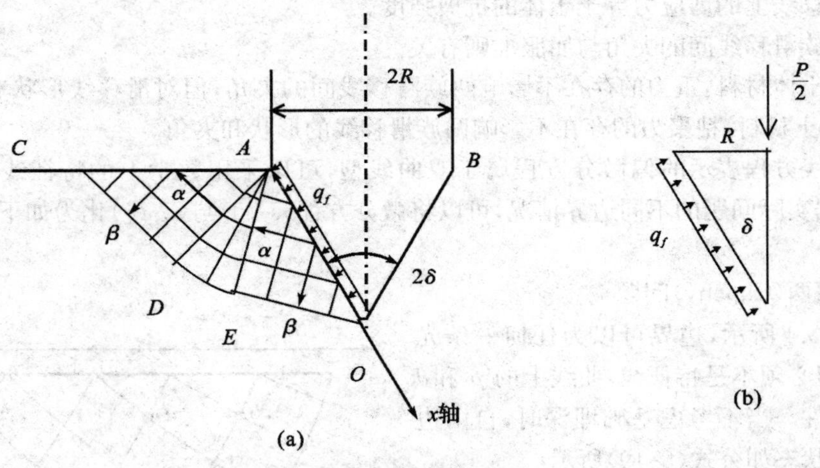

图 5.7 滑移线场边界条件

CA 应力边界条件：

$$\begin{cases} \Omega=\pi-\delta \\ \theta=\pi/2-\delta \\ \sigma=\tau_{\max} \end{cases} \tag{5-20}$$

AO 应力边界条件：

$$\Omega=\frac{\pi}{2},\theta=\frac{\pi}{2},\sigma_1=q_f \tag{5-21}$$

式中，Ω 表示界面法线方向与 x 坐标轴的夹角，θ 表示最大主应力与 x 坐标轴的夹角，q_f

表示桩靴表面最大法向应力。

针对给定的应力边界条件，可得简化了的滑移线方程：

$$\begin{cases}\sigma=\sigma_n-\tau_{\max}\cdot\cos 2(\theta-\Omega)\\ \theta=\Omega+\dfrac{1}{2}\left(\arcsin\dfrac{\tau_n}{\tau_{\max}}\pm m\pi\right)\end{cases}\tag{5-22}$$

其中，DAE 区为 Riemann 问题，可得方程

$$\sigma_{DAC}-2\tau_{\max}\cdot\theta_{DAC}=\sigma_{OAE}-2\tau_{\max}\cdot\theta_{OAE}\tag{5-23}$$

解得桩靴表面压力

$$q_f=2\tau_{\max}\cdot(1+\delta)\tag{5-24}$$

求得桩靴极限承载能力为

$$Q=4\tau_{\max}R(1+\delta)\tag{5-25}$$

式(5-25)中，当桩靴攻角 $\delta=\dfrac{\pi}{2}$ 时，求得解答与 Prandtl 理论解一致。

另外，假定桩靴表面完全粗糙，桩靴表面与挤压土体之间同时存在法向挤压力与切向摩擦力，滑移线场如图 5.8 所示。

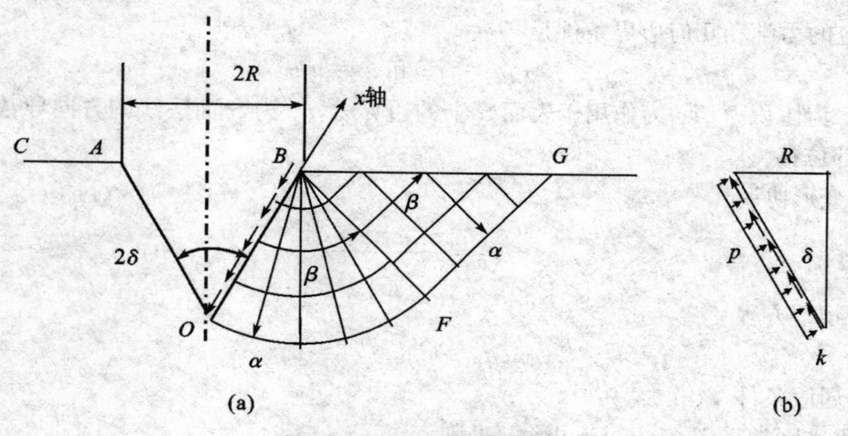

图 5.8　滑移线场边界条件

BG 应力边界条件：

$$\begin{cases}\Omega=\delta\\ \theta=\pi/2+\delta\\ \sigma=\tau_{\max}\end{cases}\tag{5-26}$$

BO 应力边界条件：

$$\Omega=\pi/2、\theta=\pi/4\tag{5-27}$$

建立 BOF 区 β 线方程

$$\sigma_{BGF}+2\tau_{\max}\cdot\theta_{BGF}=\sigma_{OB}+2\tau_{\max}\cdot\theta_{OB}\tag{5-28}$$

解得桩靴表面压力为

$$q_f=\tau_{\max}\cdot(1+\pi/2+2\delta)\tag{5-29}$$

按照图 5.8 所示受力图，可以求得桩靴极限承载能力为

$$Q=2\tau_{\max}R(1+\pi/2+2\delta+\cot\delta) \tag{5-30}$$

5.3 极限分析理论

极限分析理论是为了计算土体强度，而假定土体为理想刚塑性体，强度包线为直线且服从正交流动法则的标准库仑材料。当作用于土体上的荷载达到某一数值并保持不变时，土体会发生无限制的塑性流动，认为土体处于极限状态，所对应的荷载称为极限荷载。极限分析理论就是应用刚塑性体的普遍定理——上限定理（求极限荷载的上限解）和下限定理（求极限荷载的下限解）求解极限荷载的一种分析方法，称为极限分析法。

结构物地基稳定分析的基本提法，即在一个确定的荷载条件下寻找一个静力许可的应力场 σ_{ij}、相应的应变场 ε_{ij} 以及运动许可位移场 u_i，使它们满足下列条件。

(1)静力平衡

$$\sigma_{ij,j}+W_i=0 \tag{5-31}$$

相应的力学和几何边界条件是

$$\sigma_{ij}n_j=T_i \text{ 和 } u_i=u_s \tag{5-32}$$

式中，W_i 为体积力，T_i 为作用于表面 S 上的边界力，n_j 为 S 面法线的方向导数，u_s 为表面 S 上的位移。

(2)变形协调

$$\varepsilon_{ij}=\frac{u_{i,j}+u_{j,i}}{2} \tag{5-33}$$

(3)物理方程

$$\sigma_{ij}=C_{ijkl}\cdot\varepsilon_{kl} \tag{5-34}$$

(4)屈服条件 $f(\sigma_{ij})\leqslant 0$

屈服准则常采用 Mohr-Coulomb 准则

$$f(\tau-\sigma_n\tan\varphi-c)\leqslant 0 \tag{5-35}$$

式中，σ_n 和 τ 为剪切破坏面上的法向正应力和剪切应力，c 和 φ 为土体抗剪强度指标。

5.3.1 虚功率原理

由虚位移原理可知，一组静力平衡的力系在一组几何相容的虚位移上所做的虚功必须等于零。因此，对于在荷载下处于平衡状态的变形体，若给物体一个微小的虚位移，外部荷载所做的虚功必须等于土体内部应力所做的虚功。对于一个连续的小变形体，静力场在机动场上所做的外（虚）功等于内（虚）功。设面力 T_i、体力 W_i 和应力 σ_{ij} 为一组平衡的荷载和应力，u_i^* 和 ε_{ij}^* 为虚位移和相应的虚应变，则可以写出下列的虚功方程：

$$\int_A T_iu_i^*\,\mathrm{d}A+\int_v W_iu_i^*\,\mathrm{d}v=\int_v\sigma_{ij}\varepsilon_{ij}^*\,\mathrm{d}v \tag{5-36}$$

对于一个连续的小变形体，静力场在机动场所做的外功率等于内功率（内能耗散率），其

虚功率方程表述为

$$\int_A T_i \dot{u}_i^* \mathrm{d}A + \int_v W_i \dot{u}_i^* \mathrm{d}v = \int_v \sigma_{ij} \dot{\varepsilon}_{ij}^* \mathrm{d}v \tag{5-37}$$

式(5-37)是在连续的静力场和机动场条件下得到的。平衡力系 T_i、W_i 和 σ_{ij} 与运动许可的速率场 $\dot{u}_i^*$ 和 $\dot{\varepsilon}_{ij}^*$ 一般是相互独立的，所以该定理能够适用于不同的连续材料。

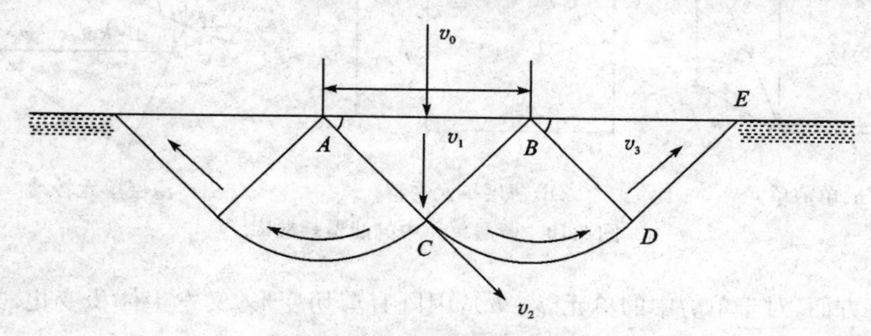

图 5.9　应力间断面和速率间断面

当上述的虚功率方程应用于极限平衡土体的实际分析中时，应考虑实际速率间断面上的能量耗散率和由于塑性畸变而引起的能量耗散率。物体中的间断面分为应力间断面和速率间断面(图 5.9)，其中 AB、BD 为应力间断面，BC、CD、DE 为速率间断面。这些间断面将连续体分割成有限部分，在每一部分的内部，应力和应变速率都是连续变化的。应力间断面的存在，不影响虚功率方程的形式。对速率间断面而言，当应变速率间断面一侧单元的位移速率为 $v_i^{(1)}$ 时，另一侧单元的位移速率却为 $v_i^{(2)}$，当它们在切线方向和法线方向的分量分别为 $v_{it}^{(1)}$、$v_{in}^{(1)}$ 和 $v_{it}^{(2)}$、$v_{in}^{(2)}$ 时，对于 Mohr-Coulomb 材料，其在塑性变形过程中的塑性体积应变不等于零($\varepsilon_v^p \neq 0$)，需满足下列关系：

$$\frac{v_n^{(2)} - v_n^{(1)}}{v_t^{(2)} - v_t^{(1)}} = \tan\varphi \tag{5-38}$$

通常，可将速率间断面视为一个薄层变形区，如图 5.10 所示，位移速度在其中发生急剧而连续变化，且耗散塑性功。其单位体积能量耗散率 D 可表示为

$$D = \tau \dot{\gamma}^p + \sigma_n \dot{\varepsilon}_n^p \tag{5-39}$$

根据相关联流动规则

$$\dot{\varepsilon}_n^p = -\dot{\gamma}^p \tan\varphi \tag{5-40}$$

有

$$D = (\tau - \sigma_n \tan\varphi)\dot{\gamma}^p \tag{5-41}$$

对于一个宽高分别为 l、h 的单元，其中总的能量耗散率为

$$\begin{aligned} \dot{W} &= Dlh = (\tau - \sigma_n \tan\varphi) lh \dot{\gamma}^p \\ &= (\tau - \sigma_n \tan\varphi) lv\cos\varphi = (\tau - \sigma_n \tan\varphi) lv_t \end{aligned} \tag{5-42}$$

式中，$v\cos\varphi$ 为速率改变在切线方向的分量。

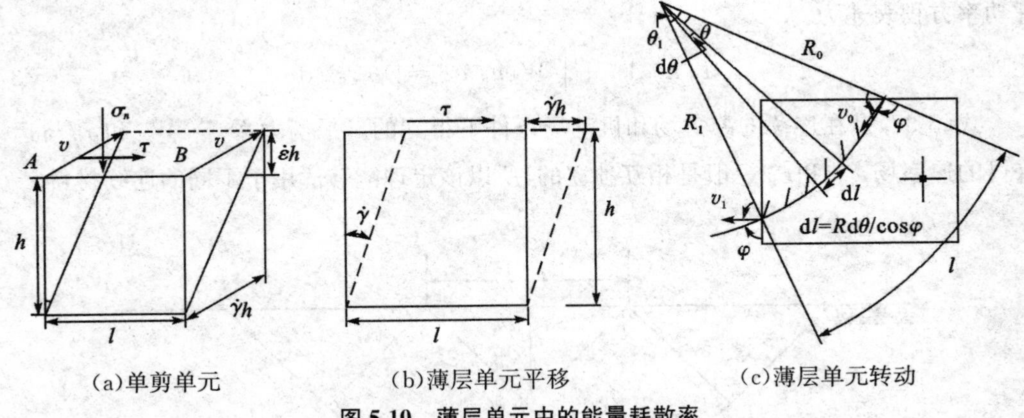

(a)单剪单元　　(b)薄层单元平移　　(c)薄层单元转动

图 5.10　薄层单元中的能量耗散率

另一方面，对于单剪中的单元($l\times h$)，因既有剪切变形，又发生体积变化，故单位体积的能量耗散率为

$$D=\tau\dot{\gamma}^p+\sigma_n\dot{\varepsilon}_n^p \tag{5-43}$$

根据相关联的流动规则

$$\dot{\varepsilon}_n^p=-\dot{\gamma}^p\tan\varphi \tag{5-44}$$

且塑性变形体的 $\tau=\tau_f$，所以

$$D=(c+\sigma_n\tan\varphi)\dot{\gamma}^p-\sigma_n\dot{\gamma}^p\tan\varphi=c\dot{\gamma}^p \tag{5-45}$$

单元内总的能量耗散率为

$$\dot{W}=Dlh=c\dot{\gamma}^p lh=clv\cos\varphi \tag{5-46}$$

式中，$v\cos\varphi$ 为位移速度 v 在 AB 方向的分量。

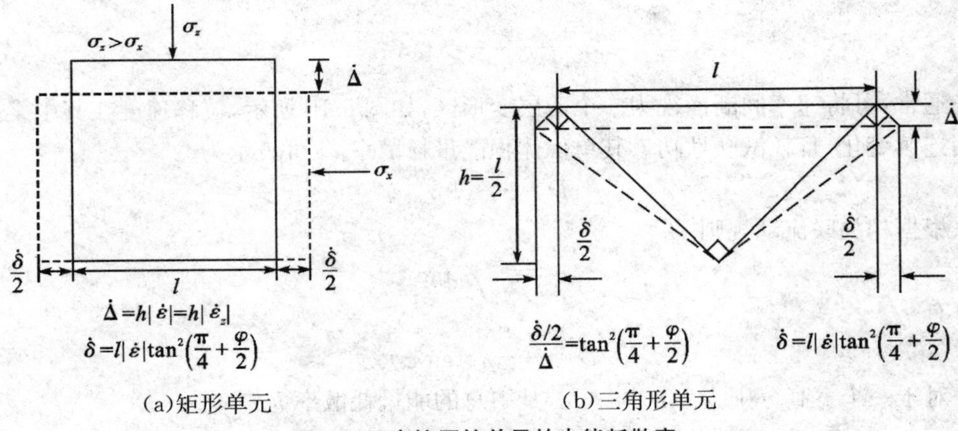

(a)矩形单元　　(b)三角形单元

图 5.11　直接压缩单元的内能耗散率

对于直接压缩的单元，如图 5.11(a)所示矩形单元和 5.11(b)所示三角形单元，它们既有竖向压缩 ε_z，又有侧向膨胀 ε_x。设材料在应力 σ_x、σ_z 下屈服，且 $\sigma_x<\sigma_z$，则由 Mohr-Coulomb 屈服准则和相关联流动法则，得

$$\frac{\dot{\varepsilon}_z^p}{\dot{\varepsilon}_x^p}=-\frac{1-\sin\varphi}{1+\sin\varphi} \tag{5-47}$$

因单位体积的能量耗散率应为

$$D=\sigma_z\dot{\varepsilon}_z^p+\sigma_x\dot{\varepsilon}_x^p=\dot{\varepsilon}_z^p\left(\sigma_z-\sigma_x\frac{1+\sin\varphi}{1-\sin\varphi}\right) \tag{5-48}$$

引入 Mohr-Coulomb 屈服条件

$$\sigma_z(1-\sin\varphi)-\sigma_x(1+\sin\varphi)-2c\cos\varphi=0 \tag{5-49}$$

可得

$$D=\frac{2c\cos\varphi}{1-\sin\varphi}\dot{\varepsilon}_z^p=2c\dot{\varepsilon}_z^p\tan\left(\frac{\pi}{4}+\frac{\varphi}{2}\right) \tag{5-50}$$

矩形单元的总能量耗散率为

$$\dot{W}=2clh\tan\left(\frac{\pi}{4}+\frac{\varphi}{2}\right)|\dot{\varepsilon}^p| \tag{5-51}$$

三角形单元的总能量消散率为

$$\dot{W}=\frac{1}{2}\times 2clh\tan\left(\frac{\pi}{4}+\frac{\varphi}{2}\right)|\dot{\varepsilon}^p| \tag{5-52}$$

而对于变形楔体(底面为对数螺旋曲面,顶角为 θ)如图 5.12 所示,可将其分为 n 个顶角为 $\Delta\theta=\theta/n$ 的刚性三角形,其速率分别为 $v_0,v_1,\cdots,v_n$。可推得当角度为 θ 时的速度 v 为

$$v=v_0\exp(\theta\tan\varphi) \tag{5-53}$$

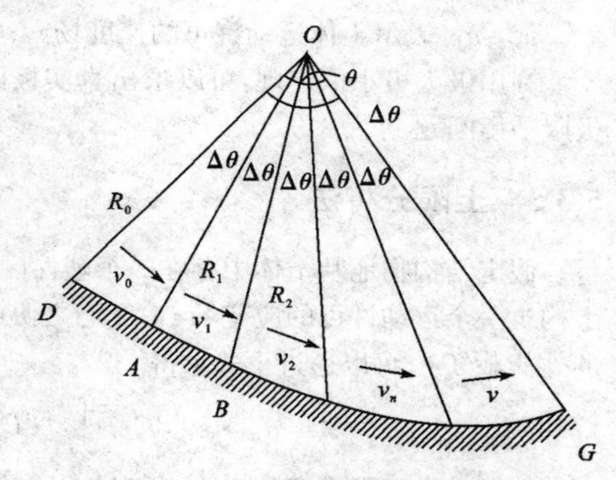

图 5.12　变形楔体的内能耗散率

变形楔体 ODG 变形区的能量耗散率等于对数螺旋面 DG 上的能量耗散率

$$\begin{aligned}W&=c\int Rv\mathrm{d}\theta=c\int_0^\theta[R_0\exp(\theta\tan\varphi)\cdot v_0\exp(\theta\tan\varphi)]\mathrm{d}\theta\\&=\frac{1}{2}cv_0R_0\cot[\exp(2\theta\tan\varphi)-1]\end{aligned} \tag{5-54}$$

5.3.2　极值定理

在某一应力场作用下,土体内部每点都处于塑性或刚性平衡状态,即满足平衡方程和应力边界条件,则称这种应力场为静力许可应力场。相应于静力许可应力场求得的荷载称为可静荷载。任意满足土体屈服时的体积变形条件和速度边界条件的速度场,称为运动许可速度场,与之相应的速度场满足塑性平衡方程和应力边值条件,求得的极限荷载称为可动荷载。

土体极限平衡状态表示土体由静平衡到动平衡的过渡状态,因此,极限平衡状态下的应力场必须是静力许可应力场,相应的速度场必须是运动许可速度场。在可静荷载作

用下，土体一定处于平衡状态；在可动荷载作用下，土体一定处于变形流动状态。由此可以得出结论：可静荷载不会大于真正的极限荷载，可动荷载不会小于真正的极限荷载，或者说真正的极限荷载一定是最大的静力许可荷载或最小的运动许可荷载。在数学上，极大极小定理可以表述为

$$\int_l (q_x v_x + q_y v_y)\,\mathrm{d}l + \int_A (X \cdot v_x + Y \cdot v_y)\,\mathrm{d}A \geqslant \int_l (q'_x v_x + q'_y v_y)\,\mathrm{d}l + \int_A (X' \cdot v_x + Y' \cdot v_y)\,\mathrm{d}A \tag{5-55}$$

$$\int_l (q_x v_x^* + q_y v_y^*)\,\mathrm{d}l + \int_A (X \cdot v_x^* + Y \cdot v_y^*)\,\mathrm{d}A \leqslant \int_l (q_x^* v_x^* + q_y^* v_y^*)\,\mathrm{d}l + \int_A (X^* \cdot v_x^* + Y^* \cdot v_y^*)\,\mathrm{d}A \tag{5-56}$$

式中，q_x、q_y、X、Y 表示土体表面真实的荷载和体积力；

q'_x、q'_y、X'、Y' 表示静力许可条件下表面荷载和体积力；

q_x^*、q_y^*、X^*、Y^* 表示运动许可条件下表面荷载和体积力；

v_x、v_y 表示土体真实的速度场；

v_x^*、v_y^* 表示土体运动许可的速度场。

利用极大极小值定理，可以求出真实极限荷载的上下限，从而近似地求解地基土体极限平衡问题。

5.3.3 上限分析法

假定结构物地基土体中存在一个塑性区 Ω^*，其边界为 Γ^*，分别在塑性区内和边界上构筑一个运动许可的应变场 $\dot{\varepsilon}_{ij}^*$ 和与之协调的速度场 V^*，则相应于这一塑性变形模式的外荷载 T^*，可以通过下式求得

$$\int_{\Omega^*} \sigma_{ij}^* \cdot \dot{\varepsilon}_{ij}^*\,\mathrm{d}\Omega + \int_{\Gamma^*} \mathrm{d}D_s^* = W \cdot V^* + T^* \cdot V^* \tag{5-57}$$

塑性力学上限定理认为，在所有的可能的破坏模式中，与真实的 Ω 和 Γ 相应的 T 一定不大于 T^*，如图 5.13 所示。

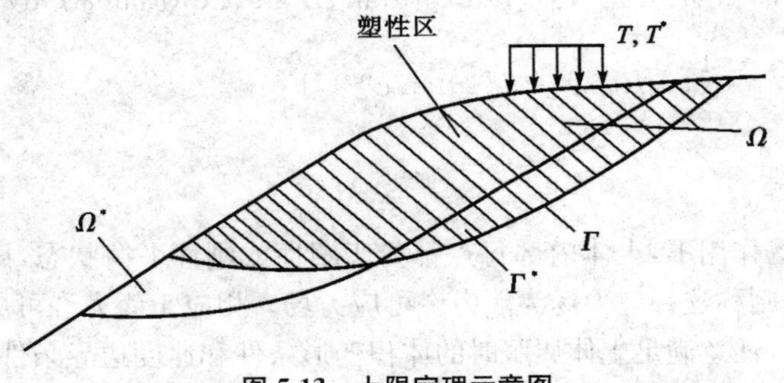

图 5.13 上限定理示意图

采用上限定理，求解运动许可极限荷载上限值的方法如下：

①构造一个任意的运动许可速度场，使其与位移边界上的约束条件相协调，且满足变形连续方程。

②为了使构造的速度场满足运动许可条件，即确保属于不稳定的速度场，必须使土体上荷载所做的外功不小于土体产生畸变时耗散的能量，同时列出相应的虚功率方程。

③满足上述条件的运动许可速率场能够确保土体发生塑性破坏，能够使土体内部能量耗散正好等于边界上外部荷载所做的功，该荷载既是满足运动许可的极限荷载上限值。

针对不排水饱和软黏土地基，按照上述步骤求解极限承载力上限解。

首先，针对均匀地基上宽度为 B 的条形基础，构造一个运动许可的速度场，如图 5.14 所示，速度场包括三个子区域：

Ⅰ区：基础底部刚性滑移区 ABC，土体发生刚体滑移。

Ⅱ区：对数螺旋区 ACD，土体发生塑性剪切变形。

Ⅲ区：ADE 区土体发生刚体滑移。

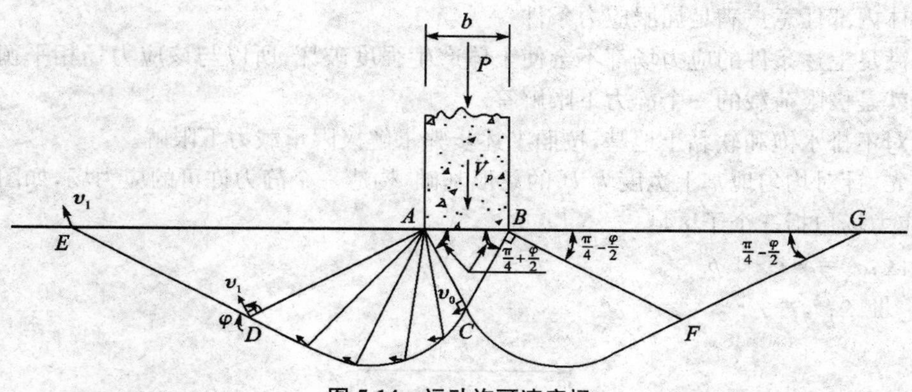

图 5.14　运动许可速度场

为使这一速度场满足运动许可条件，边界上极限荷载所做的功需要不小于土体内部耗散能。

速度间断面上内能耗散率为

$$W_1=\left[\tan\left(\frac{\pi}{4}+\frac{\varphi}{2}\right)\cos(\varphi)\csc\left(\frac{\pi}{2}-\varphi\right)+\frac{1}{2}\tan\left(\frac{\pi}{4}+\frac{\varphi}{2}\right)\csc\left(\frac{\pi}{2}-\varphi\right)c\tan\varphi(\exp(\tan\varphi\cdot\pi)-1)\right.$$
$$\left.+\tan\left(\frac{\pi}{4}+\frac{\varphi}{2}\right)\cdot\exp(\tan\varphi\cdot\pi)\right]\cdot b\cdot c\cdot V_p \tag{5-58}$$

塑性约束变形区土体产生畸变时，畸变能为

$$W_2=\frac{1}{2}\tan\left(\frac{\pi}{4}+\frac{\varphi}{2}\right)\csc\varphi\cdot[\exp(\tan\varphi\cdot\pi)-1]\cdot b\cdot c\cdot V_p \tag{5-59}$$

按照上限定理，可得基础承载力上限值

$$P_{\max}=b\cdot c\cdot c\tan\varphi\left[\exp(\tan\varphi\cdot\pi)\tan^2\left(\frac{\pi}{4}+\frac{\varphi}{2}\right)-1\right] \tag{5-60}$$

对于 $\varphi=0$ 情况，等价于 Prandtl 解答

$$P_{\max}=(\pi+2)c \tag{5-61}$$

5.3.4 下限分析法

假定在土体中某一应力场满足静力平衡方程,同时保证在任一点屈服条件都得以满足,这样的应力场成为静力许可应力场。塑性力学下限定理认为,满足静力许可应力场及相对应的应力边界条件的边界荷载 T^* 一定比使土体破坏的临界荷载 T_{cr} 小。把这一静力许可应力场所对应的边界荷载 T^* 作为设计荷载,显然是偏于保守的;所以,在设计过程中应该在所有静力许可的应力场中挑选一个,使得相应的边界荷载达到最大。

根据下限定理,求解极限荷载静力许可下限解的方法如下:

①构造一个任意的应力场,需要同土体的体力、边界上的面力相平衡,满足静力平衡方程。

②为了使构造的应力场满足应力状态表示的强度准则,即保持土体静力稳定,需要确保土体内部任意点满足屈服应力条件。

③满足上述条件的应力场都不会使土体产生强度破坏,所以与该应力场相平衡的最大荷载就是极限荷载的一个静力下限解答。

针对不排水饱和软黏土地基,按照上述步骤求解极限承载力下限解。

首先,针对均匀地基上宽度为 B 的条形基础,构造一个静力许可的应力场,如图 5.15 所示,应力场包括三个子区域:

Ⅰ区:$\sigma_z = \gamma \cdot z + p$

Ⅱ、Ⅲ区:$\sigma_z = \gamma \cdot z$

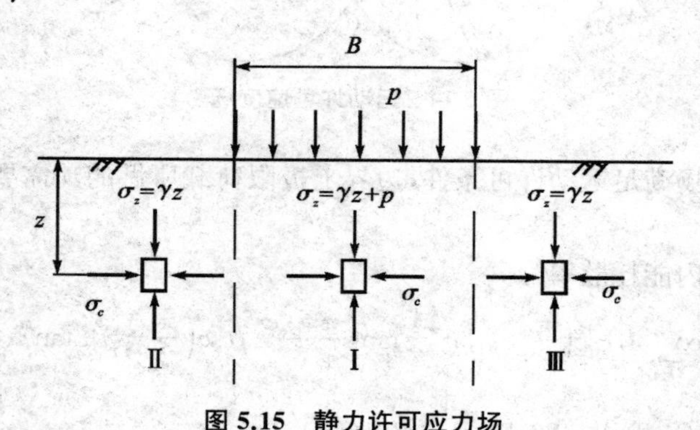

图 5.15 静力许可应力场

为了使上述应力场成为稳定的静力许可应力场,必须确保处处满足屈服应力条件。由于地面上无水平剪切力,故各区的水平应力分量 σ_c 恒定,这个静力许可应力场只需满足垂直方向上稳定即可,应该满足的屈服条件为

对Ⅰ区而言

$$\frac{1}{2}(\gamma \cdot z + p - \sigma_c) - c - \frac{1}{2}(\gamma \cdot z + p + \sigma_c)\tan\varphi \leqslant 0 \tag{5-62}$$

对于 $\varphi = 0$ 情况

$$\frac{1}{2}(\gamma \cdot z + p - \sigma_c) - c \leqslant 0 \tag{5-63}$$

即存在

$$p+\gamma \cdot z=\sigma_c+2c \tag{5-64}$$

对Ⅱ、Ⅲ区而言

$$\frac{1}{2}(\sigma_c-\gamma \cdot z)\leqslant c \tag{5-65}$$

所以,与最大静力许可应力场对应的表面极限荷载 $p_{\max}$ 为

$$p_{\max}+\gamma \cdot z=2c+\gamma \cdot z+2c \tag{5-66}$$

即

$$p_{\max}=4c \tag{5-67}$$

5.4 极限平衡方法

5.4.1 极限平衡方程

根据极限平衡理论建立极限平衡的静力方程和极限平衡的运动方程,并对它们在相应边界条件下进行求解,最后得到土体相应的极限荷载。对地基问题就是地基的极限承载力;对边坡问题就是在一定坡形下的极限荷载(坡顶上作用);对挡土墙问题就是挡墙的极限土压力(主动土压力或被动土压力)。从而,使极限平衡理论与工程实际问题得到了紧密的联系。

极限平衡的静力方程应包括平衡方程和屈服条件(强度准则),即

$$\frac{\partial \sigma_x}{\partial x}+\frac{\partial \tau_{xz}}{\partial z}-X=0 \tag{5-68}$$

$$\frac{\partial \tau_{xz}}{\partial x}+\frac{\partial \sigma_z}{\partial z}-Z=0 \tag{5-69}$$

及

$$f=\sin\varphi-\frac{\sigma_1-\sigma_3}{\sigma_1+\sigma_3+2c\cot\varphi}=0 \tag{5-70}$$

或

$$f=\tau_m-\sigma_e\sin\varphi=0 \tag{5-71}$$

式中,

$$\tau_m=\sqrt{\frac{1}{4}(\sigma_x-\sigma_z)^2+\tau_{xz}^2} \tag{5-72}$$

$$\sigma_e=\frac{1}{2}(\sigma_x+\sigma_z)+c\cdot\cot\varphi \tag{5-73}$$

极限平衡的运动方程应包括几何方程和流动法则(其中含有屈服条件 f),即

$$\dot{\varepsilon}_x=-\frac{\partial v_x}{\partial x} \tag{5-74}$$

$$\dot{\varepsilon}_z = -\frac{\partial v_z}{\partial z} \tag{5-75}$$

$$\dot{\varepsilon}_{xz} = -\left(\frac{\partial v_x}{\partial z} + \frac{\partial v_z}{\partial x}\right) \tag{5-76}$$

以上在几何方程中用了应变速率。这是因为将土视为刚塑性体或弹塑性体时，它在极限平衡条件的屈服应力(应力保持不变)下土将产生无限的塑性变形，在应变与应力之间没有相互关系。在流动法则(相关联)中用了总应变率，这是因为在极限平衡状态开始的瞬间，变形仍为小变形，此后的应力场不再发生变化，其应变率的弹性部分等于零，只有塑性部分不断增加，而总应变率等于塑性应变率。而且，由于采用了 Coulomb 准则，即

$$f = \tau - c - \sigma \tan\varphi = 0 \tag{5-77}$$

故流动法则可写为

$$\frac{\dot{\gamma}}{\dot{\varepsilon}} = \frac{\partial f/\partial \tau}{\partial f/\partial \sigma} = -\frac{1}{\tan\varphi} \tag{5-78}$$

它表明将屈服应力坐标系与相应的应变速率坐标系重合在一起时，应变速率矢量等于屈服线斜率的负倒数，即应变速率矢量正交于屈服面，如图 5.16 所示。

这样，极限平衡静力方程决定了应力场的最大值，极限平衡运动方程决定了速率场的最小值，它们联立求解的结果就是“将动未动”的极限平衡状态下的极限荷载所引起的极限应力状态。由以后的分析可知，静力方程的三个独立方程中包括了 σ_x、σ_z、τ_{xz} 三个未知量，对它的求解可以得到极限平衡应力场的特征线；运动方程的六个方程可以代入得到三个独立的方程，它们包含了 v_x、v_z 及 $\dot{\gamma}_m$ 三个未知量，对其求解可得到极限平衡速度场的特征线。

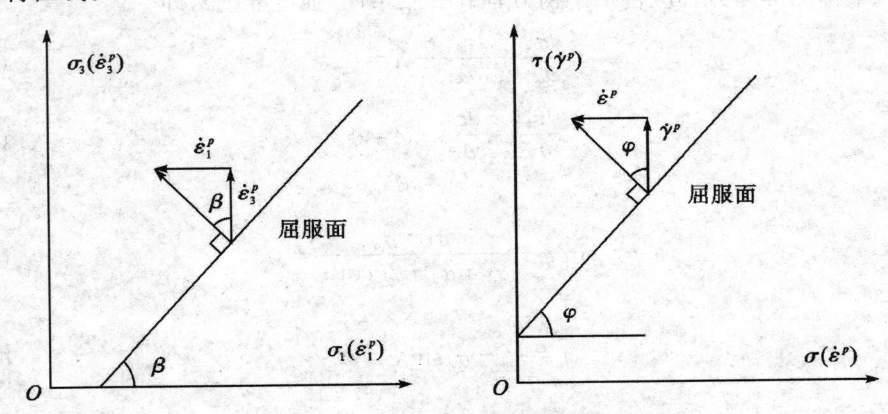

图 5.16　应变速率矢量与屈服面的关系

应力场特征线与速度场特征线是相互重合的，特征线上任一点的主应力可由应力场计算，任一点的速度可由速度场求得。在应力场与速度场之间由屈服条件与几何方程所确定的极限平衡能量耗散条件相联系，即

$$\sigma_x\dot{\varepsilon}_x + \sigma_z\dot{\varepsilon}_z + \tau_{xz}\dot{\gamma}_{xz} = c\cos\varphi\,\dot{\gamma}_m \tag{5-79}$$

从而实现了各类方程的联立求解。但是，要在复杂条件下得到同时满足上述应力场

与速度场的解是很困难的，因此，一般只求应力场的最大值（下限解或可静解）和速度场的最小值（上限解或可动解）。如二者相等，即为精确解。当二者由于假定的可静应力场和可动速度场与实际相差较远而使下限、上限解相差较大时（但极限荷载必须介于二者之间），如能根据一般变分原则在求近似解时同时考虑可静解与可动解的贡献，则求得的极限荷载将大于可静解而小于可动解，使之更加接近真正的极限荷载。

5.4.2　极限平衡应用

在1921年Prandtl提出土体破坏模式基础上，1943年Terzaghi给出条形基础地基土体失稳破坏模式，如图5.17所示。

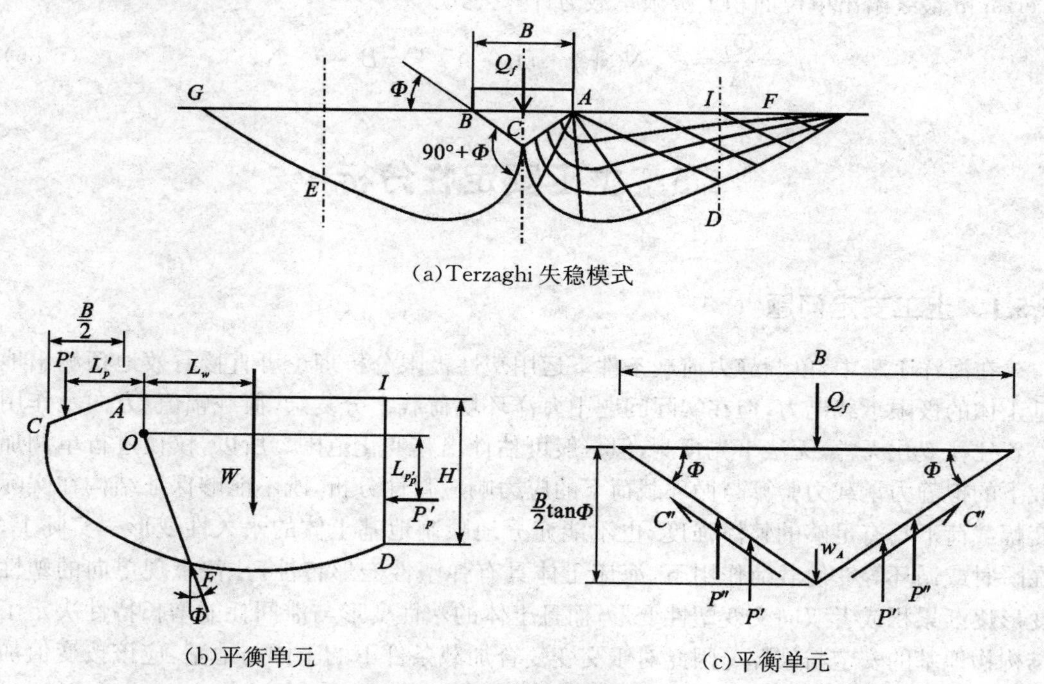

(a)Terzaghi失稳模式

(b)平衡单元　　(c)平衡单元

图5.17　Terzaghi极限平衡推导

为了求得基础上的极限荷载Q_f，取平衡单元体$ACDI$为受力体，如图5.17(b)所示。沿着剪切滑移线CD上的剪应力必然等于土体抗剪强度。

①当抗剪强度分量$\sigma\tan\varphi$作用在滑移面上时，刚性区ADI的应力状态处于朗肯被动土压力状态，则作用在DI上的被动土压力为

$$P'_p=\frac{1}{2}H^2\gamma\cdot\tan^2\left(45^\circ+\frac{\varphi}{2}\right) \tag{5-80}$$

通过对平衡单元体列力偶平衡方程，可得

$$P'=\frac{1}{L_{P'}}(P'_P L_{P'_P}+WL_W) \tag{5-81}$$

式中，W为单元体自重，$L_{P'}$、$L_{P'_P}$、L_W分别为平衡单元上对应不同力的力臂。

②当考虑分量c对平衡单元作用时，可得到作用在DI中点上的力

$$P''_p = 2cH \cdot \tan\left(45° + \frac{\varphi}{2}\right) \tag{5-82}$$

通过列力偶平衡方程，同样可得

$$P'' = \frac{1}{L_{P''}}(P''_P L_{P''_P} + M_c - C'' L_{C''}) \tag{5-83}$$

③再以图 5.17(c)为研究对象，列极限平衡方程

可得

$$Q_f = 2(P' + P'') + 2C'' \cdot \sin\varphi - \gamma\frac{B^2}{4}\tan\varphi \tag{5-84}$$

Terzaghi 最终给出单位面积上极限承载力计算公式：

$$q_f = \frac{Q_f}{A} = c \cdot N_c + \gamma \cdot D_f \cdot N_q + \frac{1}{2}B \cdot \gamma \cdot N_\gamma \tag{5-85}$$

5.5 土工安定性分析

5.5.1 土工安定问题

在海洋工程中，单调静力荷载条件下运用塑性极限分析理论可直接有效地预测出地基土体的极限承载能力，但在实际问题中海洋环境荷载十分复杂，荷载幅值、方向及作用位置往往变化无常，无法事先预测，但一般可估计出其变化范围。所以，仅仅进行单调加载下的拟静力承载力验算与循环载荷下的应力响应弹性分析，既不能够保证结构在实际变幅载荷下具有足够的整体强度，也不能充分地限制地基土体的永久性变形。实际上，在瞬时或循环等变值载荷作用下，海床土体具有弹塑性变形特性，往往呈现单向的塑性变形逐渐累积或者双向交变塑性变形，而且土体的塑性变形与滞回耗能增长特性决定了结构物地基的安定与破坏。因此对于交变复合加载条件下的土体与地基，应该按变值加载模式进行安定性分析。

实际工程中，地基土体在交变循环荷载作用下达不到安定状态时，地基土体将呈现累积破坏(渐进塑性流动)和交变塑性破坏(交变塑性流动)形式，土体破坏形式如图 5.18 所示。

对于 $t > nT$，当弹塑性地基的响应已经变成周期循环时，地基响应可以方便地划分成两类。

第一类，假定

$$\sigma_j(s,t) = \sigma_j(s,t+T) \tag{5-86}$$

但是地基土体中所有点的塑性应变率对一切 $t > nT$ 都不为零。可以依据其对一个荷载循环的响应，比如 $nT < t < (n+1)T$，研究地基土体的响应。在循环开始时，残余应力场是 $\rho_j(s,t+T)$，加载期间地基的响应由这个残余应力场唯一地确定。

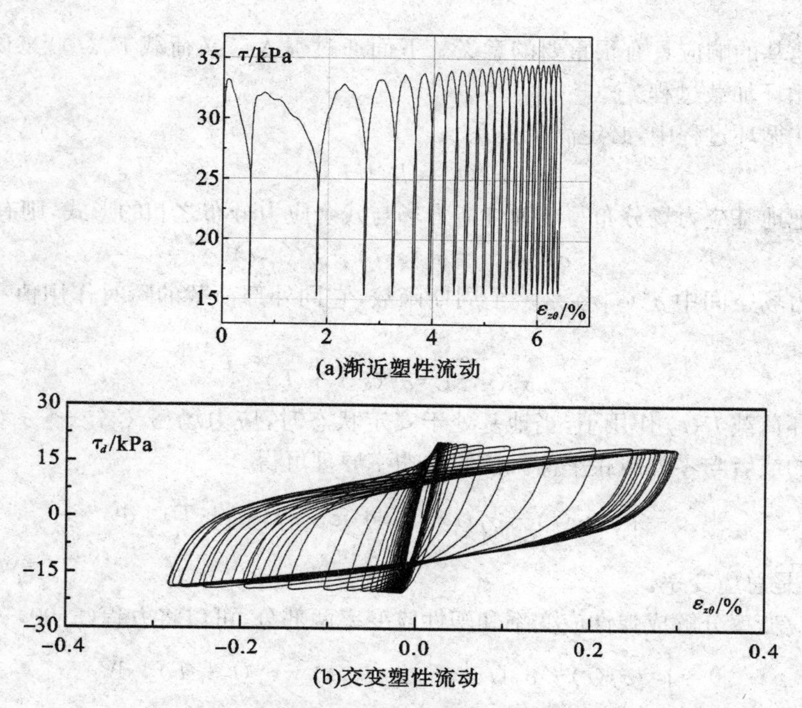

图 5.18　地基土体在循环荷载作用下的破坏形式

第二类，是在地基土体达到某个循环状态后，塑性应变率恒为零。例如，当 $t>nT$ 后，$\dot{\varepsilon}_j^p(s,t)=0$。在这种情况下，$t>nT$ 时是弹性状态。残余应力场 $\rho_j(s,t)$ 由最初几次循环中产生的塑性应变 $\varepsilon_j^p(s,t)$ 唯一决定。

对于地基的安定性，我们可以在某个荷载循环 $\Gamma_\alpha(t)$ 下，通过研究荷载空间中屈服面的特性来理解，如图 5.19 所示。这个循环处于极限荷载曲面 $\Psi(\Gamma_\alpha)$ 之内。假设地基中的某些初始应力分布，则能够画出荷载空间中的初始屈服面 $\Psi(t=0)$。当地基土体所承受的荷载超过起始屈服面时，屈服面将移动，形成后继屈服面，后继屈服面将随时间而变化。地基的安定状态最终能否发生，完全取决于能否在地基中建立一个包含荷载循环 $\Gamma_\alpha(t)$ 的后继屈服面。如果安定状态达到了，则其后的状态将是弹性的。反之，则当每次循环经过时，屈服面将不断运动，并且不断有塑性变形发生。

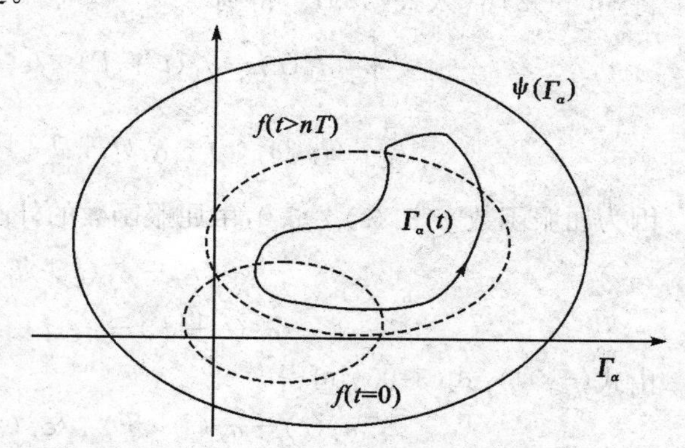

图 5.19　安定状态出现时屈服面特性

5.5.2 循环加载模式

实际工程中，建筑物的基础一般会受到往复加载的作用。因此，研究承受循环荷载的弹塑性地基的响应具有很重要的意义。下面通过引入广义荷载 $\Gamma_\alpha(t)$，来研究周期为 T 的一个循环加载过程。

荷载在循环过程中，必定满足关系

$$\Gamma_\alpha(t)=\Gamma(t+T) \tag{5-87}$$

如果把地基应力场分布写成弹性应力场与残余应力分布之和的形式，则有

$$\sigma_j(s,t)=\sigma_j^e(s,t)+\rho_j(s,t) \tag{5-88}$$

在弹性应力场空间中 $\sigma_j^e(s,t)$ 是一个周期函数，它同外部荷载的瞬时作用值有关。满足关系

$$\sigma_j^e(s,t)=\sigma_j^e(s,t+T) \tag{5-89}$$

在循环荷载 $\Gamma(t)$ 作用下，当地基处于安定状态时，应力场 $\{\sigma_j(s,t)-\sigma_j(s,t+T)\}$ 是自平衡的或者与零外载相平衡。按照虚功率原理可得

$$0=\int_V\{\sigma_j(t)-\sigma_j(t+T)\}\{\dot{\varepsilon}_j-\dot{\varepsilon}_j(t+T)\}\,\mathrm{d}V \tag{5-90}$$

这里 $\dot{\varepsilon}_j(t)$ 是总应变率。

将总应变率分解成弹性应变率和塑性应变率两部分，可以将方程(5-90)写成

$$\begin{aligned}0=&\int_V\{\sigma_j(t)-\sigma_j(t+T)\}\{\dot{\varepsilon}_j^e(t)-\dot{\varepsilon}_j^e(t+T)\}\,\mathrm{d}V\\&+\int_V\{\sigma_j(t)-\sigma_j(t+T)\}\{\dot{\varepsilon}_j^p(t)-\dot{\varepsilon}_j^p(t+T)\}\,\mathrm{d}V\end{aligned} \tag{5-91}$$

根据虎克定律，应力与弹性应变分量之间的关系可以写为

$$\dot{\varepsilon}_j^e=C_{jk}\dot{\sigma}_k \tag{5-92}$$

将式(5-92)代入式(5-91)，得到

$$\begin{aligned}&\int_V\{\sigma_j(t)-\sigma_j(t+T)\}\{\dot{\varepsilon}_j^e(t)-\dot{\varepsilon}_j^e(t+T)\}\,\mathrm{d}V\\&=\frac{\mathrm{d}}{\mathrm{d}t}\int_V C_{jk}\{\sigma_j(t)-\sigma_j(t+T)\}\{\sigma_k(t)-\sigma_k(t+T)\}\,\mathrm{d}V\end{aligned} \tag{5-93}$$

因为屈服函数 $f\{\sigma_j(t)\}\leqslant 0$，由屈服函数的外凸性与流动势函数的正交性，可得

$$\{\sigma_j(t)-\sigma_j(t+T)\}\dot{\varepsilon}_j^p(t)\geqslant 0 \tag{5-94}$$

$$\{\sigma_j(t+T)-\sigma_j(t)\}\dot{\varepsilon}_j^p(t+T)\geqslant 0 \tag{5-95}$$

由式(5-94)、式(5-95)可得

$$\{\sigma_j(t)-\sigma_j(t+T)\}\{\dot{\varepsilon}_j^p(t)-\dot{\varepsilon}_j^p(t+T)\}\geqslant 0 \tag{5-96}$$

将式(5-93)、式(5-96)、式(5-91)联立，最终得到

$$\begin{aligned}\frac{\mathrm{d}A}{\mathrm{d}t}\{\sigma_j(t),\sigma_j(t+T)\}&=\frac{\mathrm{d}}{\mathrm{d}t}\int_V C_{jk}\{\sigma_j(t)-\sigma_j(t+T)\}\{\sigma_k(t)-\sigma_k(t+T)\}\,\mathrm{d}V\\&=-\int_V\{\sigma_j(t)-\sigma_j(t+T)\}\{\dot{\varepsilon}_j^p(t)-\dot{\varepsilon}_j^p(t+T)\}\,\mathrm{d}V\leqslant 0\end{aligned} \tag{5-97}$$

式(5-97)表示，应力场 A 的变化率始终不为正。可以作为衡量应力场 $\sigma_j(s,t)$ 和 $\sigma_j(s,t+T)$ 的区别。方程(5-97)给出

$$\frac{\mathrm{d}A}{\mathrm{d}t} \leqslant 0 \tag{5-98}$$

即应力场之间的差别只能随时间而减小。式(5-97)和式(5-98)表明,理想弹塑性地基的响应是唯一的,同时也说明应力场是随时间收敛的。

$$\sigma_j(t)-\sigma_j(t+T)=\{\sigma_j^e(t)-\sigma_j^e(t+T)\}+\{\rho_j(t)-\rho_j(t+T)\}=\rho_j(t)-\rho_j(t+T) \tag{5-99}$$

$$A\{\sigma_j(t),\sigma_j(t+T)\}=A\{\rho_j(t),\rho_j(t+T)\} \tag{5-100}$$

从方程(5-88)和(5-89)以及式(5-99)、式(5-100)得出,当理想弹塑性地基在循环荷载作用下,可以预料 A^e 值一般会减小,这时

$$\{\sigma_j(t)-\sigma_j(t+T)\}\{\dot{\varepsilon}_j^p(t)-\dot{\varepsilon}_j^p(t+T)\}\neq 0 \tag{5-101}$$

式(5-101)在地基中任何点均成立。因为 A 不可能变为负值,从而不能在每一个荷载循环中不断减小,所以可以预料到某个时刻(比如 n 次循环后),对于 $t>nT$ 时刻,有

$$\{\sigma_j(s,t)-\sigma_j(s,t+T)\}\{\dot{\varepsilon}_j^p(s,t)-\dot{\varepsilon}_j^p(s,t+T)\}=0 \tag{5-102}$$

对 $t>nT$,$\dot{A}=0$ 而 A 变为常数。在 $\dot{A}=0$ 的各种情形中,有意义的是其中两种情形。首先,方程(5-102)可以被满足,因为

$$\sigma_j(s,t)=\sigma_j(s,t+T),(t>nT) \tag{5-103}$$

在地基内各点处处成立。此时应力场是周期性的。另一种情形是,方程(5-102)也可以被满足,因为

$$\dot{\varepsilon}_j^p(t)-\dot{\varepsilon}_j^p(t+T)=0,(t>nT) \tag{5-104}$$

这一条件表示地基在 $t>nT$ 时,表现为弹性及 $\varepsilon_j^p(s,t)$ 是常数。因为 $\rho_j(s,t)$ 是由 $\varepsilon_j^p(t)$ 唯一决定,在这些条件下,应力场也将是周期性的。对于 $t>nT$,假如 $\varepsilon_j^p(s,t)$ 为常数,则残余应力场 $\rho_j(s,t)$ 也是常数,而且式(5-88)是周期性的。

上面讨论的两种情况是在 $t>nT$ 时 $A=0$ 的充分条件。对于 A 最终变成零的必要条件能否给出,目前还不清楚。特别是当屈服面包含平面区域,而向量 $\{\sigma_j(t)-\sigma_j(t+T)\}$ 和 $\{\dot{\varepsilon}_j^p(t)-\dot{\varepsilon}_j^p(t+T)\}$ 可能正交的情况下,A 达到一个稳定的非零值仍然有可能。

由上所述,在经过足够多次的循环后,承受循环荷载的地基中的应力场可以期望具有 $A=0$ 的周期性响应。

5.5.3　静力型安定定理(Melan 定理)

静力安定定理,通常称为 Melan 定理,表述为:如果能够找到任何一组不随时间变化的自平衡的残余应力场 ρ_{ij},对于荷载在给定极限范围内的任何变化,将残余应力场与在假设结构是完全弹性体条件下产生的应力场 σ_{ij}^e 相叠加,处处不违背屈服条件,则结构物将处于安定状态。

$$f(\sigma_{ij}^e+\rho_{ij})\leqslant 0 \tag{5-105}$$

如果对于任何的初始残余应力场分布,结构物处于安定状态,则经历足够多的循环次数之后,安定的残余应力场仍然不随时间变化。

Melan 定理的逆定理表述如下：如果找不到一组与时间无关的残余应力场 ρ_{ij}，使得式(5-105)成立，则地基将不安定。

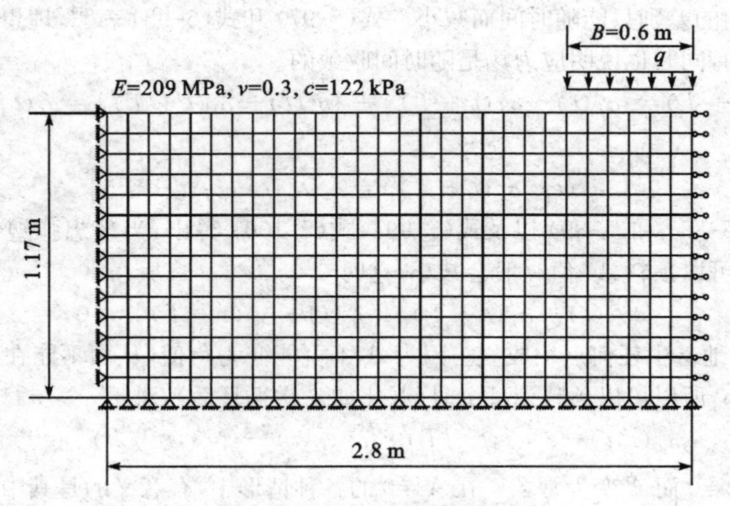

图 5.20　条形基础数值网格

对图 5.20 所示的不排水黏土地基，利用弹塑性分析法求解这个平面应变问题的条形基础安定荷载。地基土体左边界与底边界为固定端，右侧边界取对称结构。有限元网格的边界长度和宽度分别是 2.8 m 和 1.17 m。有限单元采用四节点等参元，节点数为 435 个，单元数为 392 个，土体的内聚力取为 12 kPa，屈服条件采用 Mohr-Coulomb 屈服准则及相关联流动法则。不计地基土体自重，假定均布荷载 P 在如下范围变化：

交变荷载路径Ⅰ：$0<P<P_u$

交变荷载路径Ⅱ：$-P_u<P<P_u$

式中，$P_u=(\pi+2)\cdot c$，为饱和软黏土地基上条形基础极限承载力 Prandtl 解答。

针对第一种加载路径，求得二维条形基础竖向安定荷载为 $P=4.78c$，比静力加载下的极限承载力降低 7%；针对第二种加载路径，得到的安定荷载为 $P=2.71c$，比极限荷载降低 47%。

5.5.4　机动性安定定理(Koiter 安定定理)

机动性安定定理通常也称为 Koiter 安定定理，由机动许可塑性应变率循环 $\dot{\varepsilon}_j^p$ $(0<t<T)$ 构成。机动许可塑性应变率循环由经过一个荷载循环确定的塑性应变增量来表示，进一步由如下要求所限制

$$\Delta\varepsilon_j^P=\int_0^T \dot{\varepsilon}_j^p(s,t)\,\mathrm{d}t \tag{5-106}$$

从而构成一个相关的机动许可应变分布。与这一机动许可塑性应变率循环相关联的塑性功中的能量耗散为

$$W_{int}^{*}=\int_0^T \mathrm{d}t\int_V \sigma_j^{*}(s,t)\dot{\varepsilon}_j^p(s,t)\,\mathrm{d}V=\int_0^T \mathrm{d}t\int_V D(\dot{\varepsilon}_j^p)\,\mathrm{d}V \tag{5-107}$$

式中，$\sigma_j^*(s,t)$ 为本构关系中整个塑性区域与 $\dot{\varepsilon}_j^p(s,t)$ 相关联的应力场。在所有的给定循环加载条件下，对于所有机动许可塑性应变率循环 $\dot{\varepsilon}_j^p(s,t)$，都有外力功与内能耗散满足

$$W_{ext}^* \leqslant W_{int}^* \tag{5-108}$$

则结构物处于动力安定状态。

一垂直均质直立边坡，假定土体天然容重为 19 kN/m³，饱和容重 20.4 kN/m³，内摩擦角 30°，土体粘聚力 15 kPa，弹性模量 20 MPa，泊松比 0.3，水位线在坡顶与坡底之间变化。

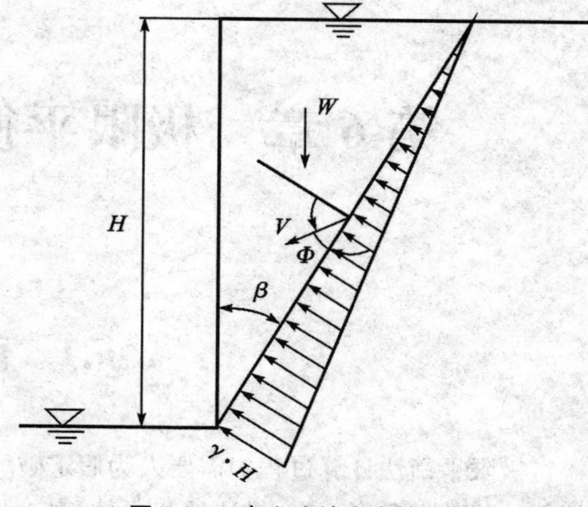

图 5.21　直立边坡安定性分析

根据 Mohr-Coulomb 屈服准则，针对图示破坏模式将塑性耗散率写成滑裂面上的切向速度与土体粘聚力的乘积，求得动力安定安全系数为 0.835；将破坏滑裂面由直线变为螺旋线，则求得安定安全系数为 0.78。

5.6　小结

本章针对土力学中的土体极限平衡问题进行了简要阐述。对工程应用与理论推导过程中的部分理论进行了介绍，包括：特征线理论、极限平衡理论、极限分析与极值定理和动力安定定理；展示了海洋结构物基础极限承载能力的特征线解法、极限分析上限解法、极限分析下限解法和土体极限平衡解答，以及给出了交变循环荷载的求解方法。

参考文献

[1] 龚晓南.土工计算分析[M].北京：中国建筑工业出版社，2000.
[2] 陈惠发.极限分析与土体塑性[M].詹世斌，译.北京：人民交通出版社，1995.
[3] 沈珠江.理论土力学[M].北京：中国水利水电出版社，2000.
[4] 陈祖煜.土质边坡稳定分析——原理、方法、程序[M].北京：中国水利水电出版社，2003.
[5] 张其一.复合加载模式下地基极限承载力与安定性的理论研究及其数值分析[D].大连：大连理工大学，2008.

第6章　极限平衡问题变分解法

6.1　前言

极限平衡法计算过程中需要人为假定破坏滑裂面的形状，所得到的极限荷载是近似解答。从数学角度而言，描述地基土体稳定性的临界参数可以看作为待定破坏机构(包括潜在滑裂面与沿该面的内力分布)的某一隐式泛涵。针对存在的3个未知函数：滑裂面方程、滑裂面上剪应力分布方程和滑裂面上正应力分布方程，运用数学上的变分法与最优化技术可以求得相应的泛函极值。变分法以及其在许多力学分支方面的应用，已有很长的研究历史，在数学物理问题中有着广泛的应用，这是由于一个物理系统的性状常常使得与其相关联的某种泛函取驻值，即在系统的一系列可能的状态上可以建立一个泛函，真实的状态使该泛函取驻值，从而可以得到某些变分问题的驻值条件。

变分方法是极限平衡近似解法中理论基础最为严密的方法之一，这种方法就其本质而言，是将非线性的偏微分方程定解问题变为求相应泛函的极值问题，最后将问题归结为求解线性代数方程组的线性问题。同时，力学问题的变分法常与能量原理相关联。一般而言，消除泛函约束条件的方法有两个：一个是代入法，另一个是Lagrange乘子法。

6.2　土工极限平衡法的数学表述及其等价泛函

6.2.1　拉格朗日(Lagrange)乘子法

在变分法中，通过利用Lagrange乘子法将有约束条件的优化问题转化为无约束的优化问题。一般来说有两种方法，一种是Lagrange乘子参与变分；一种是Lagrange乘子不参与变分，该方法包括两种形式，一种是在泛函的全量式中引入Lagrange乘子，另一种是在泛函的变分式中引入Lagrange乘子。当Lagrange乘子参与变分时，Lagrange乘子即放松了附加约束条件对可变函数的变分的限制，又可以将原泛函的附加条件转化为新泛函的驻值条件；当Lagrange乘子不参与变分时，Lagrange乘子只放松了附加约束条件对可变函数的变分限制，而不能将泛函的附加约束条件化为泛函的驻值条件。

以多自变量函数的条件极值为例来说明Lagrange乘子法的一般原理。试求三自变量函数

$$f=f(x,y,z) \tag{6-1}$$

在附加条件

$$\varphi(x,y,z)=0 \tag{6-2}$$

下的条件驻值问题。

设 $P(x,y,z)$ 为曲面 $\varphi(x,y,z)=0$ 上的一点，该点函数值为 $f(x,y,z)$。又设 $Q(x+\mathrm{d}x,y+\mathrm{d}y,z+\mathrm{d}z)$ 是在曲面 $\varphi(x,y,z)=0$ 上 P 点的临近点，则有

$$\frac{\partial\varphi}{\partial x}\mathrm{d}x+\frac{\partial\varphi}{\partial y}\mathrm{d}y+\frac{\partial\varphi}{\partial z}\mathrm{d}z=0 \tag{6-3}$$

令 Q 点的函数值为 $f+\mathrm{d}f$，则

$$\mathrm{d}f=\frac{\partial f}{\partial x}\mathrm{d}x+\frac{\partial f}{\partial y}\mathrm{d}y+\frac{\partial f}{\partial z}\mathrm{d}z \tag{6-4}$$

定义如下三个矢量

$$\mathrm{d}\vec{r}=\mathrm{d}x\vec{i}+\mathrm{d}y\vec{j}+\mathrm{d}z\vec{k}$$

$$\vec{\nabla}\varphi=\frac{\partial\varphi}{\partial x}\vec{i}+\frac{\partial\varphi}{\partial y}\vec{j}+\frac{\partial\varphi}{\partial z}\vec{k}$$

$$\vec{\nabla}f=\frac{\partial f}{\partial x}\vec{i}+\frac{\partial f}{\partial y}\vec{j}+\frac{\partial f}{\partial z}\vec{k}$$

从而有

$$\vec{\nabla}\varphi\cdot\mathrm{d}\vec{r}=\frac{\partial\varphi}{\partial x}\mathrm{d}x+\frac{\partial\varphi}{\partial y}\mathrm{d}y+\frac{\partial\varphi}{\partial z}\mathrm{d}z=0$$

而使函数 $f(x,y,z)$ 取驻值的条件为

$$\mathrm{d}f=\frac{\partial f}{\partial x}\mathrm{d}x+\frac{\partial f}{\partial y}\mathrm{d}y+\frac{\partial f}{\partial z}\mathrm{d}z=\vec{\nabla}f\cdot\mathrm{d}\vec{r}=0 \tag{6-5}$$

当 $f(x,y,z)$ 取驻值时，$\vec{\nabla}f$ 平行于 $\vec{\nabla}\varphi$，故可以表示为

$$\vec{\nabla}f=-\lambda\,\vec{\nabla}\varphi \tag{6-6}$$

写成标量形式，则有

$$\frac{\partial f}{\partial x}+\lambda\,\frac{\partial\varphi}{\partial x}=0,\frac{\partial f}{\partial y}+\lambda\,\frac{\partial\varphi}{\partial y}=0,\frac{\partial f}{\partial z}+\lambda\,\frac{\partial\varphi}{\partial z}=0$$

此时，自变量函数 $f(x,y,z)$ 与约束方程 $\varphi(x,y,z)$ 共同构成一个新函数

$$f^{*}=f+\lambda\varphi \tag{6-7}$$

该新函数的驻值条件即为上述标量形式的偏微分方程组与原函数的约束方程。

6.2.2 Lagrange 乘子参加变分

若求定积分形式的泛函

$$V=\int_{x_0}^{x_1}F(x,u,u',v,v')\,\mathrm{d}x \tag{6-8}$$

在附加条件

$$\varphi(x,u,u',v,v')=0 \tag{6-9}$$

情况下的驻值问题，可以转化为新泛函

$$V^{*}=\int_{x_0}^{x_1}[F(x,u,u',v,v')+\lambda\varphi(x,u,u',v,v')]\mathrm{d}x \tag{6-10}$$

的无附加条件的驻值问题

将 V^{*} 变分，并令 $\delta V^{*}=0$，则有

$$\begin{aligned}\delta V^{*}=\int_{x_0}^{x_1}\Big[&\frac{\partial F}{\partial u}\delta u+\frac{\partial F}{\partial u'}\delta u'+\frac{\partial F}{\partial v}\delta v+\frac{\partial F}{\partial v'}\delta v'+\lambda\Big(\frac{\partial\varphi}{\partial u}\delta u+\frac{\partial\varphi}{\partial u'}\delta u'+\\&\frac{\partial\varphi}{\partial v}\delta v+\frac{\partial\varphi}{\partial v'}\delta v'\Big)+\varphi(x,u,u',v,v')\delta\lambda\Big]\mathrm{d}x=0\end{aligned} \tag{6-11}$$

进行分部积分

$$\int_{x_0}^{x_1}\frac{\partial F}{\partial u'}\delta u'\mathrm{d}x=\frac{\partial F}{\partial u'}\delta u\Big|_{x_0}^{x_1}-\int_{x_0}^{x_1}\frac{\mathrm{d}}{\mathrm{d}x}\Big(\frac{\partial F}{\partial u'}\Big)\delta u\,\mathrm{d}x$$

$$\int_{x_0}^{x_1}\frac{\partial F}{\partial v'}\delta v'\mathrm{d}x=\frac{\partial F}{\partial v'}\delta v\Big|_{x_0}^{x_1}-\int_{x_0}^{x_1}\frac{\mathrm{d}}{\mathrm{d}x}\Big(\frac{\partial F}{\partial v'}\Big)\delta v\,\mathrm{d}x$$

$$\int_{x_0}^{x_1}\lambda\frac{\partial\varphi}{\partial u'}\delta u'\mathrm{d}x=\lambda\frac{\partial\varphi}{\partial u'}\delta u\Big|_{x_0}^{x_1}-\int_{x_0}^{x_1}\Big(\lambda\frac{\mathrm{d}}{\mathrm{d}x}\frac{\partial\varphi}{\partial u'}+\lambda'\frac{\partial\varphi}{\partial u'}\Big)\delta u\,\mathrm{d}x$$

$$\int_{x_0}^{x_1}\lambda\frac{\partial\varphi}{\partial v'}\delta v'\mathrm{d}x=\lambda\frac{\partial\varphi}{\partial v'}\delta v\Big|_{x_0}^{x_1}-\int_{x_0}^{x_1}\Big(\lambda\frac{\mathrm{d}}{\mathrm{d}x}\frac{\partial\varphi}{\partial v'}+\lambda'\frac{\partial\varphi}{\partial v'}\Big)\delta v\,\mathrm{d}x$$

将分部积分代入新泛函的一阶变分公式中，并且假设在 $x=x_0$ 或 $x=x_1$ 处有 $\delta u=0$ 和 $\delta v=0$，可得

$$\begin{aligned}\delta V^{*}=\int_{x_0}^{x_1}\Big\{&\Big[\frac{\partial F}{\partial u}-\frac{\mathrm{d}}{\mathrm{d}x}\frac{\partial F}{\partial u'}+\lambda\Big(\frac{\partial\varphi}{\partial u}-\frac{\mathrm{d}}{\mathrm{d}x}\frac{\partial\varphi}{\partial u'}\Big)-\lambda'\frac{\partial\varphi}{\partial u'}\Big]\delta u+\\&\Big[\frac{\partial F}{\partial v}-\frac{\mathrm{d}}{\mathrm{d}x}\frac{\partial F}{\partial v'}+\lambda\Big(\frac{\partial\varphi}{\partial v}-\frac{\mathrm{d}}{\mathrm{d}x}\frac{\partial\varphi}{\partial v'}\Big)-\lambda'\frac{\partial\varphi}{\partial v'}\Big]\delta v+\varphi(x,u,u',v,v')\delta\lambda\Big\}\mathrm{d}x=0\end{aligned} \tag{6-12}$$

由于引入 Lagrange 乘子，使得 δu、δv 和 $\delta\lambda$ 相互独立，因此由式(6-12)可得

$$\begin{cases}\dfrac{\partial F}{\partial u}-\dfrac{\mathrm{d}}{\mathrm{d}x}\dfrac{\partial F}{\partial u'}+\lambda\Big(\dfrac{\partial\varphi}{\partial u}-\dfrac{\mathrm{d}}{\mathrm{d}x}\dfrac{\partial\varphi}{\partial u'}\Big)-\lambda'\dfrac{\partial\varphi}{\partial u'}=0\\\dfrac{\partial F}{\partial v}-\dfrac{\mathrm{d}}{\mathrm{d}x}\dfrac{\partial F}{\partial v'}+\lambda\Big(\dfrac{\partial\varphi}{\partial v}-\dfrac{\mathrm{d}}{\mathrm{d}x}\dfrac{\partial\varphi}{\partial v'}\Big)-\lambda'\dfrac{\partial\varphi}{\partial v'}=0\\\varphi(x,u,u',v,v')=0\end{cases} \tag{6-13}$$

可见，应用 Lagrange 乘子法的这种方程时，Lagrange 乘子作为独立的变量参加变分，它确实将有附加条件的变分问题转化为无约束条件的变分问题。应用参与变分的 Lagrange 乘子法有两个作用：一个作用是放松了附加约束条件对可变函数的变分限制；另一个作用是将原泛函的附加约束条件转化为新泛函的驻值条件。

进一步指出，如果附加约束条件是可积的微分，并且假设将 $\varphi(x,u,u',v,v')=0$ 积分为 $\Phi(x,u,v)=0$，则有

$$\begin{cases}\dfrac{\partial\varphi}{\partial u}-\dfrac{\mathrm{d}}{\mathrm{d}x}\dfrac{\partial\varphi}{\partial u'}=\dfrac{\partial\Phi'}{\partial u}-\dfrac{\mathrm{d}}{\mathrm{d}x}\dfrac{\partial\Phi'}{\partial u'}=0\\\dfrac{\partial\varphi}{\partial v}-\dfrac{\mathrm{d}}{\mathrm{d}x}\dfrac{\partial\varphi}{\partial v'}=\dfrac{\partial\Phi'}{\partial v}-\dfrac{\mathrm{d}}{\mathrm{d}x}\dfrac{\partial\Phi'}{\partial v'}=0\end{cases} \tag{6-14}$$

进而得到变换方程

$$\begin{cases}\dfrac{\partial F}{\partial u}-\dfrac{\mathrm{d}}{\mathrm{d}x}\dfrac{\partial F}{\partial u'}-\lambda'\dfrac{\partial \varphi}{\partial u'}=0\\ \dfrac{\partial F}{\partial v}-\dfrac{\mathrm{d}}{\mathrm{d}x}\dfrac{\partial F}{\partial v'}-\lambda'\dfrac{\partial \varphi}{\partial v'}=0\\ \varphi(x,u,u',v,v')=0\end{cases} \tag{6-15}$$

6.2.3 Lagrange 乘子不参加变分

应用不参加变分的 Lagrange 乘子求解定积分形式的泛函

$$V=\int_{x_0}^{x_1}F(x,u,u',v,v')\,\mathrm{d}x$$

在附加约束条件

$$\varphi(x,u,u',v,v')=0$$

下的驻值问题。

引入 Lagrange 乘子，将附加约束条件纳入泛函中

$$V=\int_{x_0}^{x_1}[F(x,u,u',v,v')+\lambda\varphi(x,u,u',v,v')]\,\mathrm{d}x \tag{6-16}$$

将上式进行变分，并令 $\delta V=0$，则有

$$\delta V=\int_{x_0}^{x_1}\left[\frac{\partial F}{\partial u}\delta u+\frac{\partial F}{\partial u'}\delta u'+\frac{\partial F}{\partial v}\delta v+\frac{\partial F}{\partial v'}\delta v'+\lambda\left(\frac{\partial \varphi}{\partial u}\delta u+\frac{\partial \varphi}{\partial u'}\delta u'+\frac{\partial \varphi}{\partial v}\delta v+\frac{\partial \varphi}{\partial v'}\delta v'\right)\right]\mathrm{d}x=0 \tag{6-17}$$

利用分部积分方法，并考虑边界条件，则可得

$$\begin{aligned}\delta V=\int_{x_0}^{x_1}\Bigg\{&\left[\frac{\partial F}{\partial u}-\frac{\mathrm{d}}{\mathrm{d}x}\frac{\partial F}{\partial u'}+\lambda\left(\frac{\partial \varphi}{\partial u}-\frac{\mathrm{d}}{\mathrm{d}x}\frac{\partial \varphi}{\partial u'}\right)-\lambda'\frac{\partial \varphi}{\partial u'}\right]\delta u+\\ &\left[\frac{\partial F}{\partial v}-\frac{\mathrm{d}}{\mathrm{d}x}\frac{\partial F}{\partial v'}+\lambda\left(\frac{\partial \varphi}{\partial v}-\frac{\mathrm{d}}{\mathrm{d}x}\frac{\partial \varphi}{\partial v'}\right)-\lambda'\frac{\partial \varphi}{\partial v'}\right]\delta v\Bigg\}\mathrm{d}x=0\end{aligned} \tag{6-18}$$

由于引入 Lagrange 乘子，使得 δu 和 δv 相互独立，因此由式(6-18)可得

$$\begin{cases}\dfrac{\partial F}{\partial u}-\dfrac{\mathrm{d}}{\mathrm{d}x}\dfrac{\partial F}{\partial u'}+\lambda\left(\dfrac{\partial \varphi}{\partial u}-\dfrac{\mathrm{d}}{\mathrm{d}x}\dfrac{\partial \varphi}{\partial u'}\right)-\lambda'\dfrac{\partial \varphi}{\partial u'}=0\\ \dfrac{\partial F}{\partial v}-\dfrac{\mathrm{d}}{\mathrm{d}x}\dfrac{\partial F}{\partial v'}+\lambda\left(\dfrac{\partial \varphi}{\partial v}-\dfrac{\mathrm{d}}{\mathrm{d}x}\dfrac{\partial \varphi}{\partial v'}\right)-\lambda'\dfrac{\partial \varphi}{\partial v'}=0\end{cases} \tag{6-19}$$

可见，不参与变分的 Lagrange 乘子法，只能放松附加约束对可变函数变分的限制，而不能将泛函的附加约束条件化为泛函的驻值条件。

6.3 泛函构造

对非均质地基上二维条形基础稳定性进行研究。假定条形基础宽度为 B，地基土呈水平成层分布，且各层土体内聚力 c_i 沿深度呈线性变化，重度与摩擦角分别为 γ_i 和 φ_i。

计算简图及坐标系见图 6.1。

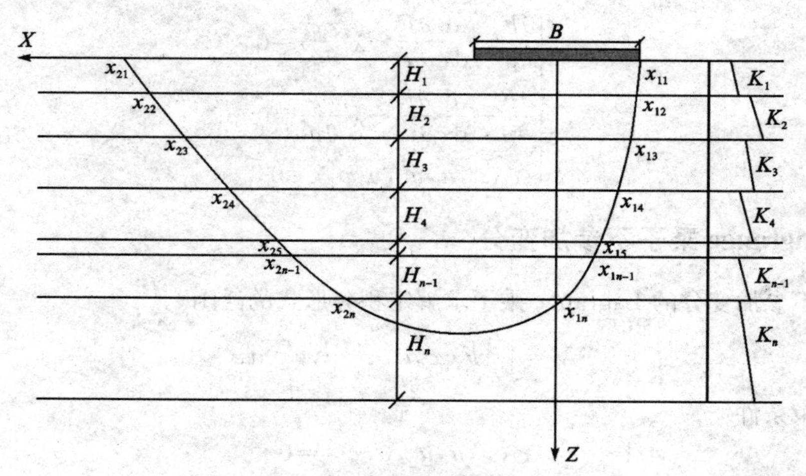

图 6.1　非均质地基受力分析及破坏机制

根据土体极限平衡定理，列出基础与地基整体在土体自重与外力共同作用下的平衡方程，并引入 Coulomb 破坏准则来考虑破坏滑裂面上正应力 σ 与剪应力 τ 之间的关系，采用 Lagrange 乘子法来构造与平衡方程等价的泛函。

当土体达到极限平衡状态时，滑动土体与条形基础整体满足平面力系的三个平衡方程，即 $\sum F_x=0$、$\sum F_z=0$ 和 $\sum M=0$，土体滑裂面上正应力与剪应力服从

$$\tau(X)=c+\sigma(X)\tan\varphi \tag{6-20}$$

式中，内聚力 c 与摩擦角 φ 为水平成层分布，且服从

$$c=c_i=c_{i0}+k_i\gamma_i\left(Z-\sum_{j=1}^{i-1}H_j\right),\varphi=\varphi_i,\sum_{j=1}^{i-1}H_j\leqslant Z\leqslant\sum_{j-1}^{i}H_j\ (i=1,2,\cdots,n) \tag{6-21}$$

式中，n 为地基有效持力层数。做如下量纲变化：

$$x=\frac{X}{B},z=\frac{Z}{B},\sigma=\frac{\sigma}{\gamma B},c=\frac{c}{\gamma B},v=\frac{V}{\gamma B^2},h=\frac{H}{\gamma B^2},m=\frac{M}{\gamma B^3}$$

水平向力的平衡方程 $\sum F_x=0$ 为

$$\sum_{i=1}^{n-1}\int_{x_{1i}}^{x_{1i+1}}h_i\,\mathrm{d}x+\int_{x_{1n}}^{x_{2n}}h_i\,\mathrm{d}x+\sum_{i=1}^{n-1}\int_{x_{2i+1}}^{x_{2i}}h_i\,\mathrm{d}x=h \tag{6-22}$$

式中，$h_i=-\sigma_i\cdot z_x+(c_i+\sigma_i\tan\varphi_i)$

竖向力的平衡方程 $\sum F_y=0$ 为

$$\sum_{i=1}^{n-1}\int_{x_{1i}}^{x_{1i+1}}v_i\,\mathrm{d}x+\int_{x_{1n}}^{x_{2n}}v_i\,\mathrm{d}x+\sum_{i=1}^{n-1}\int_{x_{2i+1}}^{x_{2i}}v_i\,\mathrm{d}x=v \tag{6-23}$$

式中，$v_i=\sigma_i+(c_i+\sigma_i\tan\varphi_i)\cdot z_x-\gamma_i z$

转动的力矩平衡方程 $\sum M_z=0$ 为

$$\sum_{i=1}^{n-1}\int_{x_{1i}}^{x_{1i+1}} m_i\,\mathrm{d}x + \int_{x_{1n}}^{x_{2n}} m_i\,\mathrm{d}x + \sum_{i=1}^{n-1}\int_{x_{2i+1}}^{x_{2i}} m_i\,\mathrm{d}x = m \tag{6-24}$$

式中，$m_i = \sigma_i(z_x \cdot z + x) - (c_i + \sigma_i \tan\varphi_i)(z - z_x x) + \gamma_i \cdot z \cdot x$

求解上述平衡方程的目的是为了求解地基发生失稳破坏时，二维条形基础上的极限载荷。可以表示为数学上的极值问题 $f(V,H,M)=\min f(v,h,m,B,c,\varphi)$。在能量原理的基础上，将水平向的力平衡方程与转动的力矩平衡方程作为竖向力平衡方程的约束条件，利用 Lagrange 乘子法构造泛函

$$\prod = \sum_{i=1}^{n-1}\int_{x_{1i}}^{x_{1i+1}} s_i\,\mathrm{d}x + \int_{x_{1n}}^{x_{2n}} s_i\,\mathrm{d}x + \sum_{i=1}^{n-1}\int_{x_{2i+1}}^{x_{2i}} s_i\,\mathrm{d}x - s \tag{6-25}$$

式中，$s_i = v_i + \lambda_1 h_i + \lambda_2 m_i$，$s = v + \lambda_1 h + \lambda_2 m$，$i = 1,2,\cdots,n$。$\lambda_1$、$\lambda_2$ 为Lagrange乘子。

6.4　泛函驻值条件的等价边值方程

利用泛函取驻值的必要条件（$\delta\prod = 0$），结合几何边界条件与地面出逸点和层间交接点处的已知条件，可以得到与泛函驻值相等价的边值问题。

（1）Euler-Lagrange 控制方程

$$\begin{cases} \dfrac{\partial S_i}{\partial \sigma} - \dfrac{\mathrm{d}}{\mathrm{d}x}\left(\dfrac{\partial S_i}{\partial \sigma_x}\right) = 0 \\ \dfrac{\partial S_i}{\partial z} - \dfrac{\mathrm{d}}{\mathrm{d}x}\left(\dfrac{\partial S_i}{\partial z_x}\right) = 0 \end{cases} \tag{6-26}$$

（2）积分约束条件

$$\min\prod = 0,\ \frac{\partial\prod}{\partial\lambda_j} = 0\ (j = 1,2) \tag{6-27}$$

（3）可动边界点处的横截条件与交接点处的折射条件

$$S_o - z_x\left(\frac{\partial S_o}{\partial z_x}\right) = 0$$

$$S_i - z_x\left(\frac{\partial S_i}{\partial z_x}\right) = S_{i-1} - z_x\left(\frac{\partial S_{i-1}}{\partial z_x}\right) \tag{6-28}$$

（4）几何边界条件

$$x_0 = -1,\ z_0(x) = 0 \tag{6-29}$$

6.5　边值问题的数学求解

为了方便偏微分方程的求解，本节将在极坐标系内求解该边值问题，现引入如下坐标变换公式，如图 6.2 所示。

$$\begin{cases}\rho\sin\theta=z-\lambda_1/\lambda_2\\-\rho\cos\theta=x+1/\lambda_2\end{cases}\tag{6-30}$$

通过求解欧拉方程中应力微分方程，当破坏土体中存在力矩荷载时，$\lambda_2\neq0$，可求得滑裂面方程为

$$\rho=\rho_0\exp(\tan\varphi\beta)\tag{6-31}$$

式中，ρ_0 为滑裂面的初始极径，β 为极径与 x 轴负轴所成的角。滑裂面方程在直角坐标系中记为 $z=z_1(x)$。

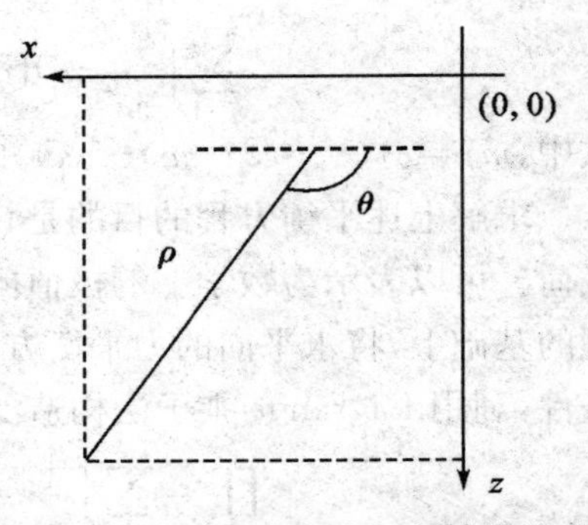

图 6.2　直角坐标与极坐标间转换关系

将破坏滑裂面方程与欧拉方程中的位移微分方程联立，可求得滑裂面上正应力方程为

$$\begin{aligned}\sigma=\sigma_1(\rho_0,\theta)=\exp[2\tan\varphi(\beta_2-\theta)]\Big[&\frac{-c\sin\beta_2}{\cos\beta_2+\tan\varphi\sin\beta_2}+\frac{c}{\tan\varphi}\\&-\gamma\rho_0\frac{1}{1+9\tan^2\varphi}\exp(\tan\varphi(\beta_2-\beta_1))(\sin\beta_2+3\tan\varphi\cos\beta_2)\Big]\\&+\gamma\rho_0\frac{1}{1+\tan^2\varphi}\exp(\tan\varphi(\theta-\beta_1))(\sin\theta+3\tan\varphi\cos\theta)-\frac{c}{\tan\varphi}\end{aligned}\tag{6-32}$$

式中，ρ_0 为初始极角为零时的初始极径，β_1 为滑裂面起始点处的极角，β_2 滑裂面出逸点处的极角。通过求解非线性方程

$$f(V,H,M,B,c,\varphi)=0\tag{6-33}$$

可以求得复合加载模式下地基的极限承载力。

对于平动破坏而言，λ_2 等于零。通过求解欧拉方程中的应力偏微分方程，可求得滑裂面方程为

$$z=z_2(x)=\frac{1}{\lambda_1}x+z_0\tag{6-34}$$

将式(6-34)与欧拉方程中的位移偏微分方程联立，可以求得破坏面上的正应力方程为

$$\sigma=\sigma_2(x)=\frac{\gamma}{\lambda_1}x+\sigma_o\tag{6-35}$$

式中，z_0、σ_0 为积分常数，可以通过边界条件确定。

在破坏面方程中引入判断函数 $\Phi(z)$，从而形成复合滑裂面破坏方程(6-36)，以及滑裂面上的正应力方程(6-37)，如图 6.3 所示。

$$\Phi(z)=\begin{cases}1, z\in\text{其他情况}\\0, z\in\text{软弱夹层}\end{cases}\tag{6-36}$$

$$z(x)=\Phi(z)\cdot z_1(x)+[1-\Phi(z)]\cdot z_2(x)\tag{6-37}$$

$$\sigma(x)=\Phi(z)\cdot\sigma_1(x)+[1-\Phi(z)]\cdot\sigma_2(x)\tag{6-38}$$

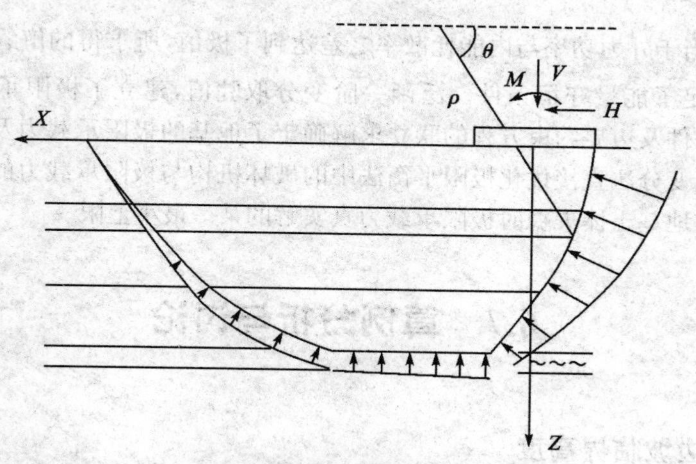

图 6.3　复合加载情况下地基极限平衡状态

6.6　关于变分法的讨论

(1)在利用变分法求解某一特定的极限平衡问题时,比如土坡稳定安全因子 F,并不需要确定滑移面上的法向应力分布。

上述结论在变分极限平衡法中称之为"极限平衡的基本理论"。极限平衡问题的变分解答中,不需要对位移边界条件进行人为约束。理论推导过程中,做出的运动约束即为塑性力学中的相关联流动法则,这一约束条件等价于土体内能耗散率 D_e 关于应力取稳态值,即

$$\frac{\mathrm{d}D_e}{\mathrm{d}\sigma}=0 \tag{6-39}$$

针对土坡稳定问题,可以将土体内能耗散率 D_e 表示为

$$D_e=\frac{1}{F}\int_{x_0}^{x_1}\left[k(x-u\cdot\tan\varphi)(y-x\cdot y')+\dot{u}k(c-u\cdot\tan\varphi)+\dot{v}k(c-u\cdot\tan\varphi)y'\right]\mathrm{d}x \tag{6-40}$$

式中,k 为方向符号,滑裂面沿着 x 轴线负方向滑动时取正。式(6-40)表明,当破坏机构满足运动许可条件时,内能耗散率和法向正应力无关;通过能量法构造的泛函也与法向应力无关。

(2)相关联流动法则条件下,极限分析上限定理未涉及欧拉微分方程;当土体采用非线性破坏准则表征土体屈服时,在土体滑裂面上则需要满足 Koiter 方程。

(3)地基土体失稳时,按照变分法求得的极限承载力是真实解的某一最小上限。上述变分法实质上是以 Lagrange 乘子法为手段把极限分析上限定理与传统的极限平衡定理有机地联系起来,求解过程中可以将 Lagrange 乘子 λ_1、λ_2 分别理解为某一虚设速度场中的水平运动速率与转动速率,此时竖向运动速率认为是 1,这样泛函取驻值的必要条件

($\delta \prod =0$) 相当于外力功率与内能耗散率之差达到了极值,所求得的解答既满足了力的平衡条件又满足了能量守恒条件。泛函一阶变分取驻值,建立了极限承载力的极值条件,它与平衡条件及边界约束方程的联立求解确定了地基的极限承载力及其相应的破坏机构。因此,由变分法直接优化极限平衡法中的破坏机构与极限承载力的分析方法得到的变分解答,是地基土体失稳时极限承载力真实解的某一最小上限。

6.7 算例分析与讨论

6.7.1 土质边坡临界高度

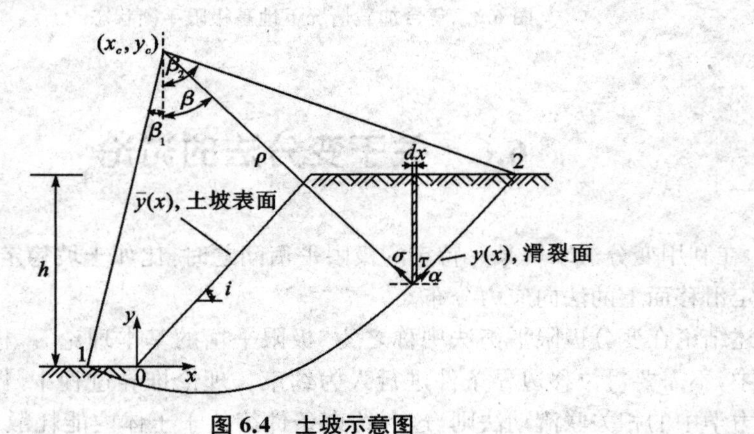

图 6.4 土坡示意图

图 6.4 表示一典型土坡,坡角 i,坡面 $\bar{y}(x)$ 和滑移面 $y(x)$ 围成整体破坏土体,土坡高度 h,土体容重 γ,土体粘聚力和内摩擦角分别为 c 和 φ。利用变分法分析土坡的极限高度。

滑动土体需要满足的极限平衡方程,包括水平、竖向力的平衡和弯矩平衡。

$$H=\int_{s}(\tau\cos\alpha-\sigma\sin\alpha)\mathrm{d}s=0 \tag{6-41}$$

$$V=\int_{s}(\tau\sin\alpha+\sigma\cos\alpha)\mathrm{d}s-\int_{x_1}^{x_2}\gamma(\bar{y}-y)\mathrm{d}x=0 \tag{6-42}$$

$$M=\int_{s}[(\tau\sin\alpha+\sigma\cos\alpha)x-(\tau\cos\alpha-\sigma\sin\alpha)y]\mathrm{d}s-\int_{x_1}^{x_2}\gamma(\bar{y}-y)x\mathrm{d}x=0 \tag{6-43}$$

式中,s 为滑移面 $y(x)$ 上的弧长。

通过引入拉格朗日乘子,将上述平衡方程转化为能量泛函:

$$G=\int_{x_1}^{x_2} g\,\mathrm{d}x=V+\lambda_1 H+\lambda_2 M$$

$$=\int_{x_1}^{x_2}\{\sigma(\psi y'+1)+cy'-\gamma(\bar{y}-y)+\lambda_1[c+\sigma(\psi-y')]$$

$$+\lambda_2[cxy'+\sigma x(\psi y'+1)-cy-\sigma y(\psi-y')-\gamma(\bar{y}-y)x]\}\mathrm{d}x \tag{6-44}$$

对泛函进行变分取极值，可以求得滑裂面方程

$$\rho=\begin{cases}A\mathrm{e}^{-\psi\beta},\psi\neq 0\\ I_1,\psi=0\end{cases} \tag{6-45}$$

以及滑裂面上的正应力分布函数

$$\sigma=\begin{cases}B\mathrm{e}^{2\psi\beta}+\dfrac{\gamma A}{1+9\psi^2}\mathrm{e}^{-\psi\beta}(\cos\beta+3\psi\sin\beta)-\dfrac{c}{\psi},\psi\neq 0\\ 2c\beta+\gamma\rho\cos\beta+I_2,\psi=0\end{cases} \tag{6-46}$$

6.7.2 结果分析

当拉格朗日乘子 $\lambda_2\neq 0$ 时，失效土体对应的是旋转破坏机构，滑裂面为对数螺旋线；而对于 $\lambda_2=0$ 的情况，则对应着平动破坏机构，滑裂面为刚性平面。当滑裂面为平面时，可以求得不排水饱和软黏土直立土坡的临界高度为 $H_{cr}=\dfrac{4c}{\gamma}$。

(1)几何边界条件

$$y(x=x_1)=\bar{y}(x=x_1)=0 \tag{6-47}$$

$$y(x=x_2)=h_{cr}-\zeta \tag{6-48}$$

式中，ς 表示考虑土体抗拉强度时拉裂缝的深度。

(2)出逸点处横截条件

对于滑裂面的起始点，可以利用横截条件进行求解

$$\left[g+(\Theta'-y')\frac{\partial g}{\partial y'}\right]\Big|_{x=x_i}=0 \tag{6-49}$$

式中，Θ 为端点滑移线方程，引入边界方程后上式简化为

$$[\sigma(\beta)(\sin\beta+\psi\cos\beta)+c\cos\beta-\gamma(\bar{y}-y)\sin\beta]\big|_{\beta_i}=0 \tag{6-50}$$

将式(6-50)应用到端点 1、2 处，且假定 $\sigma_2=-T$，则存在

$$\sigma_1=\frac{-c}{\tan\beta_1+\psi} \tag{6-51}$$

$$\sigma_2=\frac{\gamma\varsigma\tan\beta_2-c}{\tan\beta_2+\psi} \tag{6-52}$$

和

$$\varsigma=\frac{\tan\beta_2+\psi}{\gamma\tan\beta_2}T+\frac{c}{\gamma\tan\beta_2} \tag{6-53}$$

(3)引入土坡表面应力边界条件($\beta=\beta_2$)

$$\sigma_2=\sigma \tag{6-54}$$

可以求得变分解答中的积分常数

$$B=\left[\sigma_2-\frac{\gamma A}{1+9\psi^2}\mathrm{e}^{-\psi\beta_2}(\cos\beta_2+3\psi\sin\beta_2)+\frac{c}{\psi}\right]\mathrm{e}^{-2\psi\beta_2},\psi\neq0 \tag{6-55}$$

$$I_2=-\frac{c}{\tan\beta_2}-2c\beta_2-\gamma\rho\cos\beta_2,\psi=0 \tag{6-56}$$

(4)计算结果

通过定义无量纲土坡稳定因子 $N_s=\dfrac{\gamma\cdot h_{cr}}{c}$，图 6.5 给出了土坡破坏滑裂面形状及其法向正应力分布。

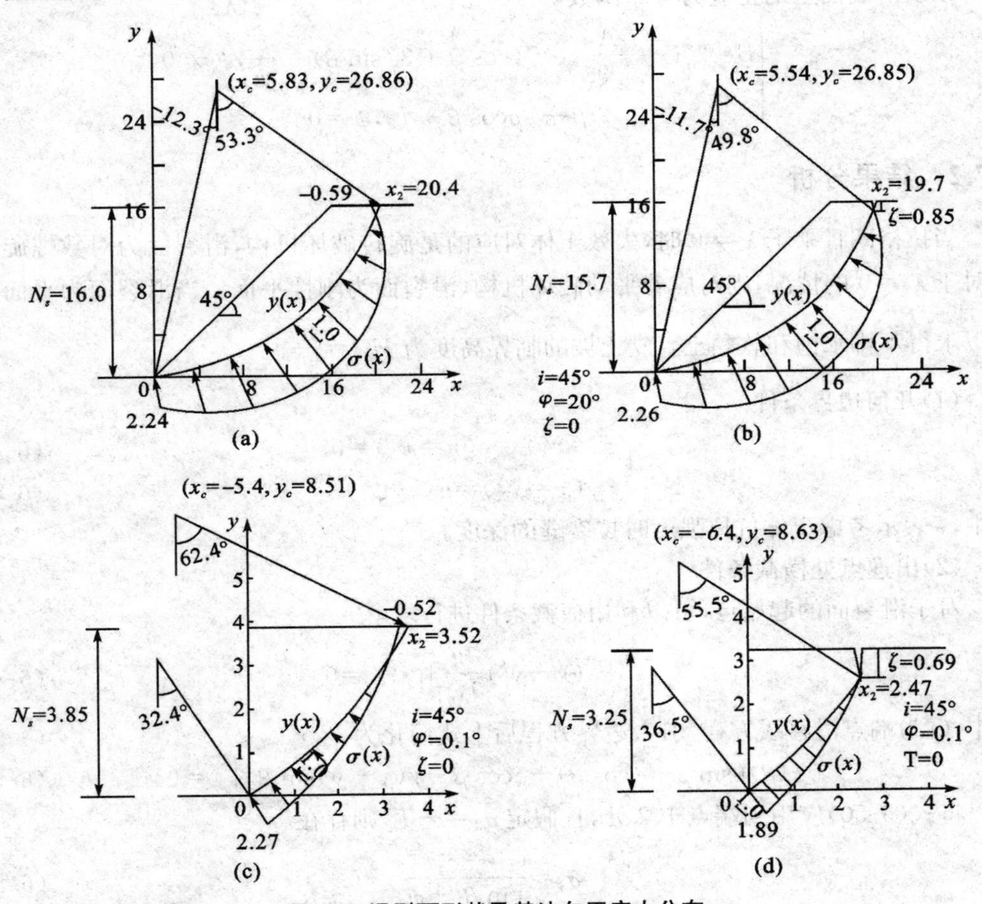

图 6.5 滑裂面形状及其法向正应力分布

图 6.6 为没有拉裂缝时土坡稳定因子 N_s 随内摩擦角 φ 和土坡坡角 i 的变化曲线，而图 6.7 描述了具有抗拉强度值为零时稳定因子 N_s 和裂缝深度 ς 与 N_s 的比值随内摩擦角 φ 和土坡坡角 i 的变化曲线。表 6.1 列出了极限平衡法、变分解答以及上限分析法给出的 N_s。

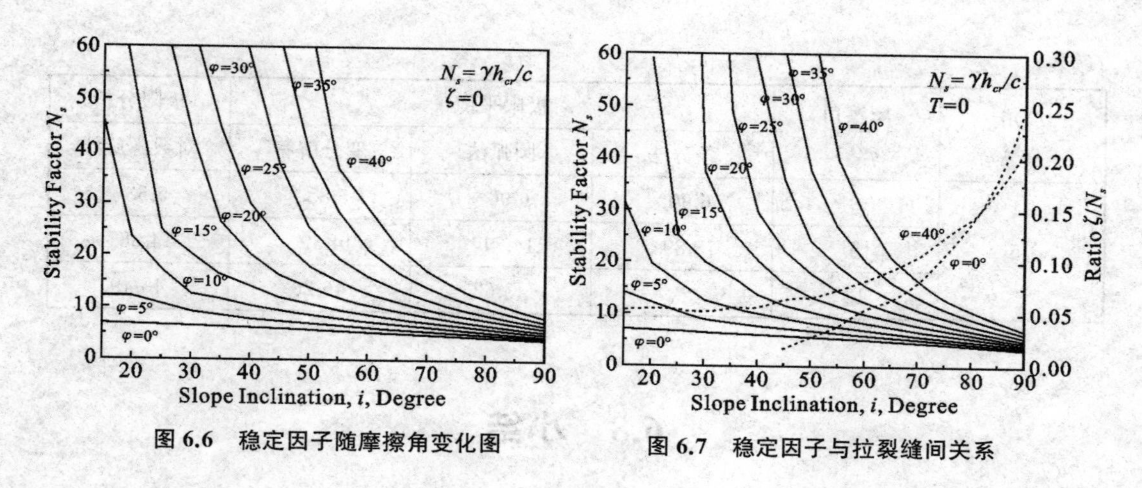

图 6.6　稳定因子随摩擦角变化图　　**图 6.7　稳定因子与拉裂缝间关系**

表 6.1　不同计算方法 N_s 对比

坡角 i(°)	摩擦角 φ(°)	极限平衡			极限分析
		条分法	圆弧法	变分解答	对数螺旋线
90	0	3.83	3.83	3.83	3.83
	5	4.19	4.19	4.19	4.19
	15	5.02	5.02	5.05	5.02
	25	6.06	6.06	6.00	6.06
75	0	4.57	4.57	4.56	4.56
	5	5.13	5.13	5.16	5.14
	15	6.49	6.52	6.52	6.57
	25	8.48	8.54	8.58	8.58
60	0	5.24	5.24	5.25	5.25
	5	6.06	6.18	6.14	6.16
	15	8.33	8.63	9.61	8.63
	25	12.20	12.65	12.78	12.74
45	0	5.88	5.88*	5.67*	5.53*
	5	7.09	7.36	7.34	7.35
	15	11.77	12.04	11.95	12.05
	25	20.83	22.73	23.03	22.90
30	0	6.41*	6.41*	5.97*	5.53*
	5	8.77*	9.09*	9.15*	9.13*
	15	20.84	21.74	20.41	21.69
	25	83.34	111.1	85.03	119.93

(续表)

坡角 $i(^\circ)$	摩擦角 $\varphi(^\circ)$	极限平衡			极限分析
		条分法	圆弧法	变分解答	对数螺旋线
15	0	6.90*	6.90*	5.88*	5.53*
	5	13.89*	14.71*	14.39*	14.38*
	15		43.62	46.26	45.49

6.8 小结

本章对土工极限平衡法的数学表述及其等价泛函进行了详细介绍。以非均质海床上的基础的承载能力为实例，对土体极限平衡变分解法的详细计算步骤进行了阐述，论证了变分解法与极限分析上限定理之间的内在关系，分析了相关联流动法则与发生畸变时内能耗散率的等价性。最后，利用能量泛函取驻值，给出了均质土坡稳定因子的变分解答。

参考文献

[1] 张其一.复合加载模式下地基极限承载力与安定性的理论研究及其数值分析[D].大连：大连理工大学，2008.

[2] R.Baker, Garber. Theretical analysis of the stability of slope[J]. Geotechnique. 1978，28(4)：395-411.

[3] 栾茂田，金崇磐，林皋.非均质地基上浅基础的极限承载力[J].岩土工程学报，1988，10(4)：14-27.

第 7 章　海洋结构基础型式及其稳定性

7.1　前言

地基土体承受结构物基础传来的附加荷载，地基土体中的应力状态会发生变化，当一点的应力状态达到屈服时，表明该点达到极限平衡状态。地基极限承载力、边坡稳定与极限土压力并称为土力学三大经典稳定问题。

7.2　浅基础

7.2.1　Prandtl 公式

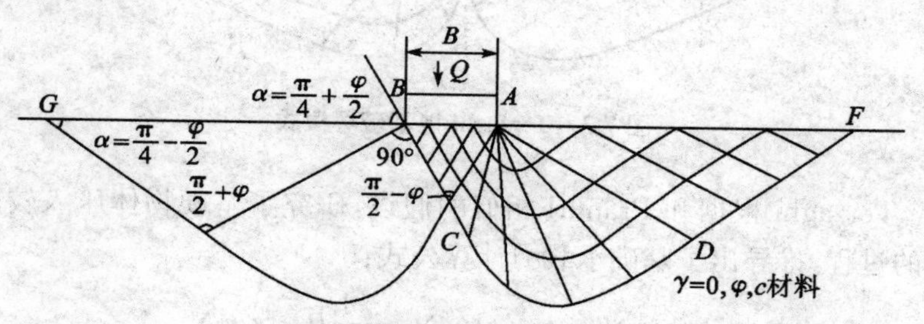

图 7.1　Prandtl 地基破坏模式

1921 年，Prandtl 根据土体塑性极限平衡原理，研究了坚硬物体压入较软、均匀、各向同性材料的过程，并给出了基础承载力计算公式：

$$q_f = c \cdot N_c + q \cdot N_q \tag{7-1}$$

式中，$N_q = \exp(\pi \cdot \tan(\varphi)) \cdot \tan^2\left(\frac{\pi}{4}+\frac{\varphi}{2}\right)$，$N_c = (N_q - 1) \cdot c\tan\varphi$，$c$ 为土体粘聚力，q 为基底以上土体超载，φ 为土体内摩擦角。

7.2.2　Skempton 公式

基于图 7.2 所示的破坏模式，Skempton 给出饱和软黏土情况下，二维条形基础承载力计算公式：

$$q_f = 5.14c + \gamma \cdot D \tag{7-2}$$

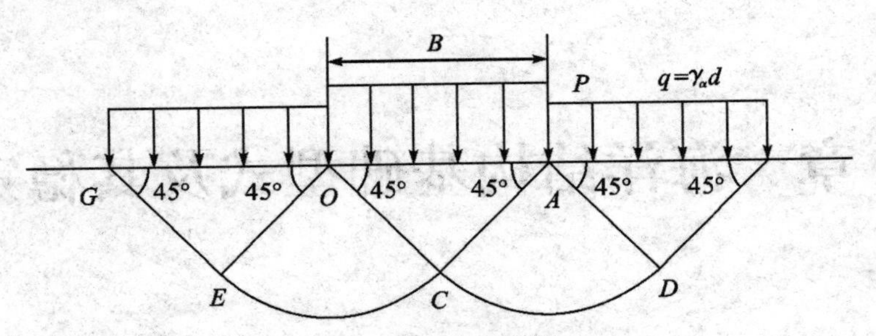

图 7.2 Skempton 地基破坏模式

当作用在饱和软黏土地基上，宽度为 B，长度为 L 的矩形基础，当基础埋深 D_f 小于 2.5 倍基础宽度 B 时，Skempton 建议用下列公式估算地基极限承载力：

$$q_f = c \cdot N_{cL} + \gamma \cdot D_f \tag{7-3}$$

式中，$N_{cL} = 5\left(1+\dfrac{B}{5L}\right)\left(1+\dfrac{D_f}{5B}\right)$，为矩形基础承载力因子。

7.2.3 Terzaghi 公式

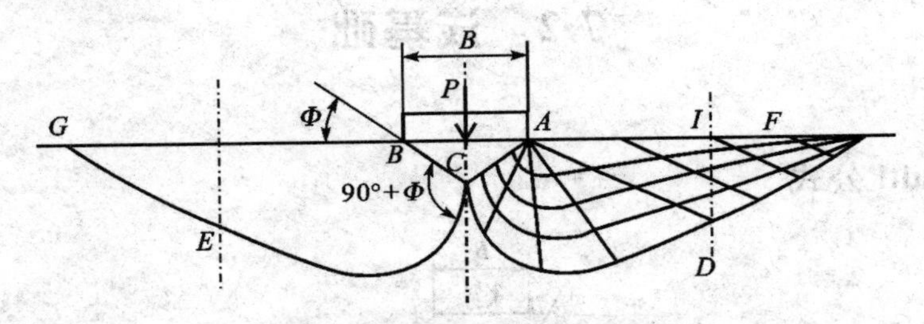

图 7.3 Terzaghi 地基破坏模式

1943 年，Terzaghi 根据和 Prandtl 相似的假设，研究了坚硬物体压入较软、均匀、各向同性材料的过程，推导出了基础承载力计算公式：

$$q_f = c \cdot N_c + \gamma \cdot D \cdot N_q + \frac{1}{2} B \cdot \gamma \cdot N_\gamma \tag{7-4}$$

式中，γ 为土体容重，D 为基础埋置深度，B 为基础有效宽度。

①针对圆形基础：

$$q_f = 1.3c \cdot N_c + \gamma \cdot D \cdot N_q + 0.6R \cdot \gamma \cdot N_\gamma \tag{7-5}$$

②针对方形基础：

$$q_f = 1.3c \cdot N_c + \gamma \cdot D \cdot N_q + 0.4B \cdot \gamma \cdot N_\gamma \tag{7-6}$$

7.2.4 Hansen 公式

Hansen 公式是在一般垂直极限荷载公式中加入考虑倾斜荷载作用的倾斜系数，给出如下公式：

$$q_f = s_c \cdot d_c \cdot i_c \cdot c \cdot N_c + s_q \cdot d_q \cdot i_q \cdot q \cdot N_q + \frac{1}{2} s_\gamma \cdot i_\gamma \cdot B_e \cdot \gamma \cdot N_\gamma \tag{7-7}$$

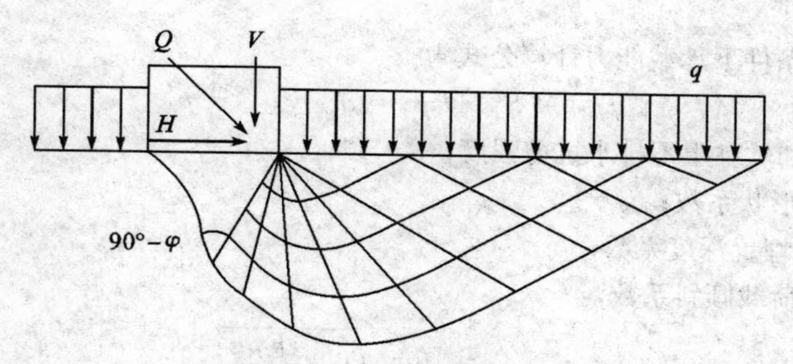

图 7.4　Hansen 地基破坏模式

式中，$B_e = B - 2e$ 为基础有效宽度，e 为基础偏心矩；

s_γ、s_q、s_c 为与基础形状有关的形状系数；

d_q、d_c 为与基础埋置深度有关的深度系数；

i_γ、i_q、i_c 为与基础荷载倾斜角有关的倾斜系数；

其中，

$$N_\gamma \approx 1.8(N_q - 1)\tan\varphi \tag{7-8}$$

7.2.5　DNV 计算公式

挪威船级社 DNV 针对海上结构物，推荐了较为实用的矩形基础承载力计算公式。

①完全排水条件下承载能力：

$$q_u = \frac{1}{2}\gamma B_e N_\gamma s_\gamma d_\gamma i_\gamma + (p'_0 + a) N_q s_q d_q i_q \tag{7-9}$$

式中，p'_0为基底处土的超载；a 为土的吸附力，$a = c \cdot c\tan\varphi$；

$$N_\gamma = 1.5(N_q - 1)\tan\varphi \tag{7-10}$$

基础上荷载倾斜系数

$$i_q = \left(1 - \frac{0.5F_H}{F_V + B_e Lcc\tan\varphi}\right)^5 \tag{7-11}$$

$$i_\gamma = \left(1 - \frac{0.7F_H}{F_V + B_e Lcc\tan\varphi}\right)^5 \tag{7-12}$$

式中，F_H、F_V 分别为基础上的水平荷载与竖向荷载。

基础形状系数计算式

$$s_q = 1 + \frac{i_q B_e}{L}\sin\varphi \tag{7-13}$$

$$s_\gamma = 1 - 0.4\frac{i_\gamma B_e}{L} \tag{7-14}$$

基础埋深修正系数为

$$d_\gamma = 1.0 \tag{7-15}$$

$$d_q = 1 + 1.2\frac{D}{B_e}\tan\varphi(1 - \sin\varphi)^2 \tag{7-16}$$

②不排水条件下承载能力计算公式为

$$q_u = N_c S_u (1 + s_{ca} + d_{ca} - i_{ca}) + p'_0 \tag{7-17}$$

式中，S_u 为饱和软黏土不排水抗剪强度；

s_{ca} 为基础形状系数；

d_{ca} 为基础埋置深度系数；

i_{ca} 为基础荷载倾斜系数，

$$i_{ca} = 0.5 - 0.5\sqrt{1 - \frac{F_{H1}}{B_e L S_u}}$$

其中，

F_{H1} 为基础上有效面积上的水平力，$F_{H1} = F_{HT} - R_{H0} - R_{HP}$；

式中，F_{HT} 为基础上的总水平力；

R_{HO} 为有效面积外侧面的滑移阻力；

R_{HP} 为入泥部分水平泥土压力形成的阻力。

基础形状系数 s_{ca} 计算公式

$$s_{ca} = 0.2(1 - 2i_{ca})\frac{B_e}{L} \tag{7-18}$$

基础埋深系数 d_{ca} 计算公式

$$d_{ca} = 0.3\arctan\frac{D}{B_e} \tag{7-19}$$

7.2.6 层状地基公式

层状地基上基础极限承载力，目前较为常用的公式如下：

7.2.6.1 扩散角法

一般土层交界表面处有一个长度、宽度都变大的等效基础，如图 7.5 所示。基础的极限承载力可等效为等效基础作用在下部较软土层上的极限承载力。承载力可由式(7-20)进行计算。

$$q_u = q_b (B + H)^2 / B^2 \tag{7-20}$$

式中，q_b 为软弱下卧层的极限承载力，B 为基础的宽度，H 为上部土层的厚度。

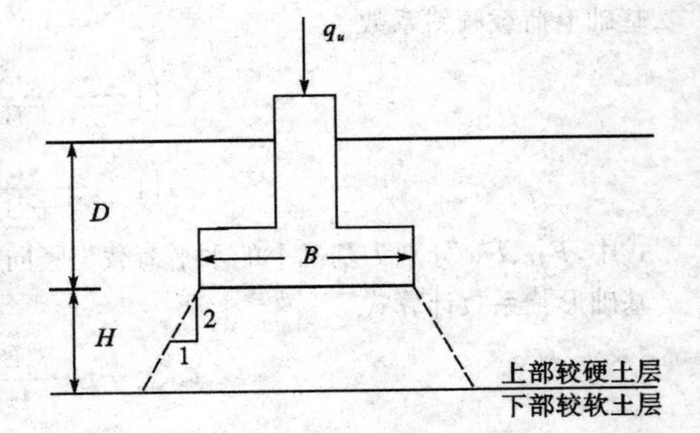

图 7.5　扩散角法计算示意图

7.2.6.2 Hansen 加权平均法

汉森加权平均法是将地基土体的强度指标按土层的厚度或面积进行加权平均，得到土体的平均强度值，然后直接按照均质土的承载力计算公式计算地基极限承载力。承载力可由式(7-21)进行计算。

$$q_u = \bar{c}N_c + \bar{q}N_q + \frac{1}{2}\bar{\gamma}_B N_\gamma \tag{7-21}$$

式中，N_c、N_q、N_γ 为承载力系数，$\bar{\gamma}_B$、$\bar{\varphi}$、$\bar{c}$ 分别为土体的平均容重、平均内摩擦角和平均粘聚力。

7.2.6.3　Meyerhof & Hanna 法

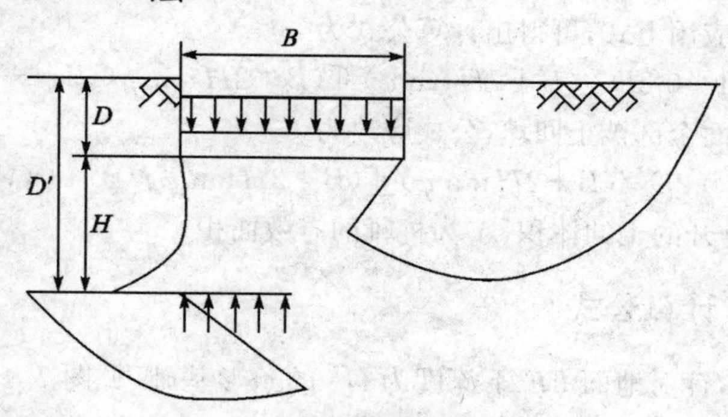

图 7.6　迈耶霍夫和汉纳失效模式

迈耶霍夫和汉纳提出的剪切破坏理论假设地基中软弱土层上部的较硬土层发生剪切破坏，并假定剪切破坏面为竖直向下如图 7.6 所示，地基底面与土层分界面之间的土体垂直地贯入软土层，下卧软土发生弹塑性破坏。基础的承载力将由上下两土层联合组成：

$$q_u = q_0 + 2c_a H/B + 2\gamma' H(1+2D/H)k_s \tan\varphi/B - V_1 H \tag{7-22}$$

式中，D 为基础的埋置深度，q_0 为下卧土层的极限承载力，γ' 为上层土的容重，k_s 为冲剪系数，c_a 为冲剪面上的附着力。

7.2.6.4　Vesic 法

魏锡克（Vesic）理论假定的滑动面与迈耶霍夫理论基本一致，即上部土层中滑动面为竖直面，下部土层为弹塑性破坏，其极限承载力可按式(7-23)确定：

$$q_u = q_b \exp\left[0.67\frac{H}{B}\left(1+\frac{B}{L}\right)\right] \tag{7-23}$$

式中，q_b 为下卧土层的极限承载力。

7.2.6.5　Baglioni 方法

在图 7.7 所示的地基破坏形式基础上，破坏区具有截头圆锥的形状，斜线与垂直线的夹角为 θ。对于砂层厚度小于桩靴直径 2.5 倍的情况，密实砂的 θ 要比松砂的大，θ 角的大小与内摩擦角 φ 成正比。假设 $\theta=\varphi$，并且当穿透发生时全部载荷将在破坏区的范围内转移到假想桩靴之上。于是分层地基土的极限承载力可以认为等于软土层对假想桩

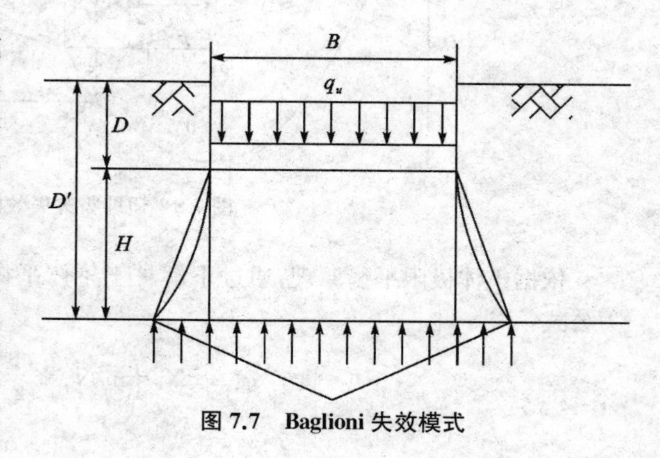

图 7.7　Baglioni 失效模式

靴的极限承载力，假想桩靴的直径为 $B+2H\tan\varphi$。

①利用 Hanna 和 Meyerhof 计算 q_b 的公式，可以得到极限承载力计算公式为

$$q_b=6C(1+0.2D'/B)+D\gamma' \tag{7-24}$$

②对假想桩靴应用上式，可得出计算公式为

$$q_b=6C[1+0.2D'/(B+2H\tan\varphi)][(B+2H\tan\varphi)/B]^2+D\gamma'\leqslant q_t \tag{7-25}$$

③考虑桩靴顶面全部被土回填，公式应改为

$$q_b=6C[1+0.2D'/(B+2H\tan\varphi)][(B+2H\tan\varphi)/B]^2+(V/A)\gamma'\leqslant q_t \tag{7-26}$$

其中，V 为被桩靴排开的土的体积，A 为桩靴的有效面积。

7.2.7 Meyerhof 计算公式

假定宽度为 B，针对地面 FE 下深度为 D_f 的条形基础，见图 7.8，迈耶霍夫（Meyerhof）对其进行了理论推导。

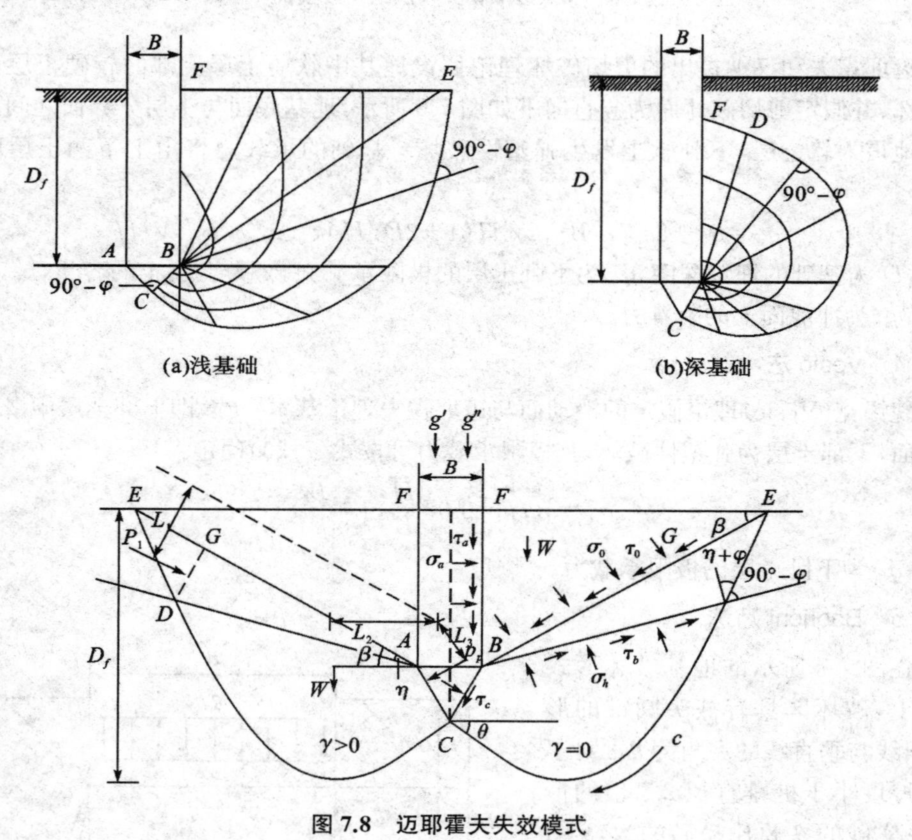

图 7.8 迈耶霍夫失效模式

依据土体极限平衡原理，通过求解桩土整体平衡方程，迈耶霍夫给出地基极限承载力公式：

$$q_f=cN_c+\sigma_0 N_q+\frac{1}{2}\gamma BN_\gamma \tag{7-27}$$

式中，c 为地基土的内聚力，γ 为地基土的容重，B 为基础宽度；

$$\sigma_0=\frac{1}{2}\gamma D_f(K_0\sin^2\beta+\frac{K_0}{2}\tan\delta\sin 2\beta+\cos^2\beta) \quad (7\text{-}28)$$

其中，K_0 为静止土压力系数；

δ 为土与基础侧面之间的摩擦角；

承载力系数 N_c、N_q 和 N_γ 是土的内摩擦角 φ 和 β 的函数。$\beta=0$ 时，适用于基础放置在地表面上；$0\leqslant\beta\leqslant90°$ 适用于浅基础和深基础；$\beta<0$ 时，适用于基础放在斜坡上。

7.2.8 Vesic 计算公式

Vesic 根据小孔扩张理论，提出了用刚度指标 I_r 及修正刚度指标 I_{rr} 来判定地基土破坏的模式。地基土的刚度指标可根据土的物理力学性质按下式计算：

$$I_r=\frac{E}{2(1+v)(c+q\tan\varphi)} \quad (7\text{-}29)$$

式中，E 为土的变形模量，v 为土的泊松比，c 为土的内聚力，φ 为土的内摩擦角。

若考虑塑性区土体的压缩变形，须用"修正刚度指标"I_{rr} 来代替 I_r：

$$I_{rr}=\frac{I_r}{1+I_r\cdot\Delta} \quad (7\text{-}30)$$

式中，Δ 为塑性区内土体积应变的平均值。

Vesic 建议浅基础的地基极限承载力计算式如下：

$$q_f=cN_c\zeta_c+qN_q\zeta_q+\frac{1}{2}\gamma BN_\gamma\zeta_\gamma \quad (7\text{-}31)$$

式中，N_c、N_q 和 N_γ 是承载力因子，ζ_c、ζ_q 和 ζ_γ 为基础形状修正系数。

①针对矩形基础：

$$\zeta_c=1+\frac{B}{L}\cdot\frac{N_q}{N_c} \quad (7\text{-}32)$$

$$\zeta_q=1+\frac{B}{L}\tan\varphi \quad (7\text{-}33)$$

$$\zeta_\gamma=1-0.4\frac{B}{L} \quad (7\text{-}34)$$

②针对方形和圆形基础：

$$\zeta_c=1+\frac{N_q}{N_c} \quad (7\text{-}35)$$

$$\zeta_q=1+\tan\varphi \quad (7\text{-}36)$$

$$\zeta_\gamma=0.60 \quad (7\text{-}37)$$

式中，c 为地基土的内聚力，q 为基底以上上覆土压力，γ 为土体容重，B 为基础的宽度。

另外，为了判定剪切破坏的模式，Vesic 又提出"临界刚度指标"的概念

$$(I_r)_{crlt}=\frac{1}{2}\exp[(3.30-0.45\frac{B}{L})\cdot c\tan(45°-\frac{\varphi}{2})] \quad (7\text{-}38)$$

当 $I_r>(I_r)_{crlt}$ 时，地基发生整体剪切破坏。如果 $I_r<(I_r)_{crlt}$，表明地基土不可压缩的假

定不满足，必须引入压缩修正系数。

$$\zeta_{qc}=\zeta_{\gamma c}=\exp\{(-4.4+0.6\frac{B}{L})\tan\varphi+[\frac{(3.07\cdot\sin\varphi)(\log_2 I_r)}{1+\sin\varphi}]\} \tag{7-39}$$

$$\zeta_{cc}=\zeta_{qc}-\frac{(1-\zeta_{qc})}{N_0}\cdot c\tan\varphi \tag{7-40}$$

7.3 桩基础

7.3.1 桩土受力机理

工程中，主要靠桩端土层支撑，桩侧摩擦阻力很小可以忽略不计的桩称为端承桩。桩端支撑于坚硬土层或岩层上的桩，当其穿越的土层为软土层时，由于软土层的摩擦阻力很小且不能全部发挥时，侧向摩擦力可以忽略；或者打入基岩的钻孔预制桩，其受力均为端承桩。当桩端未打入坚硬土层，桩的荷载主要依靠桩身与土的侧摩擦阻力来支撑时，称为摩擦桩。

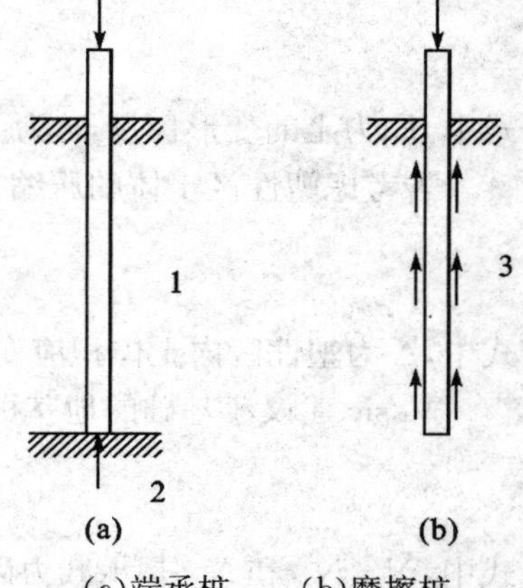

(a)端承桩　(b)摩擦桩

1—软层　2—硬层　3—一般土层

图 7.9　端承桩与摩擦桩

7.3.2 竖向承载力

海洋结构物单桩轴向受压承载力计算公式，美国API规范(RP 2A—WSD)、《港工桩基规范》给出如下：

$$Q=Q_f+Q_p=fA_s+qA_p \tag{7-41}$$

式中，Q_f 为桩侧摩擦阻力，Q_p 为桩端阻力，f 为土层的单位极限摩擦阻力，q 为桩端土的单位极限承载力，A_s 为桩身侧面积，A_p 为桩身截面积。

针对海洋结构物承受上拔力的受拉桩，其受力状态区别于受压桩：①受拉桩没有端部阻力；②桩体自重起抗拔作用；③上拔时桩体对桩周土体产生松动作用，侧摩阻力较低；④海洋结构物桩底存在较大的吸附力作用。

$$Q=\xi\cdot f\cdot A_s+W+Q_s \tag{7-42}$$

式中，ξ 为桩侧摩擦阻力拔压比系数，W 为桩体自重，Q_s 为桩端吸附力。

7.3.3 水平承载力

7.3.3.1 桩型判别准则

关于刚性桩与柔性桩的判别，国内外有不同的界定方法，我国《港口工程桩基规范JTJ254—98》规定，通过桩土相对刚度系数来判别，桩土相对刚度系数 T 通过下式计算：

$$T=\sqrt[5]{\frac{EI}{mb_0}} \tag{7-43}$$

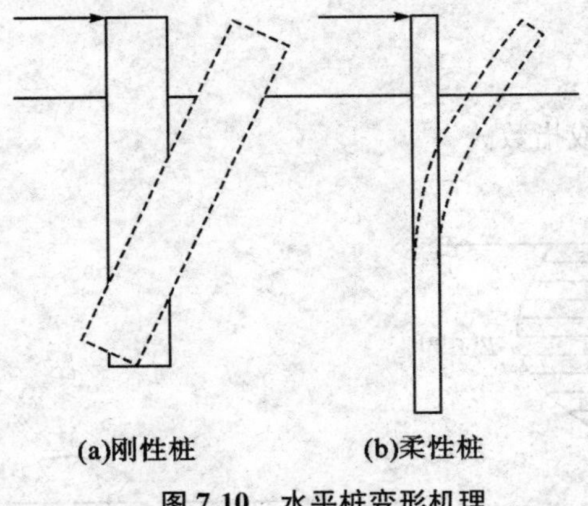

(a)刚性桩　　(b)柔性桩

图 7.10　水平桩变形机理

式中，E、I 分别为桩基弹性模量与截面惯性矩，m 为地基系数，b_0 为计算宽度。

根据桩土相对刚度系数 T 的不同，《港口工程桩基规范》(JTJ254—98)将桩基分为弹性长桩、弹性桩和刚性桩，判别标准见表 7.1。

表 7.1　桩基刚度判别

弹性长桩	弹性桩（中长桩）	刚性桩
$L_t \geqslant 4T$	$2.5T \leqslant L_t \leqslant 4T$	$L_t < 2.5T$

注：L_t 为桩基入土深度。

1989 年，Polous 和 Hull 提出了利用桩土相对刚度判别刚性桩与柔性桩的计算方法。

$$4.8 < \frac{E_s L^4}{E_p I_p} < 388.6 \tag{7-44}$$

式中，E_s 为土体弹性模量，L 为桩基埋深，E_p 为桩基弹性模量，I_p 为桩基截面惯性矩。

7.3.3.2　水平桩变形曲线

按照欧拉-伯努利梁理论，水平受荷桩的基本挠曲线微分方程表示为

$$EI\frac{\mathrm{d}^4 y}{\mathrm{d}x^4} + bp(x,y) = 0 \tag{7-45}$$

式中，EI 为桩身抗弯刚度，y 为桩身挠度，x 为土面到桩身某点的距离，b 为桩基计算宽度，$p(x,y)$ 为作用在桩基单位面积上的反力。求解挠曲线的核心问题，为确定桩基上的土反力 $p(x,y)$，主要可分为弹性地基反力法，$p-y$ 曲线法和极限地基反力法。

(1)弹性地基反力法

弹性地基反力指桩土产生相对位移 x 时，地基土体作用在桩基上的反力。弹性地基反力法将地基土体假定为弹性体，通过梁弯曲理论求解地基抗力 $p(x,y)$。

$$EI\frac{\mathrm{d}^4 y}{\mathrm{d}x^4} + bp(x,y) = 0 \tag{7-46}$$

$$p(x,y) = (a + mx^4)y^n = k(x)y^n \tag{7-47}$$

式中，$p(x,y)$ 为单位面积上的桩侧土抗力；

y 为水平方向变形；

x 为地面以下深度；

b 为桩的宽度或半径；

a、m、n 为待定常数或指数。

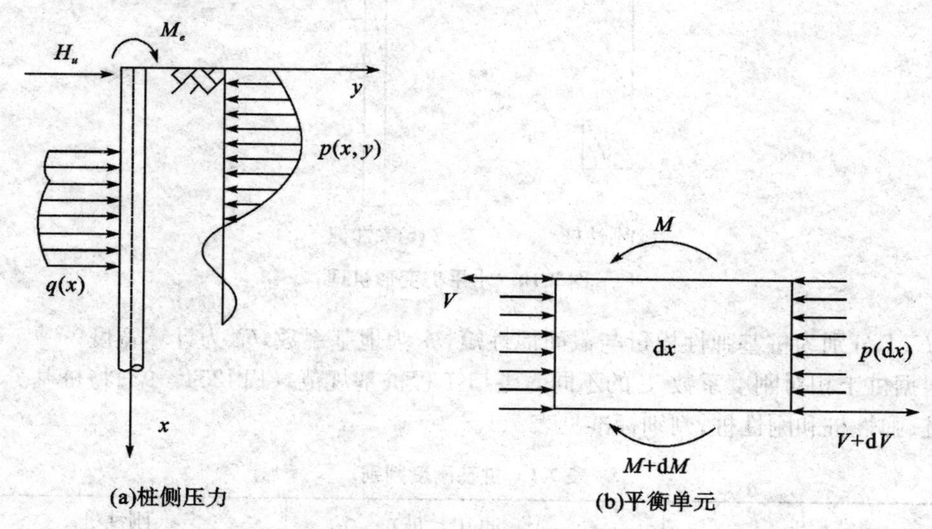

图 7.11　弹性地基反力法

我国规范推荐的桩基水平抗力计算方法为 Winkler 地基梁法，假定地基土体抗力方程为

$$p(x,y)=k(x)\cdot x^m\cdot y^n\cdot b_0 \tag{7-48}$$

式中，y 为桩基水平位移，b_0 为桩的计算宽度，m、n 为系数，$k(x)$ 为桩的水平变形系数。

(2) $p-y$ 曲线法

由于能够考虑桩周土体在水平荷载作用下的非线性响应，$p-y$ 曲线法得到了较为广泛的应用，该方法将桩周土体的抗力用一系列相互独立的非线性弹簧模拟，如图 7.12。

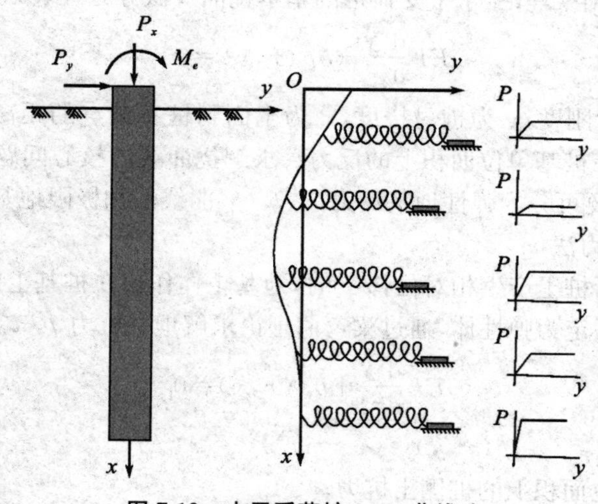

图 7.12　水平受荷桩 $p-y$ 曲线法

根据美国 API 协会，Reese 于 1974 年提出了砂土分段 $p-y$ 曲线，如图 7.13 所示。

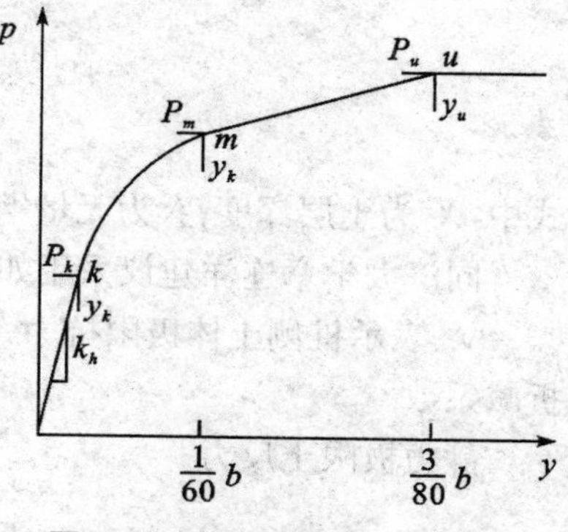

图 7.13　砂土地基 $p-y$ 曲线

建议采用基于双曲正切函数的 $p-y$ 曲线法，

$$p=Ap_u\tanh\left(\frac{kx}{p_u}y\right) \tag{7-49}$$

式中，p_u 为桩周土体极限水平抗力；k 为初始地基反力模量；x 为桩基截面距离土表面的深度；y 为 x 截面处桩基位移；A 为经验修正系数，对循环荷载 $A=0.9$，对静力荷载 $A=3-0.8\,x/b>0.9$；b 为桩基计算宽度。

桩周极限承载能力 p_u 选择 p_{us} 与 p_{ud} 较小值，p_{us} 适用于深度较浅处，p_{ud} 适用于更深处，采用下式计算：

$$p_{us}=(C_1\times H+C_2\times D)\cdot\gamma\cdot H \tag{7-50}$$

$$p_{ud}=C_3\cdot D\cdot\gamma\cdot H \tag{7-51}$$

式中，H 为桩埋深，D 为桩径，γ 为土的有效容重，C_1、C_2、C_3 为取值与砂土内摩擦角相关的常数，取值参见 API 规范。

针对饱和软黏土，1975 年 Matlock 根据位于 Sabine 和 Austin 的现场试桩试验，提出了适用于软黏土的 $p-y$ 曲线计算方法，见图 7.14 和表 7.2。

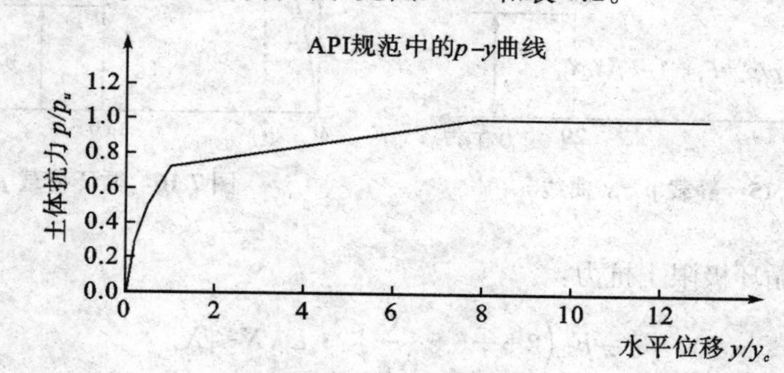

图 7.14　黏土地基 $p-y$ 曲线

表 7.2　黏土的静载 $p-y$ 曲线

p/p_u	0	0.29	0.50	0.72	1.00	1.00
y/y_c	0	0.2	1.0	3.0	8.0	∞

式中，p 为桩侧土体抗力，y 为桩侧土体位移，ε_c 为土体不排水三轴压缩试验峰值强度一半时应力所对应的应变。

$$y_c=2.5\varepsilon_c\cdot D \tag{7-52}$$

p_u 为桩侧土体极限承载力，计算公式如下：

$$p_u=\left(3c+\gamma'\cdot X+J\cdot\frac{c\cdot X}{D}\right)\cdot D,X<X_R \tag{7-53}$$

$$p_u=9c\cdot D, X\geqslant X_R \tag{7-54}$$

$$X_R=\frac{6D}{\frac{\gamma'\cdot D}{c}+J} \tag{7-55}$$

式中,X 为土层深度;J 为无量纲系数,取值介于 0.25~0.5 之间;D 为桩径。

同济大学章连洋建议采用如下 $p-y$ 曲线分析水平受荷桩。

y_{50}表示桩侧土体极限抗力一半时的位移,$y_{50}=4.5\varepsilon_c D^{3/4}$;$X_{rs}$为桩影响深度;$F_s$ 为折减系数。

静力极限土反力

$$p_u=F_s\left(2.5+6.5\frac{X}{X_{rs}}\right)c\cdot D, X<X_{rs} \tag{7-56}$$

$$p_u=9F_s\cdot c\cdot D, X\geqslant X_{rs} \tag{7-57}$$

而对于循环荷载情况下,则采用如下循环加载 $p-y$ 曲线

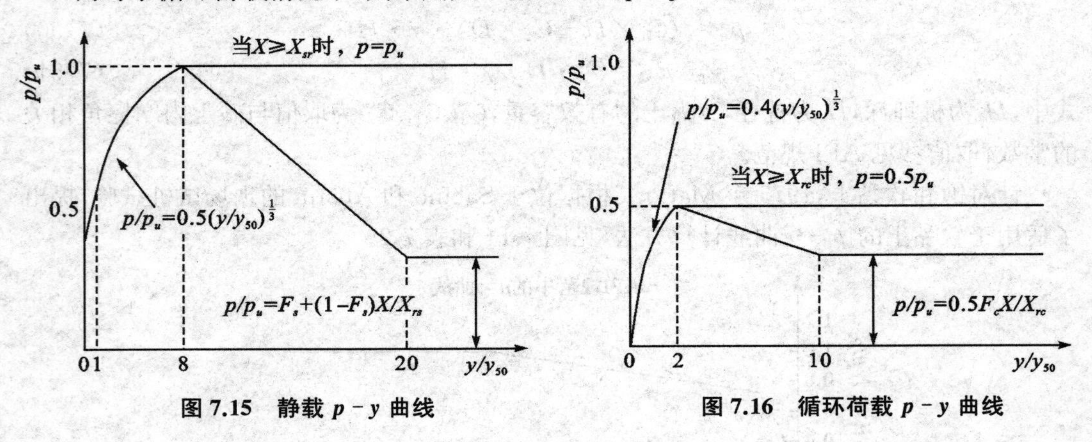

图 7.15 静载 $p-y$ 曲线　　图 7.16 循环荷载 $p-y$ 曲线

F_c 为折减系数,循环极限土抗力:

$$p_u=F_c\left(2.5+6.5\frac{X}{X_{rs}}\right)c\cdot D, X<X_{rs} \tag{7-58}$$

$$p_u=9F_c\cdot c\cdot D, X\geqslant X_{rs} \tag{7-59}$$

式中,折减系数 F_c、F_s 如表 7.3 所示。

表 7.3 折减系数

折减系数 F	荷载形式	ε_c		
		<0.007	0.007~0.02	>0.02
F_s	静载	0.50	0.75	1.00
F_c	循环荷载	0.33	0.67	1.00

(3)极限地基反力法

极限地基反力法只适用于水平荷载作用下刚性桩的求解。假定桩土系统处于极限

平衡状态,极限状态下的地基反力分布形式均来自于假定,由作用于桩身的外部荷载与平衡条件求得地基的反力,极限地基反力法的地基抗力基本表达式如下:

$$p_u = p(x) \tag{7-60}$$

极限地基反力法最早由 Rase 提出,地基反力只与地基深度 x 相关,而与桩身变形 y 无关。之后,Hansen, Broms, Petrasovits、Award, Meyerhof 等人分别先后提出了不同的地基反力分布形式,如图 7.17 所示。

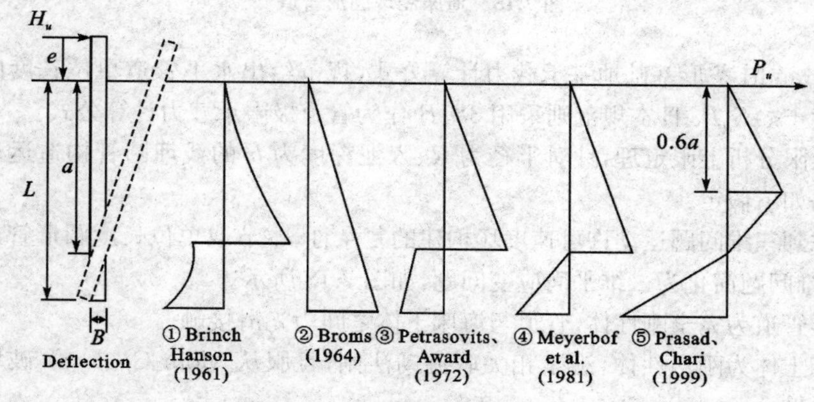

图 7.17　地基极限土抗力分布曲线

①Hansen 法。

无黏性土极限土抗力表达式:

$$p_u = K_q \gamma \cdot zB \tag{7-61}$$

式中,K_q 为 Hansen 土压力系数,与土体有效内摩擦角 φ 相关;z 为土面下深度;B 为桩径。

②Broms 法。

无黏性土极限土抗力表达式:

$$p_u = \alpha K_p \gamma \cdot zB \tag{7-62}$$

式中,α 为修正系数,取值为 3~5。

③Petrasovits、Award 法。

无黏性土极限抗力表达式:

$$p_u = (3.7K_p - K_a) \cdot \gamma \cdot zB \tag{7-63}$$

式中,K_a、K_p 分别为朗肯主动土压力系数与被动土压力系数。

7.4　自沉海管

海床上不要求埋设的海底管道,对其进行在位期间稳定性分析时,管道在自重与水动力作用下的入泥深度 h 是一个非常重要的参数,如图 7.18 所示。

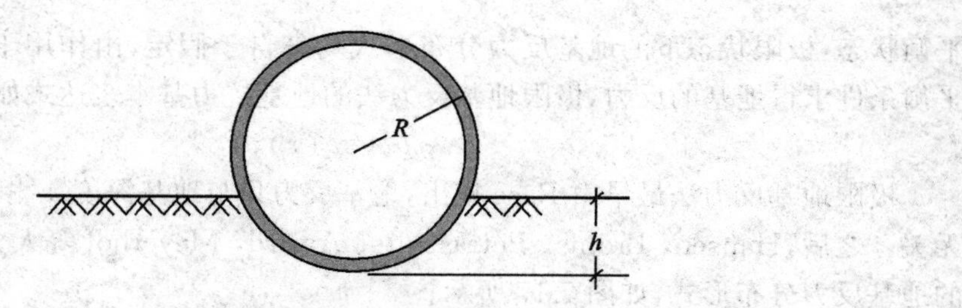

图 7.18　海床浅埋圆形管道

借鉴 Prandtl 条形基础地基承载力计算公式，规范给出水下管道单位长度的极限承载能力为$(2+\pi)S_uB$，日本规范则采用 $3S_uB$ 作为管道极限承载力计算公式。

根据极限分析上限定理，针对半径为 R、入泥深度为 h 的浅埋圆管构造运动许可速度场。做出如下假定：

①考虑到三维问题运动许可速度场构建的复杂性，本节取单位长度圆形管道为研究对象，将三维问题简化为二维平面应变问题，如图 7.18 所示。

②圆形管道为完全刚性体，管道与海床土体之间为光滑接触。

③海床土体为刚塑性体，满足相关联流动法则，且服从 Mohr-Coulomb 破坏准则与简单加载条件。

④管道周围海床土体破坏区分为两部分：abc 塑性剪切变形区、acd 三角形 Rankine 被动区，如图 7.19 所示。

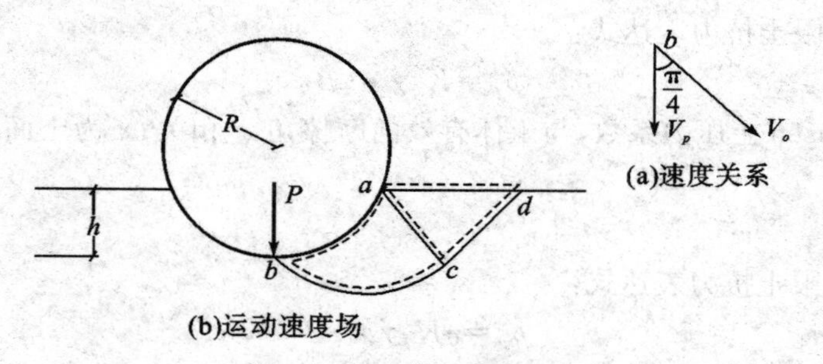

图 7.19　运动许可速度场

⑤基础竖向初始速度为 V_P。

⑥为了简化推导，暂不考虑重力作用。

基于图 7.20，可求得当圆形管道入泥深度为 h 时，存在如下关系：

$$ob=\frac{\sqrt{2}}{2}h+\sqrt{h\left(R-\frac{h}{2}\right)} \tag{7-64}$$

$$oa=-\frac{\sqrt{2}}{2}h+\sqrt{h\left(R-\frac{h}{2}\right)} \tag{7-65}$$

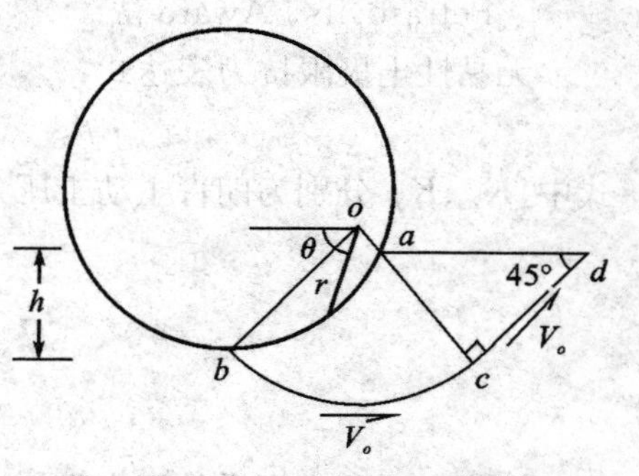

图 7.20　运动速度场几何关系

$$\theta=\arccos\left(\frac{r}{A}-\frac{B}{Ar}\right)-\arctan\left[\frac{2\sqrt{2}R}{\sqrt{2}h+2\sqrt{h\left(R-\frac{h}{2}\right)}}-1\right] \tag{7-66}$$

其中，

$$A=2\sqrt{R^2-\sqrt{2}(R-h)\sqrt{h\left(R-\frac{h}{2}\right)}},B=\sqrt{2}(R-h)\sqrt{h\left(R-\frac{h}{2}\right)} \tag{7-67}$$

利用极限分析上限定理，求得如表 7.4 所示的数据。

表 7.4　不同工况下管道承载能力与入泥深度

h \ Q	管道半径 R							
	0.25	0.5	0.75	1.0	1.25	1.5	1.75	2.0
0.1R	1.427 3	2.994 4	4.576 8	6.168 2	7.765 6	9.367 3	10.972 3	12.579 9
0.3R	1.804 9	4.359 8	6.870 6	9.391 0	11.924 1	14.467 8	17.02	19.579 3
0.5R	2.177 3	4.354 5	7.837 4	10.930 5	14.019 1	17.116 7	20.224 6	23.342
0.7R	2.430 9	4.861 9	7.948 3	11.663 6	15.188 6	18.695 7	22.206	25.724 1
0.9R	2.611 3	5.222 6	7.833 9	11.666 2	15.701 5	19.565 3	23.399 9	27.231 3

给出管道自沉深度计算公式

$$Q=2(2+\pi)S_u\cdot h\cdot\sqrt{2R/h-1}+\frac{1}{2}\sqrt{2Rh}\cdot S_u \tag{7-68}$$

式中，Q 为管道重力，h 为管道自沉深度。

7.5　桶形基础

7.5.1　竖向承载力

API 经验公式认为桶形基础的竖向承载力与基础在竖向荷载作用下的破坏模式以及土体的剪切强度有很大的关系，在考虑了桶内土塞运动特性的前提下，给出了如下形式的桶形基础竖向承载力计算式。

$$P=P_{\text{ult}}=\alpha S_u+\alpha' S_u+W=N_o S_u \tag{7-69}$$

式中，α、α'分别为桶外侧土体和桶内侧土体与桶体作用系数；W 当桶壁与桶内土塞紧密结合时，取桶土总重，否则仅取桶重；N_o 为竖向承载力系数，桶土一体时取 9～10，桶土分离时取 7～8。

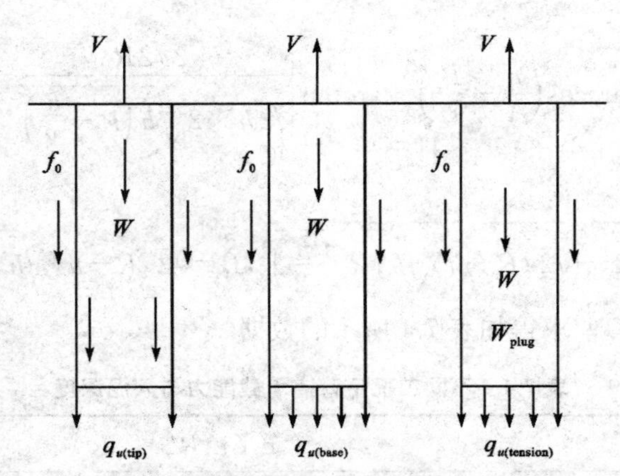

图 7.21 桶形基础在竖向荷载作用下的破坏模式

Deng. W.和 Carter. J. P.给出了桶形基础竖向抗拔承载力计算公式。

①不固结不排水情况下：

$$P_u = N_c d_c S_{u(\mathrm{tip})} + \gamma' L \tag{7-70}$$

$$N_c = 8\left(\frac{L}{D}\right)^{-0.1833} \tag{7-71}$$

$$d_c = 1 + 0.4\tan^{-1}(L/D) \tag{7-72}$$

式中，L 为桶形基础贯入土中的深度，D 为圆桶直径，γ'为土体的有效重度，$S_{u(\mathrm{tip})}$为桶形基础顶部土体不排水抗剪强度，N_c 为竖向抗拔承载力系数，d_c 为基础嵌入系数。

②在固结不排水条件下，桶形基础竖向抗拔承载力考虑了桶壁与桶底对基础抗拔承载力的贡献，计算公式为

$$P_{u(\mathrm{net})} = N_f P_{u(\mathrm{drainned})} + N_b S_{u(\mathrm{tip})} \tag{7-73}$$

$$N_f = 0.632 - 0.091\ln\left(\frac{L}{D}\right) \tag{7-74}$$

$$N_b = [0.5869 - 0.4458\ln(T_k)] \cdot 1.6^{\left(\frac{L}{D}\right)} \tag{7-75}$$

$$T_k = \frac{k}{v} \tag{7-76}$$

式中，N_f 为摩擦系数，N_b 为桶底与土抗裂系数，T_k 为无量纲加载参数，k 为土体渗透系数，v 为荷载作用下桶体从土中拔出时的速度。

③在固结排水条件下，桶形基础的抗拔承载力等于土体与桶壁的摩擦力，相应的抗拔承载力计算公式为

$$P_{u(\mathrm{net})} = 9.1\left(\frac{L}{D}\right)^{0.5372}(1-\sin\varphi) \cdot \mathrm{OCR}^{0.5}\tan\varphi \cdot \sigma'_{v(\mathrm{bottom})} \tag{7-77}$$

$$f_s = \sigma'_h \tan\delta \tag{7-78}$$

式中，σ'_h为深度 h 处土体水平向有效应力，δ 为桶土界面摩擦角，φ 为土体有效内摩擦角，OCR 为土体超固结比，$\sigma'_{v(\mathrm{bottom})}$为桶底土体受到的竖向有效应力。

7.5.2　水平承载力

Deng 和 Carter 给出不固结不排水条件下桶形基础水平承载力计算公式

$$H_u = N_h A S_{u(2L/3)} \tag{7-79}$$

$$N_h = \frac{\alpha}{\sqrt{\left(\frac{\alpha}{6.3} - \frac{D^*}{L}\right)^4 + \left(\beta \frac{D^*}{L}\right)}} \tag{7-80}$$

其中，

$$\alpha = 7.02\left(\frac{L}{D}\right)^{-0.3785} \tag{7-81}$$

$$\beta = 1.58\exp\left(-0.775\left(\frac{L}{D}\right)\right) \tag{7-82}$$

式中，N_h 为水平承载力系数，$S_{u(2L/3)}$ 为指定深度处土体的不排水抗剪强度，D^* 为水平荷载作用点到土表面的距离，L/D 为桶的长径比，α、β 为无量纲参数。

根据桩基设计中极限平衡法的 Engel 假设，刘振纹分析了水平荷载作用下桶形基础地基极限承载力，给出水平承载力的计算公式：

$$H = \frac{D(14l^2 + 3\pi D^2)}{12(h+l)} S_u \tag{7-83}$$

式中，D 为圆桶直径(m)，l 为桶的高度(m)，h 为加荷点位置(m)，S_u 为土体不排水抗剪强度(kPa)。

假定桶形基础为刚性体，按照弹性抗力的计算方法，假定土体水平抗力分布成抛物线，存在下述水平承载力计算公式：

$$H = \alpha \frac{b_0 m h^2 (b_0 m h^4 + 18 W C_0 a)}{6(b_0 m h^3 (4f + 3h) + 6 W C_0 a)} \tag{7-84}$$

式中，α 为水平承载力折减系数，b_0 为基础的计算宽度，m 为土抗力系数，h 为桶形基础贯入深度，f 为水平荷载加载点距离地面的距离，W 为基础截面抗弯系数，C_0 为深度 h 处竖向地基系数，a 为修正系数。

基于土体塑性理论，按照能量耗散的观点提出倾斜荷载作用下承载力的计算公式。

$$H = \frac{\int (F_{1s} \mid 1 - (z/L_0) \mid + F_{as}\xi)\, dz + (M_b/L_0) + V_b\xi}{(\xi \tan\psi + \mid 1 - L_1/L_0 \mid)} \tag{7-85}$$

$$F_{as} = P_a D \tag{7-86}$$

$$F_{1s} = P_l D \tag{7-87}$$

$$P_a = N_{as}(\psi) S_u \tag{7-88}$$

$$P_l = N_{ps}(\psi, z) S_u \tag{7-89}$$

式中，ψ 为力作用的方向与水平方向的夹角，ξ 为承载力修正系数，L_1 为荷载作用的位置距土顶面的竖向距离(m)，L_0 为转动中心位置距土顶面的竖向距离(m)，F_{as}、F_{1s} 为沿着桶侧竖向力分量和水平力分量(kN)，P_l 沿着桶侧单位面积上的竖向及水平向承载力(kPa)，N_{as}、N_{ps} 为竖向及水平向承载力系数。

7.6 平台插拔桩

自升式平台的桩靴入泥过程主要包括插桩、预压和作业自存三个阶段，如图 7.22 所示。

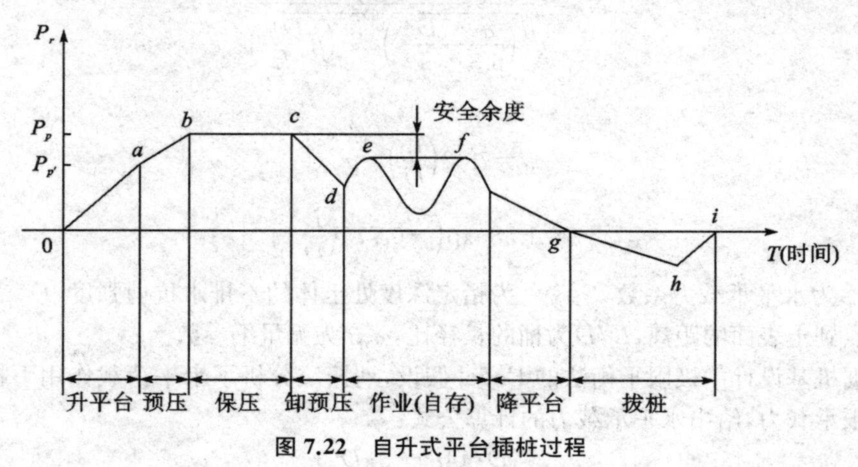

图 7.22 自升式平台插桩过程

7.6.1 插桩入泥

根据海洋井场调查规范（SY/T 6707—2008），可将桩靴等效为与桩靴最大横截面面积相同的圆。计算该圆在一定深度下土体的极限承载力，直到土体的极限承载力等于桩靴对土体所施加的压力为止。其计算公式如下：

$$Q=q_nA+\gamma_1V \tag{7-90}$$

式中，Q 为桩基承载力，kN；

q_n 为桩脚单位面积极限承载力，黏性土和粒状土计算公式不同，kPa；

A 为桩脚的最大截面积，m^2；

γ_1 为桩脚排开土的平均有效重度，kN/m^3；

V 为桩脚排开土的体积，m^3。

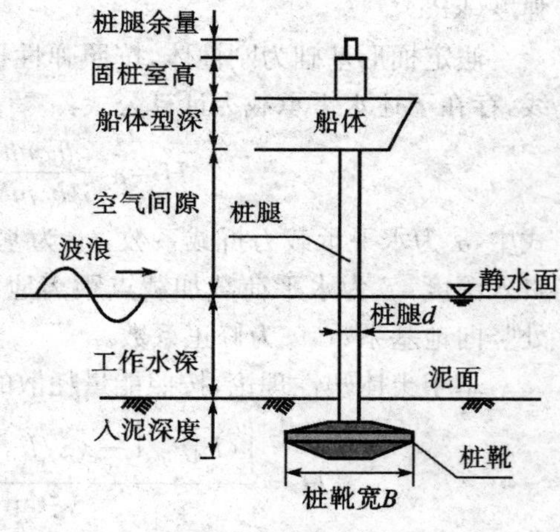

图 7.23 平台插桩入泥

①对于不排水黏性土：

$$q_n=S_uN_c \tag{7-91}$$

$$N_c=6(1+0.2D/B) \tag{7-92}$$

式中，S_u 为桩脚下 $B/2$ 深度以内平均不排水抗剪强度，kPa；

B 为最宽截面的桩脚直径，m；

N_c 为不排水黏性土的无量纲承载力系数，$\leqslant 9$；

D 为最宽截面的桩脚入泥深度，m。

②对于排水粒状土：

$$q_n = 0.3\gamma_2 B N_\gamma + P_0(N_q - 1) \tag{7-93}$$

式中，γ_2 为桩脚下 $B/2$ 以内土的平均有效重度，kN/m^3；

N_q、N_γ 为 Terzaghi 无量纲承载力系数；

B 为最宽截面的桩脚直径，m；

P_0 为桩脚深度处的有效上覆土压强，$\sum$（每层土容重×本层土厚度），kPa。

7.6.2　拔桩阻力

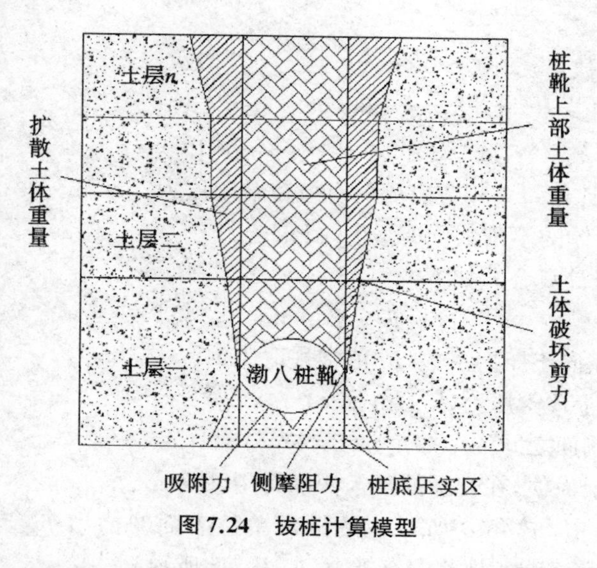

图7.24　拔桩计算模型

自升式平台在拔桩过程中拔桩阻力由桩靴底部吸附力、桩靴侧面摩擦阻力、桩靴上部覆土的重力 P_1、P_2 和桩侧土体的剪切破坏力组成。根据图7.24的计算模型，具体计算表达式如下：

$$F = P_1 + P_2 + \tau + F_s + F_t \tag{7-94}$$

(1)桩靴上部土体重量

$$P_1 = \sum_{i=1}^{i=n} \gamma_i' h_i A \tag{7-95}$$

式中，γ_i' 为桩靴上部各层覆土的有效容重，kN/m^3；

h_i 为桩靴上部各层覆土的厚度，m；

A 为桩靴的最大横截面面积，m。

(2)扩散角引起的桩靴上部土体重量

$$P_2 = \sum_{i=1}^{i=n} \frac{\gamma_i' \pi h_i}{3}(2R_i^2 - r_i^2 - R_i r_i) \tag{7-96}$$

式中，γ_i' 为桩靴上部各层覆土的有效容重，kN/m^3；

h_i 为桩靴上部各层覆土的厚度，m；

R 为土层顶面土体破坏圆的半径，m；

r 为土层底面土体破坏圆的半径，m。当土体为第一层时，若桩靴为方形结构，r 为等效圆的半径。

(3)桩靴侧面摩擦阻力

$$\tau = f \cdot A_s \tag{7-97}$$

式中,f 为单位表面摩擦力,kN/m^2;

A_s 为桩靴最大截面处的侧表面积,m^2。

单位表面摩擦力 f 按下式确定:

①对于黏性土,计算公式如下:

$$f = \alpha \cdot S_u \tag{7-98}$$

式中,α 为无量纲系数,$\alpha \leqslant 1.0$:

$$\alpha = 0.5\varphi^{-0.5} \quad (\varphi \leqslant 1.0) \tag{7-99}$$

$$\alpha = 0.5\varphi^{-0.25} \quad (\varphi > 1.0) \tag{7-100}$$

式中,φ 为S_u/P_0的比值,P_0 相应点处的有效覆盖土压力,kN/m^2;

S_u 为相应点土体的不排水抗剪强度,kPa。

②对于粒状土,计算公式如下:

$$f = K \cdot P' \cdot \tan\delta \leqslant f_{max} \tag{7-101}$$

式中,K 为无量纲横向土压力系数,K 值常规取 1.0;

P'为平均有效上覆土压力,kN/m^2;

δ 为土和桩腿侧面之间的摩擦角;

f_{max}为摩擦力最大值,在较深的贯入深度时用,kN/m^2。

关于桩土间不同摩擦角 δ 所对应的极限单位表面摩擦力 f_{max} 和极限桩端承载力 q_{max},在 SY/T 10030—2004 规范中有推荐,如表 7.5 所示。

表 7.5 粒状土设计参数

密度	土的类别	桩-土摩擦角 δ,(°)	极限单位表面摩擦力 f_{max}(kPa)	极限单位桩端承载力 q_{max}(MPa)
很松 松 中松	砂土 砂质粉土 粉土	15	47.8	1.9
松 中等 密实	砂土 砂质粉土 粉土	20	67.0	2.9
中等 密实	砂土 砂质粉土	25	81.3	4.8
密实 很密实	砂土 砂质粉土	30	95.7	9.6
密实 很密实	砾石 砂	35	114.8	12.0

（4）土体破坏时的剪切力

$$F_s=\sum_{i=1}^{i=n}S_{ui}\times A_i \tag{7-102}$$

式中，S_{ui}为第i层土的平均不排水抗剪强度。此处为原状土受扰动后并固结一段时间的S_{ui}值，可能比原状土的S_u值要小，从保守角度考虑，此处S_{ui}值由原状土强度确定；A_i为第i层土的土体锥形面侧面积。

（5）桩靴底部吸附力F_t

当土体的超静水孔压消散时：

$$F_t=5AS_u\left(1+0.2\frac{H}{D}\right)\times\left(1+0.2\frac{D}{L}\right)-\tau \tag{7-103}$$

当土体没有固结时：

$$F_t=AS_u\left(1+0.1\frac{H}{D}\right) \tag{7-104}$$

式中，A为桩靴最大横截面面积，m^2；

S_u为桩靴底面土体平均不排水抗剪强度，kPa；

H为插桩深度（包括桩靴的高度h），即桩靴的最终入泥深度，m；

D为桩靴等效圆直径，m；

L为桩靴底面宽度，如果桩靴为圆形，则$L=B$；

τ为桩靴侧面摩擦阻力，kN。

7.6.3　穿刺分析

当自升式平台桩靴贯入上层砂土下层黏土地层时，ISO规范推荐基底荷载扩展法或冲剪法计算穿刺贯入阻力，如图7.25。

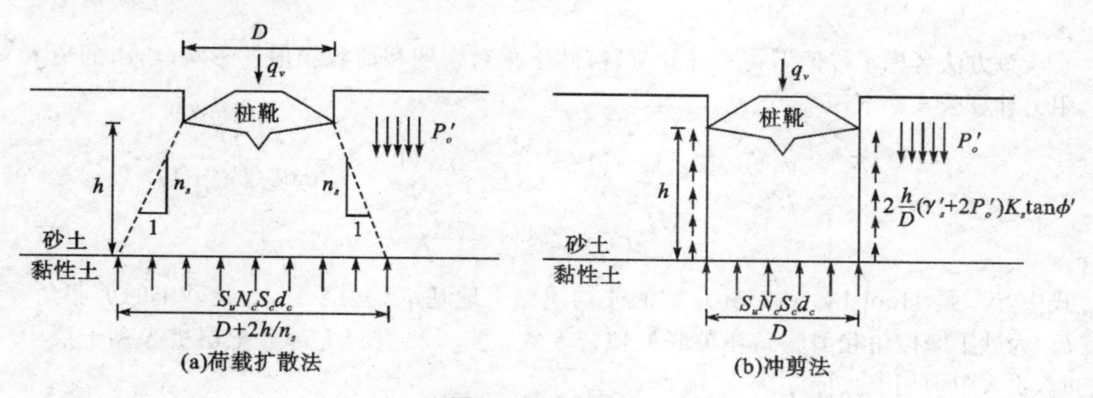

图7.25　穿刺模型

图中荷载扩展法，将上部砂土承受的荷载传递到黏土土层顶面，桩靴连同下部砂土等效直径为$D+2h/n_s$，仅考虑桩靴底部土体剪切抗力的贯入阻力计算式

$$q=\left(1+2\frac{h}{n_s D}\right)^2(s_u N_c s_c d_c+p'_0) \tag{7-105}$$

式中，h 为桩靴最大截面最低点处距离下部黏性土层的距离；n_s 为荷载扩展因子，介于3～5。

桩靴总贯入阻力应该考虑桩靴自身浮力与桩靴上部回填土的影响。荷载扩展法忽略了砂层对承载力的作用，冲剪法则假定荷载沿着与桩靴大小相同的垂直破坏面传递至黏性土顶面，冲剪贯入阻力有黏性土层顶面承载力和沿砂层破坏面的摩擦力组成：

$$q=(S_u N_c s_c d_c+p'_0)+2\frac{h}{D}(\gamma'_s h+2p'_0)K_s\tan\varphi \tag{7-106}$$

式中，K_s 为冲剪系数，依赖于两层土的强度比和砂土的有效内摩擦角。澳大利亚大学Hu等通过对松砂和中密砂进行离心机试验和大变形有限元仿真，提出了峰值贯入阻力法，如图7.26所示。

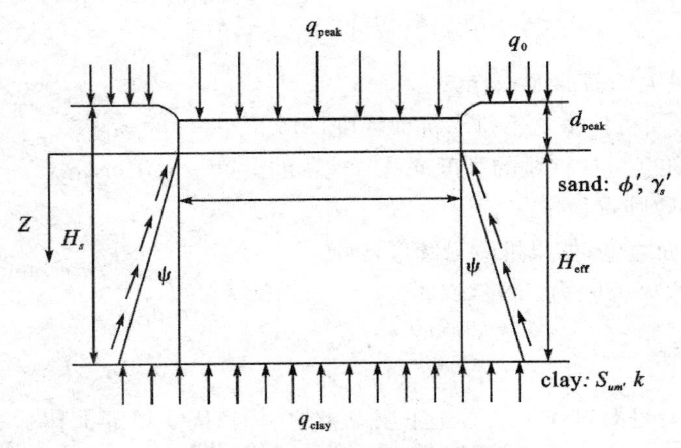

图 7.26　峰值总贯入阻力预测模型

该方法考虑了峰值阻力出现的位置，砂土相对密度和荷载幅值的影响，给出的贯入阻力计算公式如下：

$$q=(N_{c0}S_{um}+q_0+0.12\gamma'_s H_s)\left(1+\frac{1.76H_s}{D}\tan\psi\right)^{E^*}+\frac{\gamma'_s D}{2\tan\psi(E^*+1)}\cdot\left[1-\left(1-\frac{1.76H_s}{D}E^*\tan\psi\right)\left(1+\frac{1.76H_s}{D}\tan\psi\right)^{E^*}\right] \tag{7-107}$$

式中，N_{co} 是 Houlsby、Martin 总结的非均质黏土地基承载力系数，ψ 是砂土的剪胀角，E^* 为砂土摩擦角和剪胀角相关联的拟合系数。当桩靴贯穿上部砂土层贯入黏土层中时，贯入阻力用下式计算：

$$q=N_c S_{u0}+0.9H_s\gamma'\quad\left(0.16\leqslant\frac{H_s}{D}\leqslant1.0\right) \tag{7-108}$$

$$N_c=11\frac{H_s}{D}+10.5\quad\left(0.16\leqslant\frac{H_s}{D}\leqslant1.12\right) \tag{7-109}$$

对于软弱土层覆盖在坚硬土层之上的地基承载力，认为上层软弱土层存在临界深度，张其一等人给出了双层土极限承载力计算方法，公式计算结果如图 7.27。

$$H_{cr}=0.75B \quad (c_2 \geqslant c_1) \tag{7-110}$$

$$V=N_c+N_c\left(\frac{c_2}{c_1}-1\right)\exp\left(\left(22.5\exp\left(-0.825\frac{c_2}{c_1}\right)-8.5\right)\frac{H_1}{B}\right) \quad (H_1 \leqslant H_{cr}) \tag{7-111}$$

式中，c_1、c_2 为海床地基上下层土体粘聚力，B 为基础宽度，H_{cr}为上层软土临界深度。

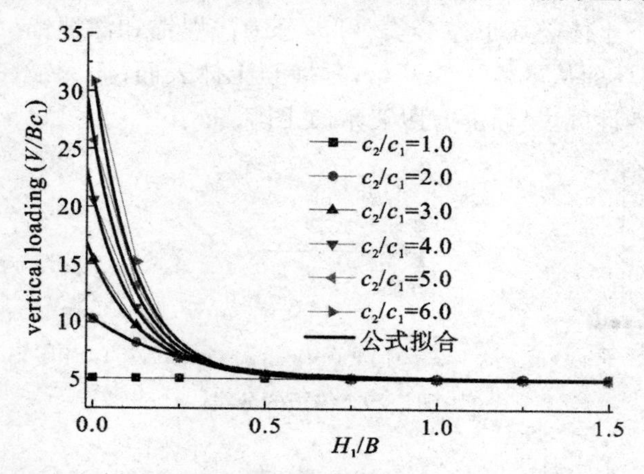

图 7.27 竖向极限承载力随 c_2/c_1、H_1/B 变化曲线

同时，给出了上硬下软双层地基坚硬土层临界深度与极限承载力计算公式，对比结果如图 7.28。

$$H_{cr}=\frac{c_1/c_2-1}{1/N_c+0.33(c_1/c_2-1)}B \quad (c_1 \geqslant c_2) \tag{7-112}$$

$$V=\left[N_c+\left(\frac{c_1}{c_2}-1\right)\left(0.016+1.7\frac{H_1}{B}+0.202\left(\frac{H_1}{B}\right)^2-0.11\left(\frac{H_1}{B}\right)^3\right)\right]c_2 \quad (H_1 \leqslant H_{cr}) \tag{7-113}$$

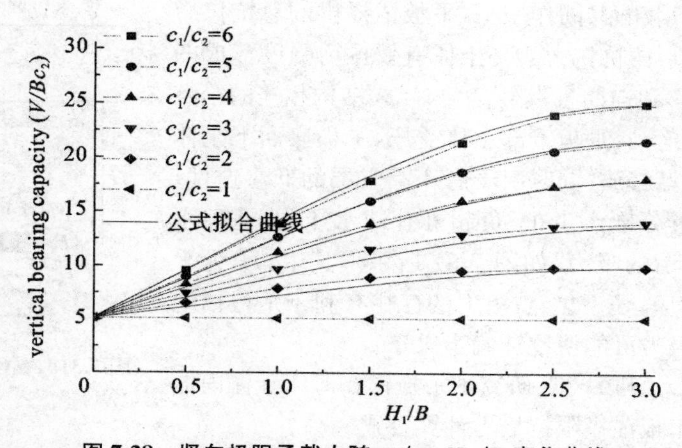

图 7.28 竖向极限承载力随 c_1/c_2、H_1/B 变化曲线

7.7 平板锚

随着 TLP 张力腿平台的建设，平板锚应运而生，工程中的平板锚包括水平锚、垂直锚和倾斜锚等形式，如图 7.29 所示，目前已有比较成熟的理论和承载力计算公式。按锚板在极限荷载作用下土体破坏形态分类，可以分为浅埋锚和深埋锚。对于浅锚，上方土体整体剪切破坏，破坏面从平板边缘开始，延展至土体表面；而深锚在极限平衡状态时，仅在锚板周围出现塑性区，呈局部剪切破坏，见图 7.30。

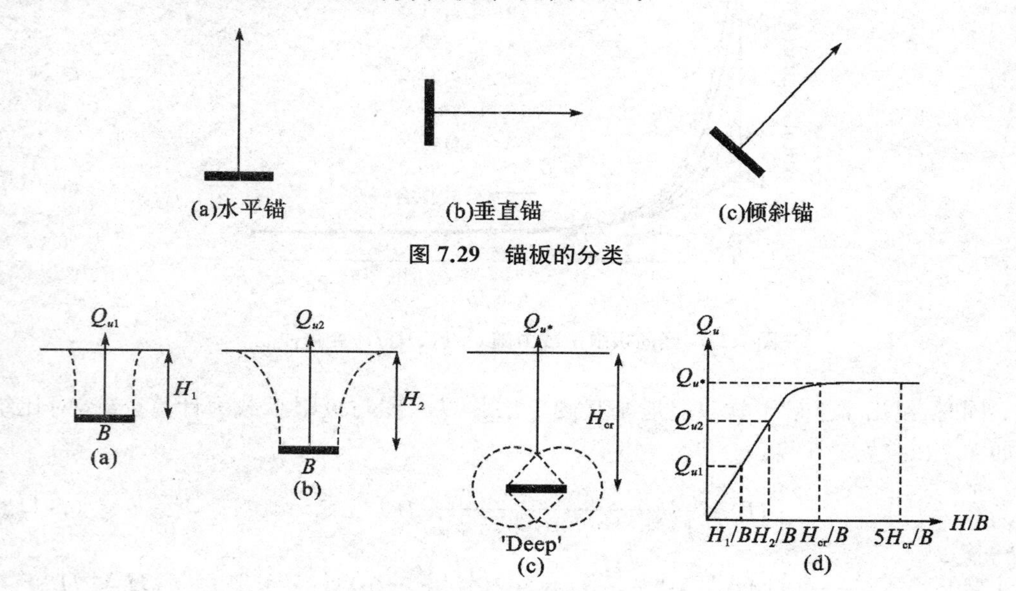

图 7.29 锚板的分类

图 7.30 浅锚和深锚破坏形态

在风、浪等荷载的共同作用下，平板锚提供的总抗拉力 Q_u 由三部分组成：净抗拉力 Q_u（土体有效抗剪强度形成的抗拉力）、吸力 F_s 和锚的自重 W_a。与浮式结构相连的锚链拉动平板锚向上运动，平板上部土体受压，平板底面下土体的自重应力则逐渐释放；同时由于海床黏土层的低渗透性，板上、下表面附近分别产生正、负超静孔隙水压力，孔隙水压力之差就是所谓的吸力，如图 7.31 所示。其中，H 为平板锚埋深，D 为其直径。显然，吸力的存在有利于平板锚地基的稳定，忽略吸力可能使设计偏于保守。

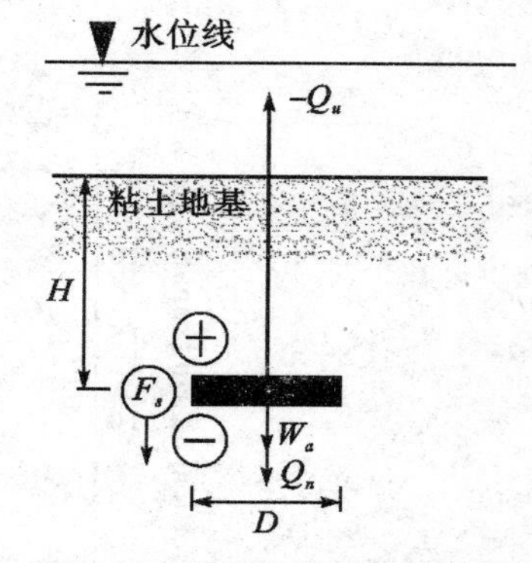

图 7.31 黏性土地基的平板锚

1982 年，Rowe 和 Davis 研究了平板锚在海床土体内的破坏形式，给出平板锚极限抗拔力计算公式

$$Q_u = A \cdot c \cdot F_c' \tag{7-114}$$

其中，系数 F_c' 取下式中的较小值：

$$F_c' = F_c + sq_h / c \tag{7-115}$$

$$F_c' = F_c^* \tag{7-116}$$

式中，F_c 表示不计土重且锚底与土体分离情况下的土抗力；F_c^* 表示不计土重且锚底与土体不分离情况下的土抗力；q_h 为上覆土容重；c 为黏土抗剪强度；s 为上覆土压力对极限土抗力的影响因子，当埋深与宽度比 $H/B=1.0$ 时，$s=0.5$，当 $H/B=3.0$ 时，$s=0.96$。

2001 年，Merifield 针对图 7.32 所示情况，给出了水平埋置和竖向埋置平板锚的承载力公式：

$$Q_u = B \cdot c_u(z) \cdot N_c \tag{7-117}$$

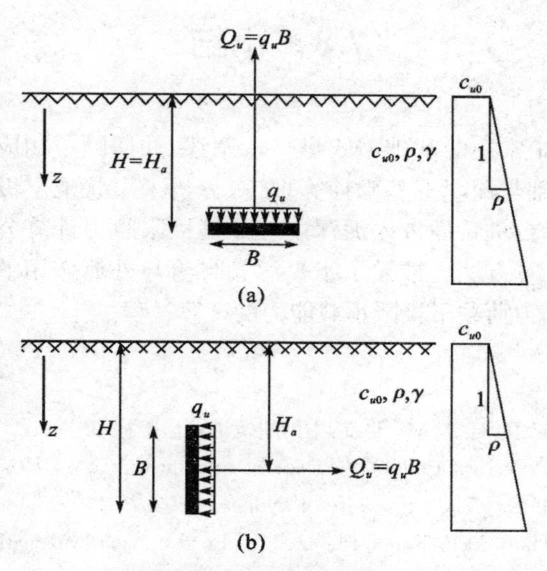

图 7.32　黏性海床上平板锚

式中，B 为平板锚宽度；$c_u(z)=c_{u0}+\rho \cdot z$，表示黏土抗剪强度随深度线性变化；$N_c$ 为抗拔极限承载力因子。

对于均质黏土承载力因子

$$N_c = \left(\frac{q_u}{c_u}\right)_{\gamma=0,\rho=0} + \frac{\gamma H_a}{c_u} \tag{7-118}$$

对于非均质黏土承载力因子

$$N_c = \left(\frac{q_u}{c_{u0}}\right)_{\gamma=0,\rho\neq0} + \frac{\gamma H_a}{c_{u0}} \tag{7-119}$$

式中，H_a 为平板锚受荷点距离海床面的距离。

另外，采用剑桥模型黏土参数，WOOD 给出了圆形平板锚抗拔极限承载力因子计算式

$$N_c = \frac{Q_u}{\pi D^2 c_u} = \frac{Q_n + F_s}{\pi D^2 c_u} \tag{7-120}$$

式中，D 为平板锚直径；F_s 为平板锚底部吸力；Q_n 为平板锚加载点处静拉力；Q_u 为平板锚加载点处极限抗拔力；c_u 为黏土不排水抗剪强度，与修正剑桥模型参数间关系为

$$c_u=\frac{Mp_0'}{2}2^{-\frac{\lambda-k}{\lambda}} \tag{7-121}$$

其中，M、λ、k 为剑桥模型参数，p_0' 为先期固结压力。

Das 和 Singh 利用极限分析方法研究了平板锚承载能力，给出计算公式：

$$Q_u=A\cdot(c_uN_{c0}+\gamma\cdot H_i) \tag{7-122}$$

式中，Q_u 为锚单位面积上的抗拉承载力；c_u 和 γ 分别为黏土的不排水强度与重度；N_{c0} 为无重土中的抗拉承载力系数，由小比尺模型试验确定；H_i 表示平板锚的初始埋深。

7.8 小结

本章对海洋工程中常用的基础型式进行了阐述，并回顾了相应的承载力计算公式。简述了海床表面浅基础与深埋桩基础计算理论，分析了层状地层极限承载能力、平台桩靴穿刺理论；给出了平台桩靴插桩入泥深度与拔桩极限阻力计算公式；并给出了桶形基础、平板锚的承载力计算方法。推导了水平海管自重与外荷作用下的贯入深度，并详细介绍了刚性桩静力、动力荷载下极限承载能力的计算过程。

参考文献

[1] 郑大同.地基极限承载力的计算[M].北京：中国建筑工业出版社，1979.

[2] Deng. W，Carter. J. P. Vertical Pullout Behvaior of Suction Caissons，Research Report，Center for Geotechnical Research[R]. The University of Sydney，1999.

[3] C. P. Aubeny，S.W Han，M.F. RandolPh. Inclined Load Capacity of Suction Caissons[J]. Intenrational Jounral for Numerical and Analytical Methods in Geomechanics，2010，27(14)：1235-1254.

[4] 张其一.复合加载模式下地基极限承载力与安定性的理论研究及其数值分析[D].大连：大连理工大学，2008.

第 8 章　复合加载下基础破坏包络面

8.1　前言

海洋结构物除了承受竖向自重荷载的长期作用，还受到狂风、暴雨、波浪等瞬时或循环荷载的作用，这些荷载效应通过基础传到地基中，从而使地基受到竖向、水平和力矩荷载的共同作用，这种加载方式称为复合加载，见图 8.1。复合加载情况下海洋结构物地基土体的稳定性，对结构物的安全运行至关重要。

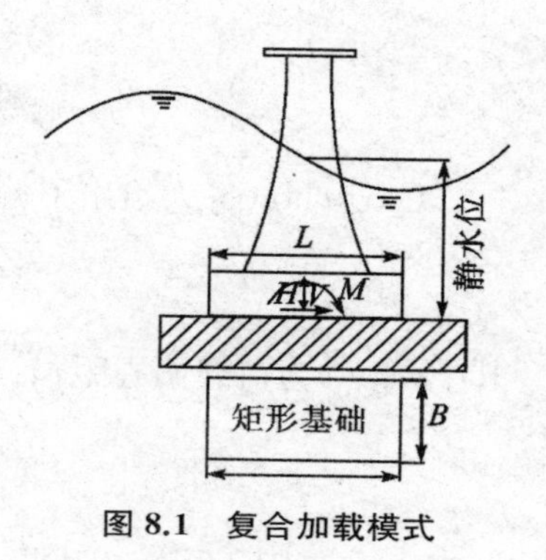

图 8.1　复合加载模式

8.2　浅基础

8.2.1　条形基础

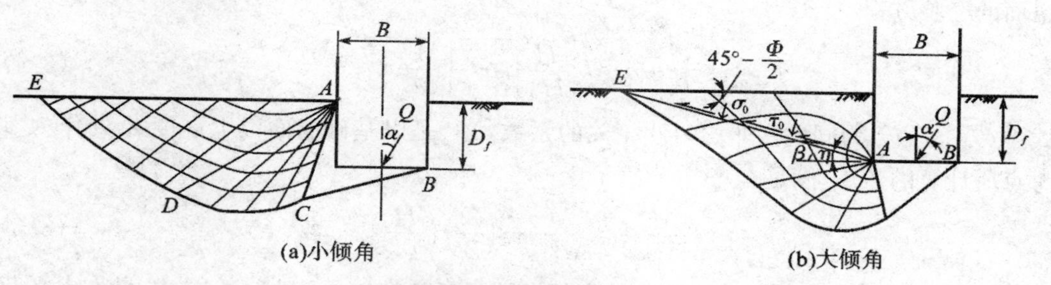

图 8.2　倾斜荷载下条形基础失稳模式

如图 8.2 所示二维条形基础，1954 年 Green 给出了水平荷载与竖向荷载共同作用下，不排水饱和软黏土地基极限承载力的理论解答：

$$
\begin{cases}
H/Bc=\pm 1 & \left(0\leqslant V/Bc\leqslant 1+\dfrac{\pi}{2}\right) \\
1+\dfrac{\pi}{2}+\cos^{-1}(H/Bc)+\sqrt{1-(H/Bc)^2}-V/Bc=0 & \left(1+\dfrac{\pi}{2}<V/Bc\right)
\end{cases}
\tag{8-1}
$$

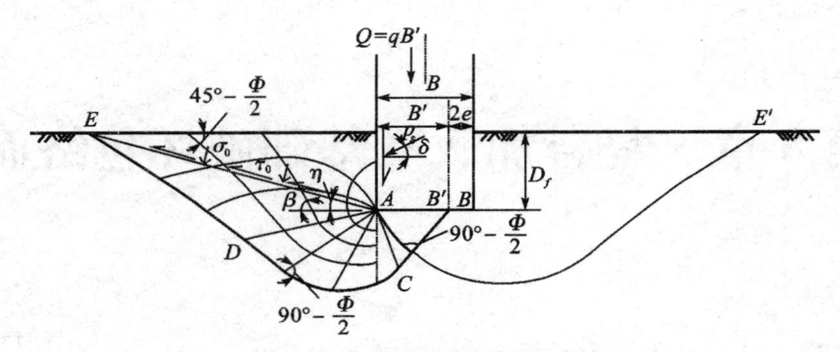

图 8.3 偏心荷载下条形基础失稳模式

Ukritchon 等人给出了偏心荷载作用下地基极限承载力的经验公式：

$$V=a_1\left\{1-a_2\left(\frac{2e}{B}\right)-a_3\left(\frac{2e}{B}\right)^2\right\}Bc \tag{8-2}$$

其中，$e\geqslant 0$ 为荷载偏心距，a_1、a_2 和 a_3 分别为

$$a_1=1+\pi-0.876\ 1\sin^{-1}|\overline{H}|+\sqrt{1-\overline{H}^2},\quad \begin{cases}a_2=(2+\pi)/a_1 & (-1\leqslant\overline{H}\leqslant 0)\\ a_2=1-\overline{H}+0.8\,\overline{H}^2 & (0\leqslant\overline{H}\leqslant 1)\end{cases}\quad \begin{cases}a_3=0 & (-1\leqslant\overline{H}\leqslant 0)\\ a_3=1-a_2 & (0\leqslant\overline{H}\leqslant 1)\end{cases} \tag{8-3}$$

式中，$\overline{H}=H/(Bc)$。

1998 年 Bransby 和 Randolph 认为复合加载模式下地基破坏时具有勺状和楔形两种破坏模式，基于极限分析上限定理，通过有限元数值计算方法，给出了地基破坏时破坏包络面的经验方程：

$$f=\left(\frac{V}{V_u}\right)^2+a^3\sqrt{\left|\frac{H}{H_u}\right|^{a_1}+\left|\frac{M^*}{M_u}\right|^{a_2}}-1=0 \tag{8-4}$$

式中，a_1、a_2、a_3 为同地基非均匀性相关的系数，M^* 是以基础底面以上高度 Z 处作为参考点所计算的力矩，满足

$$\frac{M^*}{ABc_0}=\frac{M}{ABc_0}-\left(\frac{Z}{B}\right)\left(\frac{H}{Ac_0}\right) \tag{8-5}$$

Bolton 提出了均质黏土地基上基底粗糙的条形基础的承载力计算公式，最大水平荷载为 $H_{\text{ult}}=Ac_u=(\frac{1}{2+\pi})V_{\text{ult}}$，且在 $V/V_{\text{ult}}\leqslant 0.5$ 时发生滑移破坏。对较大的竖向荷载，$V-H$ 包络面为

$$\frac{V}{V_{\text{ult}}}=\frac{\pi+1+\sqrt{1-(H/H_{\text{ult}})^2}-\sin^{-1}(H/H_{\text{ult}})}{\pi+2} \tag{8-6}$$

Butterfield 在模型试验基础上，提出当 V 为定值时用椭圆形包络面描绘组合极限荷载 $H-M$，进而结合 $V-H$、$V-M$ 抛物线型组合极限荷载包络面，提出一个简单的三维包络面，如图 8.4 所示。对位于砂土地基表面的条形基础，推荐包络面大小固定，

$M_{ult}/BV_{ult}=0.1$，$H_{ult}/V_{ult}=0.12$，在 $V/V_{ult}=0.5$ 时力矩和水平荷载均为最大。后来，Butterfield 对砂土地基上条形基础的破坏包络面表达式进行了改进：

$$\left(\frac{m}{t_M}\right)^2+\left(\frac{h}{t_H}\right)^2-2C\frac{m}{t_M}\frac{h}{t_H}-v(1-v)^2=0 \tag{8-7}$$

式中，$v=V/V_{ult}$，$h=H/V_{ult}$，$m=M/BV_{ult}$，t_M、t_H、C 为确定包络面形状的常量。

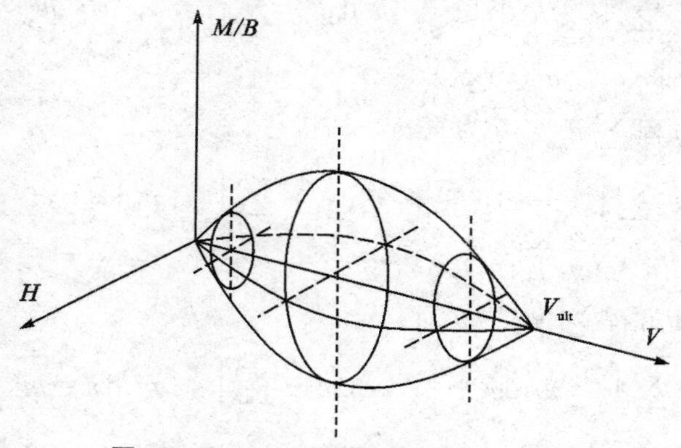

图 8.4　V-H-M 空间破坏荷载包络面

条形基础宽度为 B，假定地基土呈水平成层分布，且各层土体内聚力 c_i 沿深度呈线性变化，重度与摩擦角分别为 γ_i 和 φ_i。计算简图及坐标系如图 8.5 所示。栾茂田、张其一等人采用极限平衡变分解法，对其进行了求解。

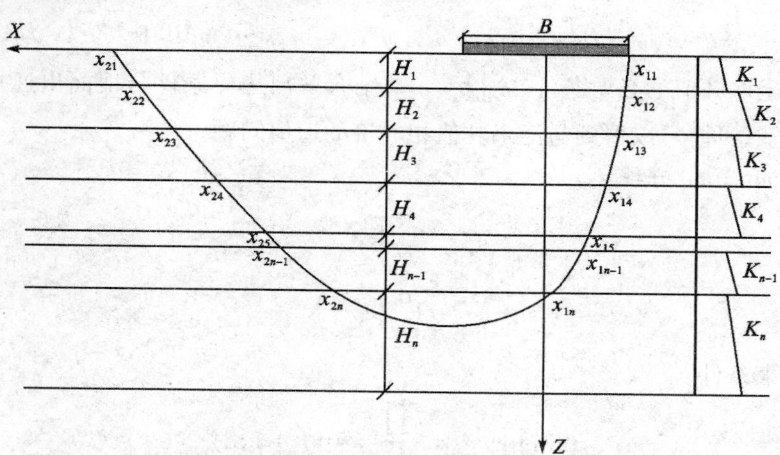

图 8.5　非均质地基受力分析及破坏机制

当土体达到极限平衡状态时，滑动土体与条形基础整体满足平面力系的三个平衡方程，即 $\sum F_x=0$、$\sum F_z=0$ 和 $\sum M=0$，土体滑裂面上正应力与剪应力服从

$$\tau(X)=c+\sigma(X)\tan\varphi \tag{8-8}$$

式中，内聚力 c 与摩擦角 φ 为水平成层分布，且服从

$$c=c_i=c_{i0}+k_i\gamma_i\left(Z-\sum_{j=1}^{i-1}H_j\right),\varphi=\varphi_i,\sum_{j=1}^{i-1}H_j\leqslant Z\leqslant\sum_{j-1}^{i}H_j(i=1,2,\cdots,n) \tag{8-9}$$

式中，n 为地基有效持力层数，为了使推导过程更方便，做如下无量纲变化

$$x=\frac{X}{B},z=\frac{Z}{B},\sigma=\frac{\sigma}{\gamma B},c=\frac{c}{\gamma B},v=\frac{V}{\gamma B^2},h=\frac{H}{\gamma B^2},m=\frac{M}{\gamma B^3}$$

水平向力的平衡方程 $\sum F_x=0$ 为

$$\sum_{i=1}^{n-1}\int_{x_{1i}}^{x_{1i+1}} h_i\,\mathrm{d}x+\int_{x_{1n}}^{x_{2n}} h_i\,\mathrm{d}x+\sum_{i=1}^{n-1}\int_{x_{2i+1}}^{x_{2i}} h_i\,\mathrm{d}x=h \tag{8-10}$$

式中，$h_i=-\sigma_i\cdot z_x+(c_i+\sigma_i\tan\varphi_i)$

竖向力的平衡方程 $\sum F_y=0$ 为

$$\sum_{i=1}^{n-1}\int_{x_{1i}}^{x_{1i+1}} v_i\,\mathrm{d}x+\int_{x_{1n}}^{x_{2n}} v_i\,\mathrm{d}x+\sum_{i=1}^{n-1}\int_{x_{2i+1}}^{x_{2i}} v_i\,\mathrm{d}x=v \tag{8-11}$$

式中，$v_i=\sigma_i+(c_i+\sigma_i\tan\varphi_i)\cdot z_x-\gamma_i z$

转动的力矩平衡方程 $\sum M_z=0$ 为

$$\sum_{i=1}^{n-1}\int_{x_{1i}}^{x_{1i+1}} m_i\,\mathrm{d}x+\int_{x_{1n}}^{x_{2n}} m_i\,\mathrm{d}x+\sum_{i=1}^{n-1}\int_{x_{2i+1}}^{x_{2i}} m_i\,\mathrm{d}x=m \tag{8-12}$$

式中，$m_i=\sigma_i[z_x\cdot z+x]-(c_i+\sigma_i\tan\varphi_i)[z-z_x x]+\gamma_i\cdot z\cdot x$

在能量原理的基础上，将水平向的力平衡方程与转动的力矩平衡方程作为竖向力平衡方程的约束条件，利用 Lagrange 乘子法构造泛函

$$\prod=\sum_{i=1}^{n-1}\int_{x_{1i}}^{x_{1i+1}} s_i\,\mathrm{d}x+\int_{x_{1n}}^{x_{2n}} s_i\,\mathrm{d}x+\sum_{i=1}^{n-1}\int_{x_{2i+1}}^{x_{2i}} s_i\,\mathrm{d}x-s \tag{8-13}$$

式中，$s_i=v_i+\lambda_1 h_i+\lambda_2 m_i$，$s=v+\lambda_1 h+\lambda_2 m$，$i=1,2,\cdots,n$；其中，$\lambda_1$、$\lambda_2$ 为 Lagrange 乘子。利用泛函取驻值的必要条件（$\delta\prod=0$），结合几何边界条件与地面出逸点和层间交接点处的已知条件，可以得到与泛函驻值相等价的边值问题。

Euler-Lagrange 方程

$$\begin{cases}\dfrac{\partial S_i}{\partial\sigma}-\dfrac{\mathrm{d}}{\mathrm{d}x}\left(\dfrac{\partial S_i}{\partial\sigma_x}\right)=0\\[2ex]\dfrac{\partial S_i}{\partial z}-\dfrac{\mathrm{d}}{\mathrm{d}x}\left(\dfrac{\partial S_i}{\partial z_x}\right)=0\end{cases} \tag{8-14}$$

积分约束条件

$$\min\prod=0,\frac{\partial\prod}{\partial\lambda_j}=0(j=1,2) \tag{8-15}$$

可动边界点处的横截条件与交接点处的折射条件

$$S_o-z_x\left(\frac{\partial S_o}{\partial z_x}\right)=0$$

$$S_i-z_x\left(\frac{\partial S_i}{\partial z_x}\right)=S_{i-1}-z_x\left(\frac{\partial S_{i-1}}{\partial z_x}\right) \tag{8-16}$$

基础与地基间的几何边界条件

$$x_0=-1,z_0(x)=0 \tag{8-17}$$

通过求解欧拉方程中应力微分方程，当破坏土体中存在力矩荷载时 $\lambda_2\neq0$，可求得滑

裂面方程为

$$\rho=\rho_0\exp(\tan\varphi\beta) \tag{8-18}$$

式中，ρ_0 为滑裂面的初始极径，β 为极径与 x 轴负轴所成的角。滑裂面方程在直角坐标系中记为 $z=z_1(x)$。

将破坏滑裂面方程与欧拉方程中的位移微分方程联立，可求得滑裂面上正应力方程为

$$\begin{aligned}\sigma=\sigma_1(\rho_0,\theta)=&\exp[2\tan\varphi(\beta_2-\theta)]\Big[\frac{-c\sin\beta_2}{\cos\beta_2+\tan\varphi\sin\beta_2}+\frac{c}{\tan\varphi}\\&-\gamma\rho_0\frac{1}{1+9\tan^2\varphi}\exp(\tan\varphi(\beta_2-\beta_1))(\sin\beta_2+3\tan\varphi\cos\beta_2)\Big]\\&+\gamma\rho_0\frac{1}{1+\tan^2\varphi}\exp(\tan\varphi(\theta-\beta_1))(\sin\theta+3\tan\varphi\cos\theta)-\frac{c}{\tan\varphi}\end{aligned} \tag{8-19}$$

式中，ρ_0 为初始极角为零时的初始极径，β_1 为滑裂面起始点处的极角，β_2 滑裂面出逸点处的极角。通过求解非线性方程

$$f(V,H,M,B,c,\varphi)=0 \tag{8-20}$$

可以求得复合加载模式下地基的极限承载力。

对于平动破坏而言，$\lambda_2=0$。通过求解欧拉方程中的应力偏微分方程，可求得滑裂面方程为

$$z=z_2(x)=\frac{1}{\lambda_1}x+z_0 \tag{8-21}$$

将式(8-21)与欧拉方程中的位移偏微分方程联立，可以求得破坏面上的正应力方程为

$$\sigma=\sigma_2(x)=\frac{\gamma}{\lambda_1}x+\sigma_o \tag{8-22}$$

式中，z_0、σ_0 为积分常数，可以通过边界条件确定。

在破坏面方程中引入判断函数 $\Phi(z)$，从而形成复合滑裂面破坏方程(8-24)，以及滑裂面上的正应力方程(8-25)。

$$\Phi(z)=\begin{cases}1, z\in \text{其他情况}\\0, z\in \text{软弱夹层}\end{cases} \tag{8-23}$$

$$z(x)=\Phi(z)\cdot z_1(x)+[1-\Phi(z)]\cdot z_2(x) \tag{8-24}$$

$$\sigma(x)=\Phi(z)\cdot\sigma_1(x)+[1-\Phi(z)]\cdot\sigma_2(x) \tag{8-25}$$

给出 V-H 荷载空间中地基破坏包络曲线方程为

$$H=\frac{V_{\max}}{2}\left[\left(\frac{V}{V_{\max}}\right)^{1-\xi}-\left(\frac{V}{V_{\max}}\right)^{1+\varsigma}+\frac{2}{V_{\max}}\left(1-\frac{V}{V_{\max}}\right)\right] \tag{8-26}$$

$$V_{\max}=\left(cN_c+\gamma D_f N_q+\frac{1}{2}B\gamma N_\gamma\right)B \tag{8-27}$$

式中，$\xi=0.2-1.43\tan^2(\varphi)$ 与 $\varsigma=\dfrac{(\tan(\varphi)+0.012)[0.011\,2+0.007(\tan(\varphi)+0.012)]}{[0.011\,2+0.168(\tan(\varphi)+0.012)]^2}$ 为包络曲线修正系数，N_c、N_q 与 N_γ 为 Terzaghi 极限承载力公式中的无因次承载力系数，c 与 φ 分别为地基粘聚力和内摩擦角，B 为条形基础宽度。

给出 $V-M$ 荷载空间中地基破坏包络曲线方程为

$$M=\frac{V_{\max}}{2}\left[\left(\frac{V}{V_{\max}}\right)^{1-\xi}-\left(\frac{V}{V_{\max}}\right)^{1+\varsigma}+\frac{2}{V_{\max}}\left(0.89-\frac{V}{V_{\max}}\right)\right] \tag{8-28}$$

$$V_{\max}=\left(cN_c+\gamma D_f N_q+\frac{1}{2}B\gamma N_\gamma\right)B \tag{8-29}$$

式中，$\xi=0.45-0.6\tan(\varphi)$ 与 $\varsigma=1.0+\frac{(\tan(\varphi)-0.365)^2}{0.27}$ 为包络曲线修正系数，N_c、N_q 与 N_γ 为 Terzaghi 极限承载力公式中的无因次承载力系数，c 与 φ 分别为地基粘聚力和摩擦角，B 为条形基础宽度。

对于复合加载模式下的不排水饱和软黏土地基，当竖向荷载分量 $V=0.0V_{\mathrm{ult}}$ 时，图 8.6、图 8.7 列出了水平荷载 H 与力矩荷载 M 共同作用下的地基位移矢量分布与等效塑性应变分布。

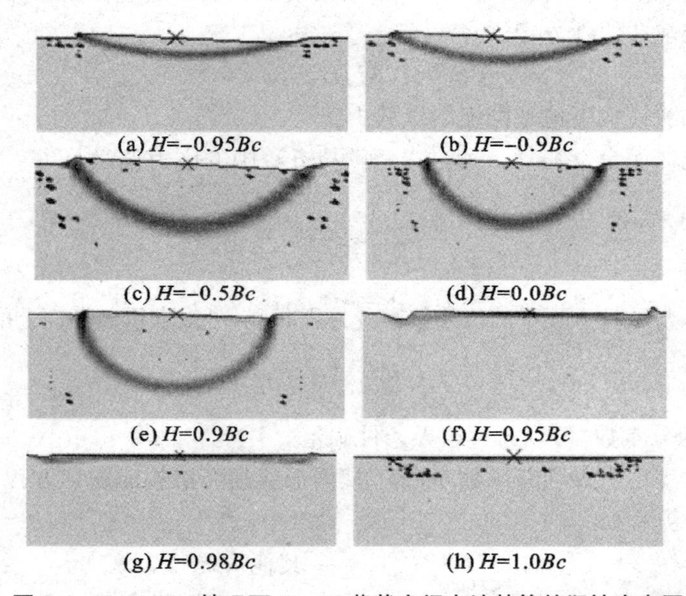

图 8.6　$V=0.0V_{\mathrm{ult}}$ 情况下 $H-M$ 荷载空间中地基等效塑性应变图

当水平荷载 H 在 $-H_{\mathrm{ult}}<H<0.9H_{\mathrm{ult}}$ 区间变化时，地基破坏模式为勺形破坏机构，勺形破坏机构的深度随着水平荷载 H 的增大而增大。当地基发生勺形破坏时，在固定力矩荷载 M 的情况下，根据基础上水平荷载 H 的作用方向，地基存在两种不同的破坏模式：前倾勺形破坏模式和后仰勺形破坏模式(图 8.8)。当水平荷载 H 介于 $0.9H_{\mathrm{ult}}<H<0.95H_{\mathrm{ult}}$ 时，条形基础下地基的破坏模式为勺形-双楔形复合破坏模式，包括基础底部的勺形破坏区、基础端部的扇形变形区和基础外部的三角被动破坏区。进一步增加水平荷载 $H>0.95H_{\mathrm{ult}}$，地基中的勺形破坏区逐渐消失，地基破坏模式转化为双楔形破坏模式，随着基础上水平荷载 H 的进一步增大，最后条形基础发生沿基础与地基接触面的表层滑动破坏。

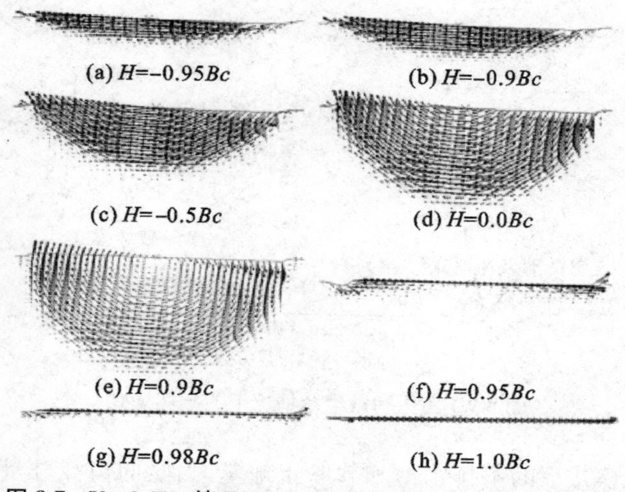

图 8.7　$V=0.0V_{ult}$ 情况下 $H-M$ 荷载空间中地基位移矢量图

当基础上作用有正向的水平荷载 H 和正向的力矩荷载 M 时(H,M)，地基发生前倾勺形破坏模式，此时地基破坏包络面在 $H-M$ 荷载空间中出现最大力矩荷载点 M_{max}。分析其原因，主要是因为正向的水平荷载 H 加大了地基破坏滑裂面的深度，使得地基勺形破坏区域范围得到进一步增大。当基础上作用负向的水平荷载 H 和正向的力矩荷载 M 时($-H,M$)，地基发生后仰勺形破坏模式，此时地基破坏包络面方程同传统的 Swipe 加载模式求得的破坏包络面一致。前倾勺形破坏模式与后仰勺形破坏模式的提出，从理论上解释了破坏包络面出现非对称的原因。

当在竖向荷载 $V=0.0V_{ult}$ 情况下，基础上只有水平荷载 H 和力矩荷载 M 的作用，随着水平荷载 H 的逐渐变化，图 8.9 列出了前倾勺形破坏模式、后仰勺形破坏模式、勺形—双楔形破坏模式、楔形破坏模式以及表层滑动破坏模式的转化过程。

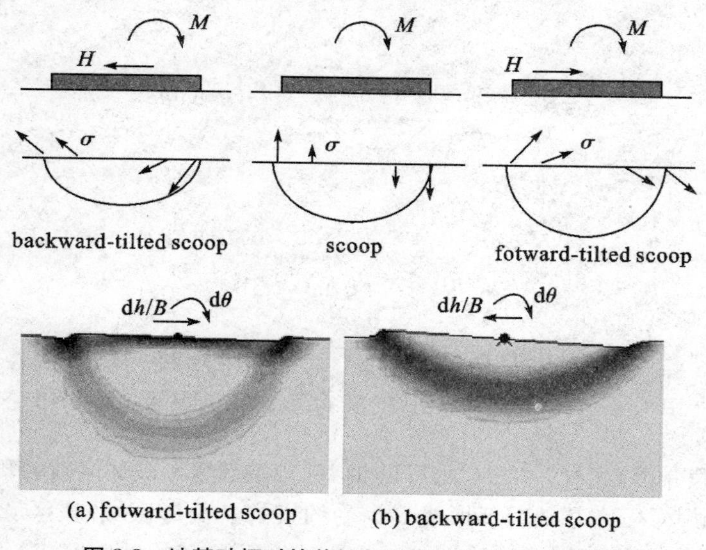

图 8.8　地基破坏时的前倾勺形模式与后仰勺形模式

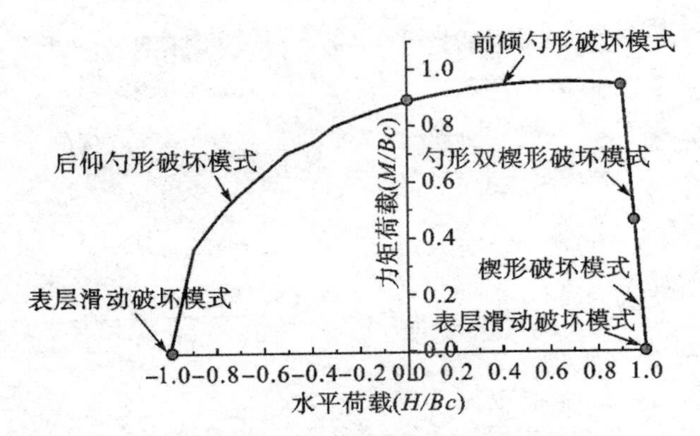

图 8.9　不同荷载组合情况下的破坏模式

对于复合加载模式下的不排水饱和软黏土地基，当竖向荷载分量 $V=0.5V_{ult}$ 时，图 8.10、图 8.11 列出了水平荷载 H 与力矩荷载 M 共同作用下的等效塑性应变图与地基位移矢量图。

当水平荷载 H 介于 $-H_{ult}<H<-0.5H_{ult}$ 时，地基失稳时为后仰勺形破坏模式，勺形破坏深度随着水平荷载 H 的增大而加深。当水平荷载 H 介于 $-0.5H_{ult}<H<0.6H_{ult}$ 时，地基的破坏模式为勺形-扇形-楔形复合破坏模式，包括基础下部的勺形破坏区(scoop section)、基础端部的扇形破坏区(fan deformation section)和基础外部的三角形被动破坏区(triangle passive section)。由于竖向荷载 V 的存在，基础下部的勺形破坏区不再是对称模式，水平荷载的存在进一步加大了破坏模式的不对称性。

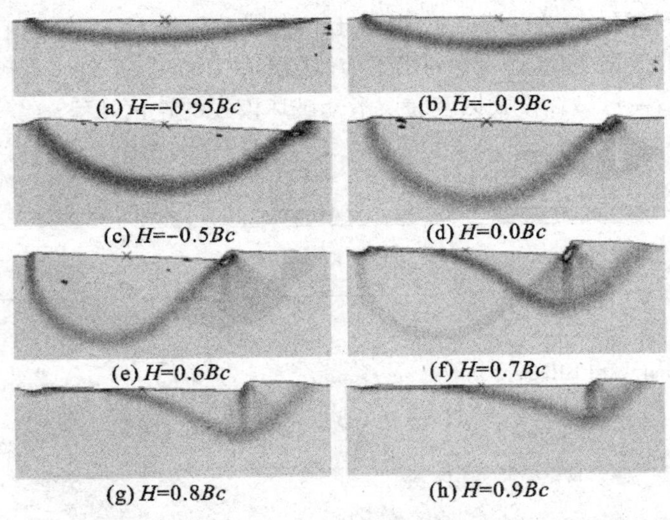

图 8.10　$V=0.5V_{ult}$ 情况下 $H-M$ 荷载空间中地基等效塑性应变

当水平荷载介于 $0.6H_{ult}<H<0.7H_{ult}$ 时，基础端部扇形破坏区内的塑性应变跨越基础底部的勺形破坏区，在基础底部形成一个受约束的三角形区域，该区域内土体处于弹性状态，故称之为三角弹性核，该弹性核的出现改变了地基的破坏模式。当水平荷载 H

进一步增大 $H>0.7H_{ult}$ 时，由于弹性核的出现，基础底部的勺形破坏区逐渐消失，从而使得条形基础下地基土体发生 Hansen 破坏机制，包括基础下部的三角弹性变形区（triangle elastic section）、基础端部的扇形破坏区（fan deformation section）和基础外部的三角形被动破坏区（triangle passive section）。通过对图 8.12 不排水饱和软黏土地基 $H-M$ 荷载空间中地基破坏包络曲线进行分析，可知条形基础底部弹性核的出现极大地降低了基础上所能承受的力矩荷载能力。

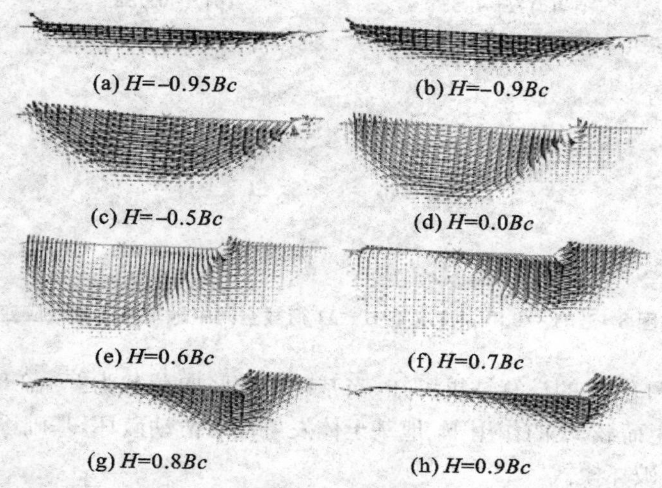

图 8.11　$V=0.5V_{ult}$ 情况下 $H-M$ 荷载空间中地基位移矢量图

当在竖向荷载 $V=0.5V_{ult}$ 情况下，随着水平荷载 H 的逐渐变化，图 8.12 列出了后仰勺形破坏模式、勺形-扇形-楔形破坏模式、Hansen 破坏模式以及表层滑动破坏模式的转化过程。

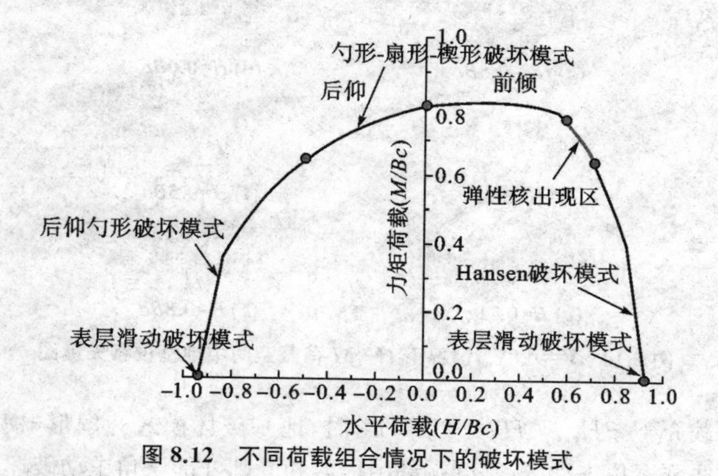

图 8.12　不同荷载组合情况下的破坏模式

对于复合加载模式下的不排水饱和软黏土地基，在竖向荷载分量 $V=0.8V_{ult}$ 情况下，图 8.13、图 8.14 列出了水平荷载 H 与力矩荷载 M 共同作用下的地基位移矢量图与等效塑性应变图。

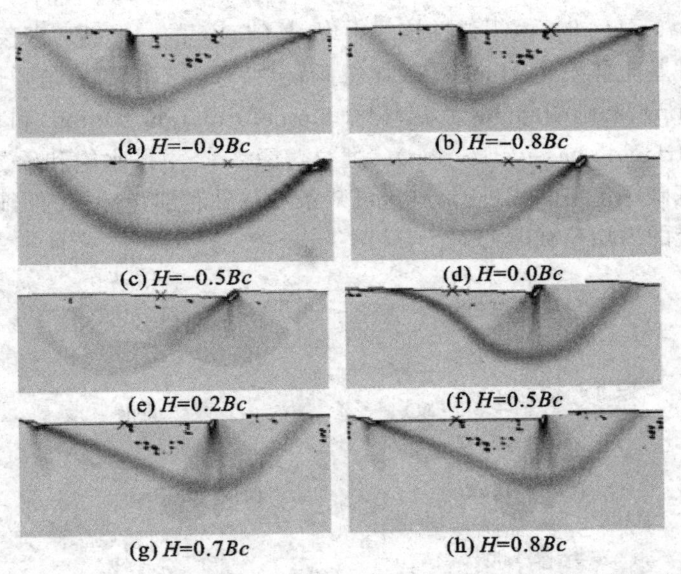

图 8.13 $V=0.8V_{ult}$ 情况下 $H-M$ 荷载空间中地基等效塑性应变

由图 8.13、图 8.14 的计算结果可知，当基础上的竖向荷载为 $V=0.8V_{ult}$ 情况时，在水平荷载 H 或力矩荷载 M 的作用下，地基土体发生深层滑动破坏，基础不再表现出前倾或后仰的勺形倾覆破坏模式。

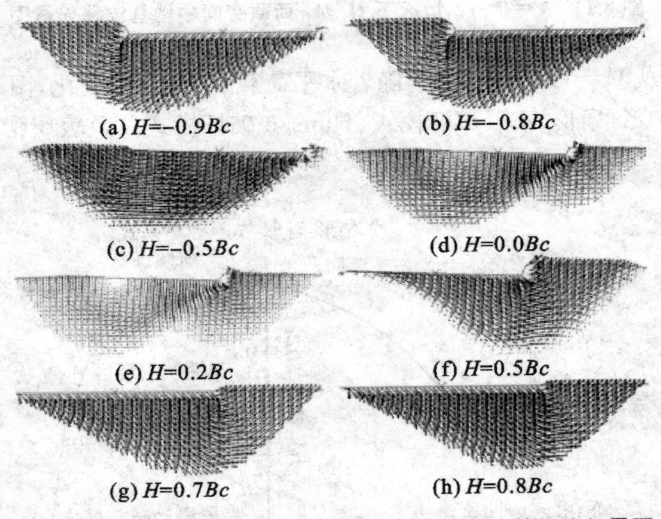

图 8.14 $V=0.8V_{ult}$ 情况下 $H-M$ 荷载空间中地基位移矢量图

当水平荷载介于 $-H_{ult}<H<-0.5H_{ult}$ 时，地基破坏模式为扇形-楔形复合破坏模式，包括：基础底部三角主动区、基础端部扇形区和基础外部三角主动破坏区，近似 Green 破坏模式。当水平荷载介于 $-0.5H_{ult}<H<0.3H_{ult}$ 时，基础底部为勺形破坏，基础端部为扇形区域，基础外部为三角被动破坏区域，此时地基模式为勺形-扇形-楔形破坏机构。当水平荷载为 $0.3H_{ult}\leqslant H\leqslant 0.5H_{ult}$ 时，基础底部勺形区与基础端部扇形区互相贯通，在

基础底部出现弹性核，此时基础上的力矩荷载达到最大值。当水平荷载 $0.5H_{ult} < H < 0.8H_{ult}$ 时，地基破坏时为 Hansen 破坏模式，包括基础底部的上凹三角形区域、基础端部的扇形变形区和基础外部的三角被动区。当水平荷载 $H > 0.8H_{ult}$ 时，地基破坏时呈现出 Green 破坏模式。

当在竖向荷载 $V = 0.8V_{ult}$ 情况下，随着水平荷载 H 的逐渐变化，图 8.15 列出了浅层 Green 破坏模式、扇形-楔形破坏模式、勺形-扇形-楔形破坏模式、Hansen 破坏模式的转化过程。

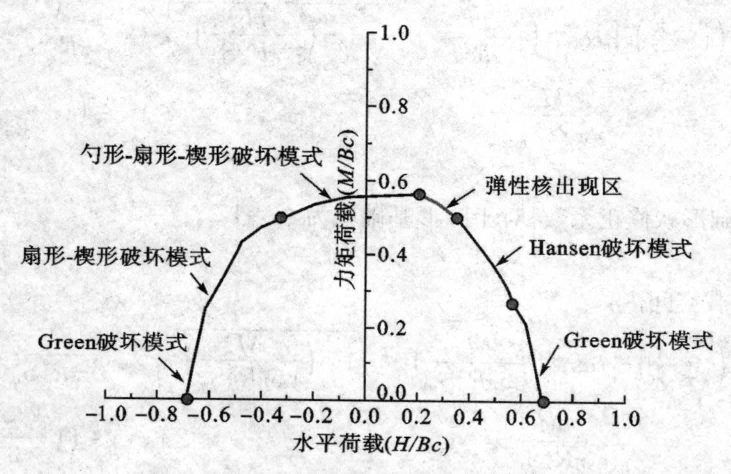

图 8.15　不同荷载组合情况下的破坏模式

当基础上水平荷载与竖向荷载满足如下方程时，基底土体内部形成弹性核。

$$H = 0.95B \cdot c - 0.2V - 0.7V^2 \tag{8-30}$$

8.2.2　圆形基础

Osborne 等人对圆形基础所进行的试验研究结果，以及在竖向抗拉承载力等于抗压承载力的假定下，提出了三维破坏包络图经验方程如下：

$$f = \left(\frac{V}{V_u}\right)^2 + \sqrt{\left(\frac{H}{H_u}\right)^2 + \left(\frac{M}{M_u}\right)^2} - 1 = 0 \tag{8-31}$$

式中，V_u、H_u、M_u 分别表示在竖向荷载、水平荷载和力矩荷载单独作用下地基的极限承载力。

Taibat 和 Carte 利用有限元方法对地基稳定性进行数值求解，考虑到作用于地基的力矩荷载与水平荷载之间的相关性，将地基破坏时的破坏包络图近似地表达为如下形式：

$$f = \left(\frac{V}{V_u}\right)^2 + \left(\frac{M}{M_u}\left(1 - a_1 \frac{HM}{H_u |M|}\right)\right)^2 + \left|\left(\frac{H}{H_u}\right)^3\right| - 1 = 0 \tag{8-32}$$

式中，系数 a_1 取决于地基的不均匀程度，对于均质地基 $a_1 = 0.3$。

针对圆形基础，基于图 8.16 所示的加载模式，张其一等人给出了圆形基础极限承载力公式：

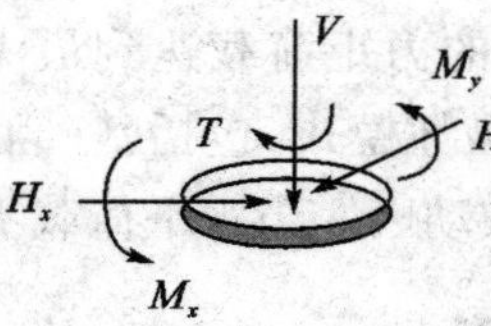

图 8.16　六自由度圆形基础模型

V-H 荷载空间内：

$$\begin{cases}\dfrac{V}{\pi R^2 S_u}=\xi_c\left\{\left(1+\dfrac{\pi}{2}\right)+\cos^{-1}\left(\dfrac{H}{\xi_c \pi R^2 S_u}\right)+\sqrt{1-\left(\dfrac{H}{\xi_c \pi R^2 S_u}\right)^2}\right\} & ,\dfrac{V}{\pi R^2 S_u}\geqslant\xi_c\left(1+\dfrac{\pi}{2}\right)\\ \dfrac{H}{\pi R^2 S_u}=\pm\xi_c & ,\xi_c\left(1+\dfrac{\pi}{2}\right)\geqslant\dfrac{V}{\pi R^2 S_u}\geqslant 0\end{cases} \tag{8-33}$$

式中，ξ_c 为基础形状修正系数，对于圆形基础取为 $\xi_c=1.2$。

V-M 荷载空间内：

$$\begin{cases}\dfrac{V}{\pi R^2 S_u}=\xi_c\left\{\left(1+\dfrac{\pi}{2}\right)+\cos^{-1}\left(\dfrac{M}{1.5\pi R^3 S_u}\right)+\sqrt{1-\left(\dfrac{M}{1.5\pi R^3 S_u}\right)^2}\right\} & ,\dfrac{V}{\pi R^2 S_u}\geqslant\xi_c\left(1+\dfrac{\pi}{2}\right)\\ \dfrac{M}{\pi R^3 S_u}=\pm 1.5 & ,\xi_c\left(1+\dfrac{\pi}{2}\right)\geqslant\dfrac{V}{\pi R^2 S_u}\geqslant 0\end{cases} \tag{8-34}$$

V-T 荷载空间内：

$$\begin{cases}\dfrac{V}{\pi R^2 S_u}=\dfrac{\xi_c}{2}\left\{\dfrac{3}{2}(2+\pi)+\cos^{-1}\left(\dfrac{T}{0.85\pi R^3 S_u}\right)+\sqrt{1-\left(\dfrac{T}{0.85\pi R^3 S_u}\right)^2}\right\} & ,\dfrac{V}{\pi R^2 S_u}\geqslant\xi_c\dfrac{3}{4}(2+\pi)\\ \dfrac{T}{\pi R^3 S_u}=\pm 0.85 & ,\xi_c\dfrac{3}{4}(2+\pi)\geqslant\dfrac{V}{\pi R^2 S_u}\geqslant 0\end{cases} \tag{8-35}$$

H-M 荷载空间内：

$$\begin{cases}\dfrac{H}{\pi R^2 S_u}=\dfrac{\xi_c}{5(2+\pi)}\left\{3\cdot(2+\pi)+4\cos^{-1}\left(\dfrac{M}{1.5\pi R^3 S_u}\right)+4\sqrt{1-\left(\dfrac{M}{1.5\pi R^3 S_u}\right)^2}\right\} & ,\dfrac{H}{\pi R^2 S_u}\geqslant\xi_c\dfrac{3}{5}\\ \dfrac{M}{\pi R^3 S_u}=\pm 1.5 & ,\xi_c\dfrac{3}{5}\geqslant\dfrac{H}{\pi R^2 S_u}\geqslant 0\end{cases} \tag{8-36}$$

H-T 荷载空间内：

$$\begin{cases}\dfrac{H}{\pi R^2 S_u}=\dfrac{\xi_c}{(2+\pi)}\left\{\left(1+\dfrac{\pi}{2}\right)+\cos^{-1}\left(\dfrac{T}{0.85\pi R^3 S_u}\right)+\sqrt{1-\left(\dfrac{T}{0.85\pi R^3 S_u}\right)^2}\right\} & ,\dfrac{H}{\pi R^2 S_u}\geqslant\dfrac{\xi_c}{2}\\ \dfrac{T}{\pi R^3 S_u}=\pm 0.85 & ,\dfrac{\xi_c}{2}\geqslant\dfrac{H}{\pi R^2 S_u}\geqslant 0\end{cases} \tag{8-37}$$

$M-T$ 载荷空间内：

$$\begin{cases}\dfrac{M}{\pi R^3 S_u}=0.3\left\{\left(1+\dfrac{\pi}{2}\right)+\cos^{-1}\left(\dfrac{T}{0.85\pi R^3 S_u}\right)+\sqrt{1-\left(\dfrac{T}{0.85\pi R^3 S_u}\right)^2}\right\} & ,\dfrac{M}{\pi R^3 S_u}\geqslant 0.75 \\ \dfrac{T}{\pi R^3 S_u}=\pm 0.85 & ,0.75\geqslant\dfrac{M}{\pi R^3 S_u}\geqslant 0\end{cases}\tag{8-38}$$

8.2.3　矩形基础

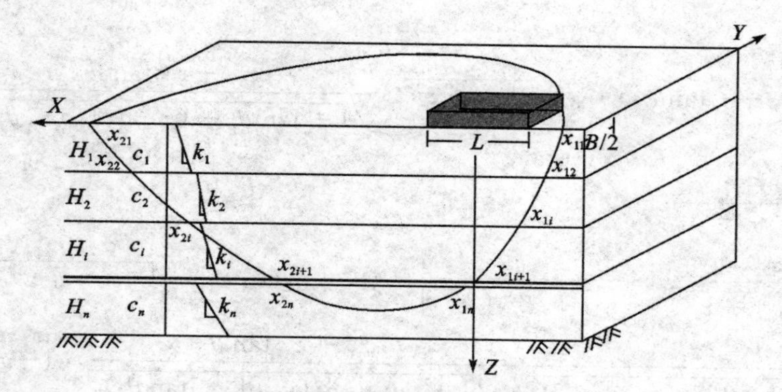

图 8.17　非均质地基破坏滑裂面

复合加载情况下，长度和宽度分别为 L 与 B 的矩形基础建于非均质地基上。做出如下假定：①矩形基础与地基间为完全粗糙接触；②水平荷载 H、竖向荷载 V 与力矩荷载 M 共面，且在 XOZ 平面内；③地基发生整体剪切破坏时，破坏滑裂面方程为 $Z=Z(X,Y)$，如图 8.17 所示；④滑裂面上正应力与剪切应力之间满足 Mohr-Coulomb 破坏准则；⑤地基土体为稳定材料，计算过程中采用相关联流动法则，滑裂面上剪应力方向沿破坏滑裂面的梯度方向，如图 8.18 所示；⑥非均质土层中粘聚力随深度按线性增长变化。

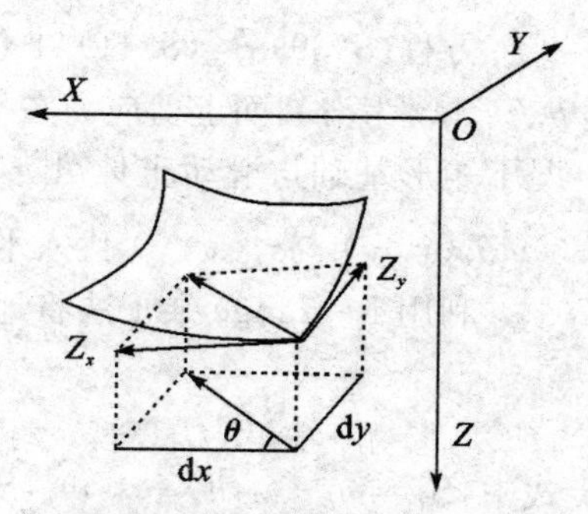

图 8.18　破坏滑裂面上剪应力方向

在上述假定基础上，根据极限平衡定理可知，当地基土体达到极限平衡状态时，滑动土体与矩形基础整体满足三个平衡方程：$\sum F_X=0$、$\sum F_Z=0$ 与 $\sum M_Y=0$。针对图8.17 所示的极限平衡土体，可以将平衡方程式化为

$\sum F_X=0$：

$$\sum_{i=1}^{n-1}\int_{x_{1i}}^{x_{1i+1}}\int_{y_{1i}}^{y_{1i+1}}h_i\,\mathrm{d}x\,\mathrm{d}y+\int_{x_{1n}}^{x_{2n}}\int_{y_{1n}}^{y_{2n}}h_n\,\mathrm{d}x\,\mathrm{d}y+\sum_{i=1}^{n-1}\int_{x_{2i}}^{x_{2i+1}}\int_{y_{2i}}^{y_{2i+1}}h_i\,\mathrm{d}x\,\mathrm{d}y=\frac{h}{2}\tag{8-39}$$

$\sum F_Z=0$：

$$\sum_{i=1}^{n-1}\int_{x_{1i}}^{x_{1i+1}}\int_{y_{1i}}^{y_{1i+1}} v_i \mathrm{d}x\mathrm{d}y + \int_{x_{1n}}^{x_{2n}}\int_{y_{1n}}^{y_{2n}} v_n \mathrm{d}x\mathrm{d}y + \sum_{i=1}^{n-1}\int_{x_{2i}}^{x_{2i+1}}\int_{y_{2i}}^{y_{2i+1}} v_i \mathrm{d}x\mathrm{d}y = \frac{v}{2} \tag{8-40}$$

$\sum M_Y = 0$:

$$\sum_{i=1}^{n-1}\int_{x_{1i}}^{x_{1i+1}}\int_{y_{1i}}^{y_{1i+1}} m_i \mathrm{d}x\mathrm{d}y + \int_{x_{1n}}^{x_{2n}}\int_{y_{1n}}^{y_{2n}} m_n \mathrm{d}x\mathrm{d}y + \sum_{i=1}^{n-1}\int_{x_{2i}}^{x_{2i+1}}\int_{y_{2i}}^{y_{2i+1}} m_i \mathrm{d}x\mathrm{d}y = \frac{m}{2} \tag{8-41}$$

式中：

$$h_i = -\bar{\sigma}_i \cdot z_{ix} + (\bar{c}_i + \bar{\sigma}_i \tan\varphi_i)\sqrt{1+z_{ix}^2+z_{iy}^2} \cdot \frac{1}{\sqrt{1+\tan^2\theta_i + (z_{ix}+z_{iy}\tan\theta_i)^2}} \tag{8-42}$$

$$v_i = \bar{\sigma}_i + (\bar{c}_i + \bar{\sigma}_i \tan\varphi_i) \cdot \sqrt{1+z_{ix}^2+z_{iy}^2} \cdot \frac{z_{ix}+z_{iy}\tan\varphi_i}{\sqrt{1+\tan^2\theta_i + (z_{ix}+z_{iy}\tan\theta_i)^2}} - \bar{\gamma}_i z_i \tag{8-43}$$

$$\begin{aligned} m_i = {} & \bar{\sigma}_i \sqrt{1+z_{ix}^2+z_{iy}^2} \cdot \\ & \left[\frac{z_{ix}}{\sqrt{1+z_{ix}^2+z_{iy}^2}} z_i + \frac{x}{\sqrt{1+z_{ix}^2+z_{iy}^2}}\right] - (\bar{c}_i + \bar{\sigma}_i \tan\varphi_i)\sqrt{1+z_{ix}^2+z_{iy}^2} \cdot \\ & \left[\frac{z_i}{\sqrt{1+\tan^2\theta_i + (z_{ix}+z_{iy})^2}} + \frac{z_{ix}+z_{iy}\tan\theta_i}{\sqrt{1+\tan^2\theta_i + (z_{ix}+z_{iy}\tan\theta_i)^2}} \cdot (-x)\right] + \bar{\gamma}_i z_i x \end{aligned} \tag{8-44}$$

方程(8-39)～(8-41)中包含3个未知函数：$z_i(x,y)$、$\theta_i(x,y)$与$\bar{\sigma}_i(x,y)$，其中，$\theta_i(x,y)$为滑裂面上剪应力在xoy平面内的投影与x坐标轴所成的夹角。当复合加载情况下矩形基础与滑动土体处于极限平衡状态时，将破坏滑裂面上的函数表达式$z_i(x,y)$、$\theta_i(x,y)$与$\bar{\sigma}_i(x,y)$代入平衡方程中，可以求得非均质地基的极限承载力。

利用Lagrange乘子法将地基极限承载力问题转化为泛函的无约束极值问题。

$$\prod = \iint_{\Omega} S_i \mathrm{d}x\mathrm{d}y - S_o \tag{8-45}$$

式中，$S_i = v_i + \lambda_1 h_i + \lambda_2 m_i$，$S_0 = v + \lambda_1 h + \lambda_2 m$；其中，$\lambda_1$、$\lambda_2$为拉格朗日乘子。

$$\begin{aligned} S_i = {} & v_i + \lambda_1 h_i + \lambda_2 m \\ = {} & \bar{\sigma}_i + (\bar{c}_i + \bar{\sigma}_i \tan\varphi_i) \cdot B \cdot (z_{ix} + z_{iy}\tan\theta_i) - \bar{\gamma}_i z_i (1+x) \cdot B \cdot (z_{ix} + z_{iy}\tan\theta_i) \\ & - \bar{\gamma}_i z_i (1+x) + \lambda_1 \{\bar{\sigma}_i(-z_{ix}) + (\bar{c}_i + \bar{\sigma}_i \tan\varphi_i) \cdot B\} \\ & + \lambda_2 \{\bar{\sigma}_i (z_{ix} z_i + x) - (\bar{c}_i + \bar{\sigma}_i \tan\varphi_i) \cdot B \cdot [z_i - (z_{ix} + z_{iy}\tan\theta_i)x]\} \end{aligned} \tag{8-46}$$

其中，

$$B = \frac{\sqrt{1+z_{ix}^2+z_{iy}^2}}{\sqrt{1+\tan^2\theta_i + (z_{ix}+z_{iy}\tan\theta_i)^2}} \tag{8-47}$$

利用泛函$\prod$取驻值($\delta\prod = 0$)的必要条件，可求得矩形基础失稳时地基土体破坏滑裂面方程，如图8.19所示。

$$\rho_{\beta i}=\pm\tan\varphi_i\cdot\sin\alpha_i\sqrt{\rho_{\alpha i}^2+\rho_i^2} \quad (8\text{-}48)$$

采用数值计算方法，对复合加载下矩形基础极限承载能力进行有限元仿真模拟，给出 $V-H$ 荷载空间内海床土体破坏包络面方程。

地基破坏包络图方程为

$$H=\frac{V_{\max}}{2}\left[\left(\frac{V}{V_{\max}}\right)^{1-\xi}-\left(\frac{V}{V_{\max}}\right)^{1+V}+\frac{2}{V_{\max}}\left(1-\frac{V}{V_{\max}}\right)\right] \quad (8\text{-}49)$$

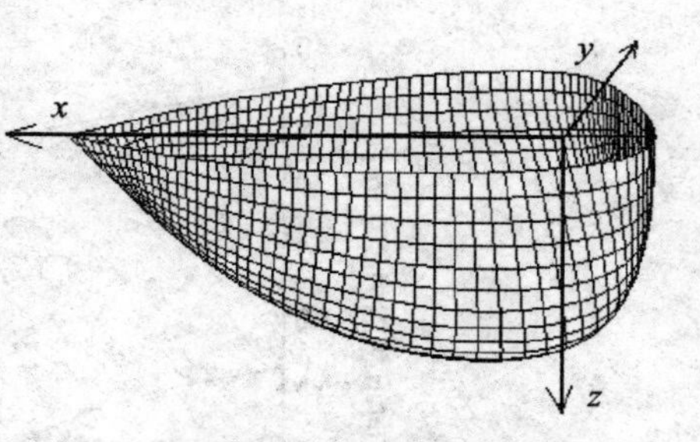

图 8.19　地基滑裂面示意图

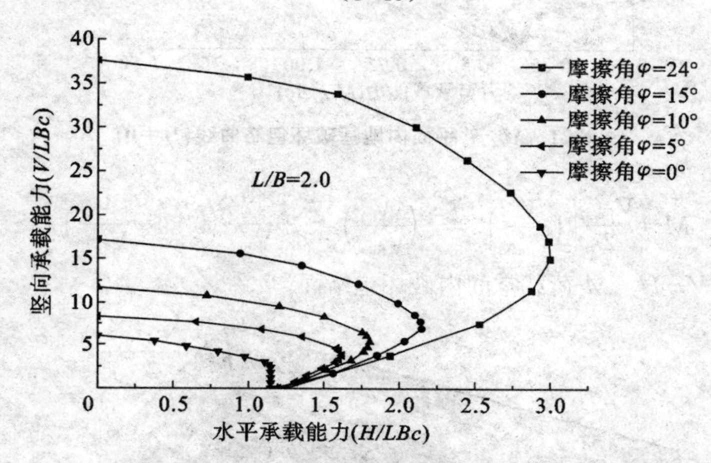

图 8.20　$H-V$ 平面上地基破坏包络曲线($M=0$)

其中：

$$V_{\max}=\left(cN_c\varsigma_c+qN_q\varsigma_q+\frac{1}{2}\gamma BN_\gamma\varsigma_\gamma\right)B \quad (8\text{-}50)$$

$$\varsigma_c=1+\frac{B}{L}\cdot\frac{N_q}{N_c} \quad (8\text{-}51)$$

$$\varsigma_q=1+\frac{B}{L}\tan\varphi \quad (8\text{-}52)$$

$$\varsigma_\gamma=1-0.4\frac{B}{L} \quad (8\text{-}53)$$

式中，ξ 与 ς 为地基破坏包络面修正系数。

同时，给出了 $V-M$ 荷载空间内海床土体破坏包络面方程。

复合加载模式下，当矩形基础上的水平荷载 $H=0$ 时，通过采用荷载-位移法来搜寻不同竖向荷载情况下地基的极限力矩荷载，结果如图 8.21 所示。地基破坏包络图方程如式(8-54)所示。

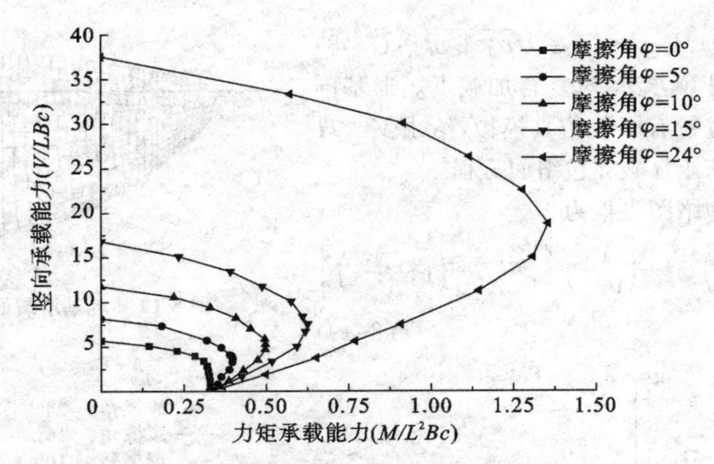

图 8.21　**M－V** 平面内地基破坏包络曲线(**H**=0)

$$M=\frac{V_{\max}}{2}\left[\left(\frac{V}{V_{\max}}\right)^{1-\xi}-\left(\frac{V}{V_{\max}}\right)^{1+\varsigma}+\frac{2}{V_{\max}}\left(0.89-\frac{V}{V_{\max}}\right)\right] \tag{8-54}$$

最终,给出 $V-H-M$ 荷载空间内破坏包络面。

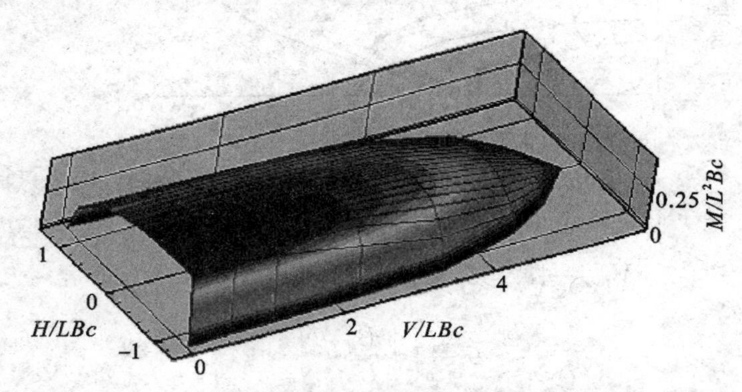

图 8.22　**M－H－V** 荷载空间中不排水饱和软黏土地基破坏包络面

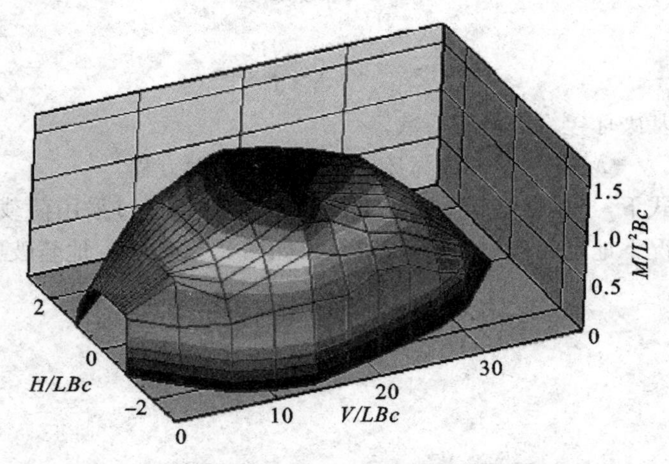

图 8.23　**M－H－V** 荷载空间中黏性土地基破坏包络面

在 $M-H-V$ 荷载空间中，通过荷载-位移加载模式，求得了复合加载模式下地基破坏包络面。复合加载模式下不排水饱和软黏土地基的破坏包络面，如图 8.22 所示；黏性土地基上的破坏包络面，如图 8.23 所示。

8.3　桩基础

张其一等人研究了桩基埋深对极限承载能力的影响规律，给出了 $V-H$ 荷载空间内桩基土体破坏包络面方程。

$$\begin{cases} \dfrac{V}{\xi_V DS_u}=1+\dfrac{\pi}{2}+\cos^{-1}\left(\dfrac{H}{\xi_H DS_u}\right)+\sqrt{1-\left(\dfrac{H}{\xi_H DS_u}\right)^2},\ \dfrac{V}{\xi_V DS_u}\geqslant 1+\dfrac{\pi}{2} \\ \dfrac{H}{\xi_H DS_u}=\pm 1,\ 1+\dfrac{\pi}{2}\geqslant\dfrac{V}{\xi_V DS_u}\geqslant 0 \\ \xi_V=\left(6.64+4.65\dfrac{h}{D}\right)/(2+\pi) \\ \xi_H=2.1+2.25\dfrac{h}{D} \end{cases} \tag{8-55}$$

式(8-55)与数值计算数据的对比结果，如图 8.24。

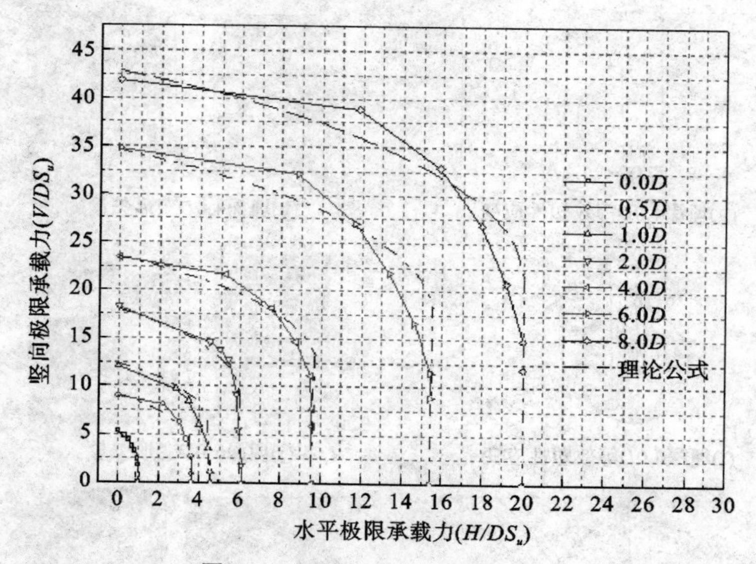

图 8.24　理论公式与数值结果对比

同时，给出了不同埋深情况下桩周土体的失效模式。

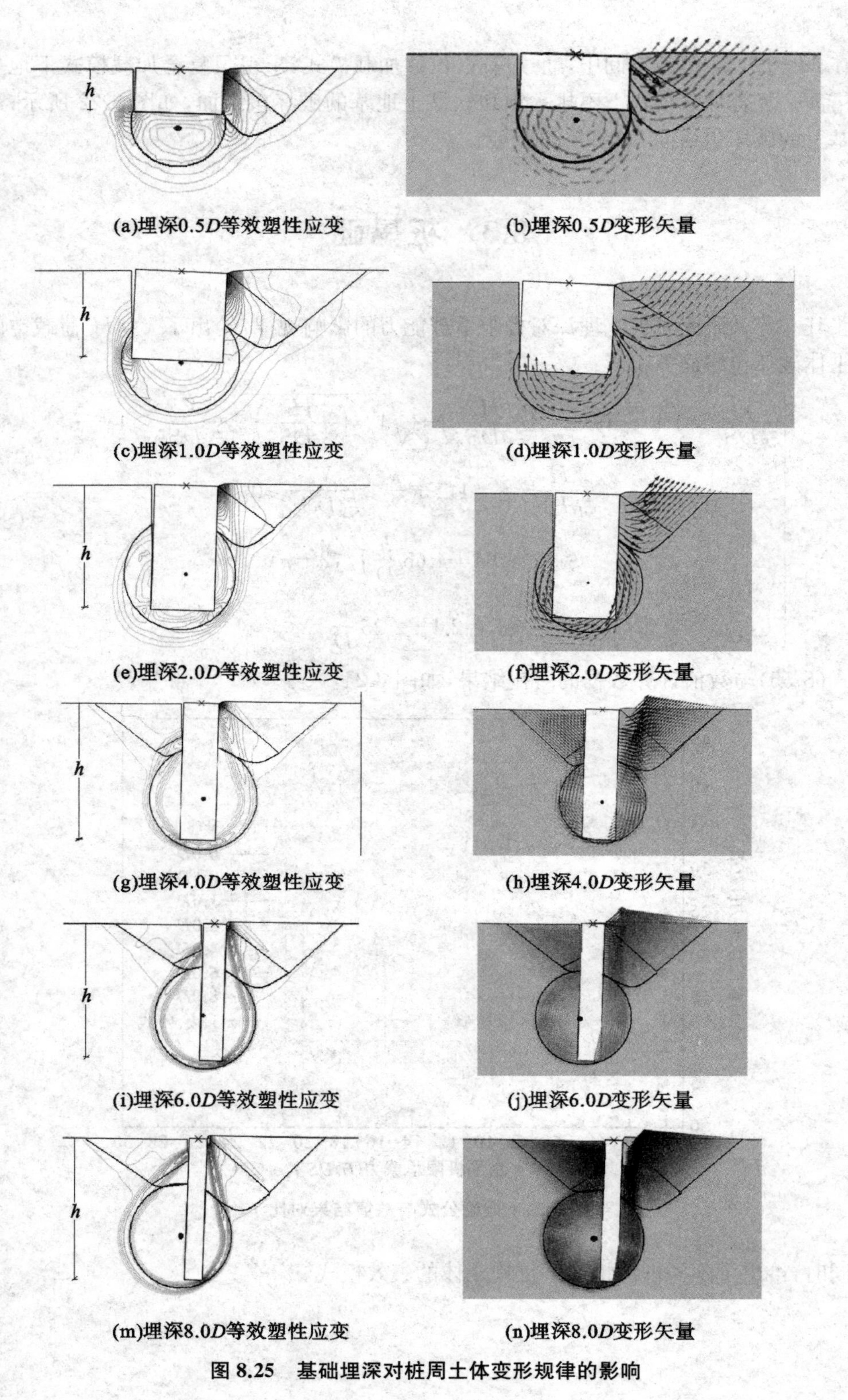

(a)埋深0.5D等效塑性应变　　(b)埋深0.5D变形矢量

(c)埋深1.0D等效塑性应变　　(d)埋深1.0D变形矢量

(e)埋深2.0D等效塑性应变　　(f)埋深2.0D变形矢量

(g)埋深4.0D等效塑性应变　　(h)埋深4.0D变形矢量

(i)埋深6.0D等效塑性应变　　(j)埋深6.0D变形矢量

(m)埋深8.0D等效塑性应变　　(n)埋深8.0D变形矢量

图 8.25　基础埋深对桩周土体变形规律的影响

考虑了桩基的6种不同埋深 $h=0.5D$、$1.0D$、$2.0D$、$4.0D$、$6.0D$ 和 $8.0D$，对不同埋深复合加载下的桩基土体极限承载能力进行了求解，分析了竖向荷载与水平荷载联合作用下桩周土体的变形规律。数值计算结果表明，桩周土体在刚性桩体的竖向、水平挤压作用下，土体变形分布主要分为三部分：①桩底土体的旋转变形区；②桩体挤压侧的被动土压力变形区；③桩体拉伸侧的主动土压力变形区，拉伸侧土体沿着桩土交界面产生拉裂缝，如图8.25所示。

对于桩底土体的旋转变形区而言，随着基础埋深的逐渐增加，桩底土体的旋转中心位置与旋转半径大小均发生变化。旋转中心由地基土体内部逐渐上移，移动到桩土界面之上；旋转半径同时也逐渐扩大，向桩体外侧与地基表层扩展；滑动圆弧最终与基础底部边界相交，经过了桩底脚点。通过对图8.25(g)～(n)进行分析发现随着基础埋深的逐渐增大，桩体挤压侧土体对桩体的约束作用增加，桩体发生转动时转动中心向桩体拉伸侧偏移；桩体底部土体旋转滑裂面的形状与大小，同桩体拉伸侧拉裂缝有较大的关系。

对于桩体挤压侧的被动土压力变形区而言，由于刚性桩体受到竖向荷载与水平荷载的联合作用，桩土界面之间存在较大的法向挤压与切向摩擦作用，导致桩侧土体同时出现表层的整体被动剪切变形区与周围土体的约束剪切变形区，同Prandtl模式中的约束变形区与被动破坏区相似，可以利用剪切滑移线方程进行求解。

对于桩体拉伸侧的主动土压力变形区而言，随着水平荷载的逐渐施加，桩土界面处的法向水平应力得到释放，导致桩侧土体与桩体发生分离呈现拉裂缝，拉裂缝随着水平荷载的增大而加深。当拉裂缝出现后，桩侧土体在重力作用与桩底土体的挤压作用下，最终呈现主动土压力破坏。

8.4　桶形基础

Martin针对复合加载模式下沉箱基础，给出了应用于海洋浅基础的三维破坏包络面，用于分析海洋浅基础的地基稳定性，经验公式为

$$f=\left[\left(\frac{M}{M_o}\right)^2+\left(\frac{H}{H_o}\right)^2-2\bar{e}\left(\frac{M}{M_o}\right)\left(\frac{H}{H_o}\right)\right]^{1/2\beta_2}-\bar{\beta}^{1/\beta_2}\left(\frac{V}{V_o}\right)^{\beta_1/\beta_2}\left(1-\frac{V}{V_o}\right) \tag{8-56}$$

$$M_o=m_o\cdot 2RV_o \tag{8-57}$$

$$H_o=h_o\cdot V_o \tag{8-58}$$

$$\bar{e}=e_1+e_2\left(\frac{V}{V_o}\right)\left(\frac{V}{V_o}-1\right) \tag{8-59}$$

$$\bar{\beta}=\frac{(\beta_1+\beta_2)^{\beta_1+\beta_2}}{\beta_1{}^{\beta_1}\cdot\beta_2{}^{\beta_2}} \tag{8-60}$$

式中，V_o 为竖向极限承载力。

Bransby和Randolph针对海洋圆形浅基础，提出了三维破坏包络面方程。

$$f=\alpha_3\sqrt{\left(\frac{M^*}{M_{\text{ult}}}\right)^{\alpha_1}+\left(\frac{H}{H_{\text{ult}}}\right)^{\alpha_2}}+\left(\frac{V}{V_{\text{ult}}}\right)^2-1=0 \tag{8-61}$$

$$\frac{M^*}{ADS_{uo}}=\frac{M}{ADS_{uo}}-\left(\frac{z}{B}\right)\left(\frac{H}{AS_{uo}}\right) \tag{8-62}$$

式中，M^* 为距离地基旋转参考点处的计算力矩，z 为参考点深度，B 为地基宽度，A 为基础截面积，α_1、α_2、α_3 为地基土体非均匀性影响因子，S_{uo} 为软黏土表面不排水抗剪强度；M_{ult}、H_{ult}、V_{ult} 分别为地基土体的极限弯矩、极限水平承载力、极限竖向承载力。

Taiebat 和 Carter 给出了桶形基础三维破坏包络面方程

$$f=\left(\frac{V}{V_{\mathrm{ult}}}\right)^2+\left[\left(\frac{M}{M_{\mathrm{ult}}}\right)\left(1-\alpha_1\frac{HM}{H_{\mathrm{ult}}|M|}\right)\right]^2+\left|\left(\frac{H}{H_{\mathrm{ult}}}\right)^3\right|-1=0 \tag{8-63}$$

山东大学武科，考虑了桶形基础的长径比L/D，给出了 V-H 荷载空间内的破坏包络面方程

$$\left(\frac{H}{H_{\mathrm{ult}}}\right)^{\alpha_1}+\left(\frac{V}{V_{\mathrm{ult}}}\right)^{\beta}=1 \tag{8-64}$$

式中，系数 $\alpha_1=1.5+L/D$，$\beta=4.5-L/(3D)$。

V-M 荷载空间内，破坏包络面方程为

$$\left(\frac{M}{M_{\mathrm{ult}}}\right)^{\alpha_2}+\left(\frac{V}{V_{\mathrm{ult}}}\right)^{\beta}=1 \tag{8-65}$$

式中，$\alpha_2=0.5+L/D$，$\beta=4.5-L/(3D)$。

H-M 荷载空间内，破坏包络面方程为

$$\left|\left(\frac{H}{H_{\mathrm{ult}}}\right)^{\alpha_1}\right|+\left(\frac{M}{M_{\mathrm{ult}}}\left(1-\eta\frac{HM}{H_{\mathrm{ult}}|M|}\right)\right)^{\alpha_2}=1 \tag{8-66}$$

式中，$\alpha_1=1.5+L/D$，$\alpha_2=0.5+L/D$。

V-H-M 荷载空间内的三维破坏包络面方程

$$f=\left(\frac{V}{V_{\mathrm{ult}}}\right)^{\beta}+\left(\frac{M}{M_{\mathrm{ult}}}\left(1-\eta\frac{HM}{H_{\mathrm{ult}}|M|}\right)\right)^{\alpha}+\left|\left(\frac{H}{H_{\mathrm{ult}}}\right)^{\alpha+1}\right|-1=0 \tag{8-67}$$

式中，系数 $\alpha=0.5+L/D$，$\beta=4.5-L/(3D)$，η 为土的力学性质影响因子。

8.5 小结

复杂的海洋环境荷载作用下，结构物地基土体往往承受基础传来的复合加载作用，在上一章基础单调受荷基础上，本章研究了常见基础复合加载下的受力特性。给出了浅基础、深埋桩基础与桶形基础的破坏包络面方程，分析了复合加载下基础荷载分量与地基土体失效模式间的对应关系，较为直观地展示了土体的变形规律。本章内容能够为工程设计或理论研究提供一定的参考。

参考文献

[1] 郑大同.地基极限承载力的计算[M].北京：中国建筑工业出版社，1979.

[2] 张其一.复合加载模式下地基极限承载力与安定性的理论研究及其数值分析[D].大连：大连理工大学，2008.

第9章　海床土体液化与冲刷

9.1　前言

海床上传播的波浪会在海床表面引起周期性变化的波压力场，波压力场相应地会在海床内部引起孔隙水压力场和有效应力场的变化。在一定水深范围内，波压力带来的影响显著，其引起的孔隙水压力可能在特定土质的海床中导致海床液化和剪切破坏。在波压力循环作用下，海床中会产生在时间和空间上不均匀分布的孔隙水压力，海床内有效应力状态将发生不断的变化，从而导致海床土的抗剪强度发生变化，波浪引起的海床剪应力大于海床抗剪强度时将导致海床发生剪切破坏而失稳，而所产生的孔隙水压力累积到一定程度时也会导致海床液化失稳。

土的动力特性包括动力变形特性、动力强度特性及振动孔隙水压力增长和液化特性。动荷作用下孔隙水压力的发展是饱和土体变形与强度变化的根本因素，也是有效应力法分析土体动力稳定性的关键。在循环荷载作用下，饱和砂土中所产生的孔隙水压力直接关系到土的动力稳定性。

9.2　孔隙水压力发展规律

要研究波浪、地震等循环动荷载条件下土体孔隙水压力的发展和分布规律，首先要通过试验来研究振动作用下孔隙水压力在不排水条件下的发展模式。广为采用的是由试验确定的不排水条件下孔隙水压力随循环周数 N 或振动历时 t 的经验模型，比较具有代表性的孔隙水压力增长计算模式如下。

9.2.1　Seed 模式

$$u_g = \frac{2\sigma'_o}{\pi}\arcsin\left(\frac{N}{N_1}\right)^{\frac{1}{2\theta}} \tag{9-1}$$

式中，u_g 为振动孔隙水压力；σ'_o 为初始有效应力；N 为振动周期；N_1 为液化周数；θ 为常数，与土体的类型和密度有关。

9.2.2 Martin 模式

$$\Delta u_g = E_r \cdot \Delta \varepsilon_{vd} \tag{9-2}$$

式中，

$$\Delta \varepsilon_{vd} = C_1(\gamma - C_2 \varepsilon_{vd}) + \frac{C_3 \varepsilon_{vd}^2}{\gamma + C_4 \varepsilon_{vd}} \tag{9-3}$$

Δu_g 是振动一周产生的孔隙水压力增量；$\Delta \varepsilon_{vd}$ 是体积应变增量；ε_{vd} 是体积应变累积量；γ 是动剪应力幅值；E_r 为回弹模量；C_1、C_2、C_3、C_4 是四个计算系数，通过振动单剪仪周期排水试验测定。

9.2.3 石桥(Ishibashi)模式

$$\Delta u_g = \sigma_0' \left(1 - \frac{u_g}{\sigma_0'}\right) \left(\frac{\tau}{\sigma'}\right)^{\beta} \frac{C_1 N}{N^{C_2} - C_3} \tag{9-4}$$

式中，σ_0' 是初始有效应力，τ 是动剪应力幅值，σ' 是每一级荷载循环开始的有效压力，N 是累积的周期荷载次数，β、C_1、C_2 和 C_3 是四个由三轴扭剪试验测定的计算系数。

9.2.4 徐志英和沈珠江模式

$$\Delta u_g = \frac{\sigma_0'(1 - ma)}{\pi \theta N_l} \cdot \frac{1}{\sqrt{1 - \left(\frac{N}{N_l}\right)^{\frac{1}{\theta}}}} \left(\frac{N}{N_l}\right)^{\frac{1}{2\theta} - 1} \cdot \Delta N \tag{9-5}$$

式中，a 为初始静应力比，m 为与土特性有关的系数。

9.2.5 张建民模式

$$\frac{u_g}{u_f} = f\left(\frac{t}{t_f}\right) \tag{9-6}$$

对应于 A、B、C 三种类型，函数 f 分别采用下列形式：

$$f(\bar{t}) = 1 - \exp(-\beta \cdot \bar{t}) \tag{9-7}$$

$$f(\bar{t}) = \frac{2}{\pi} \arcsin(\bar{t})^{\frac{1}{2\theta}} \tag{9-8}$$

$$f(\bar{t}) = [(1 - \cos(\pi \cdot \bar{t}))/2]^b \tag{9-9}$$

其中，u_f 为界限孔隙水压力，表征 u_g 的最大值；t_f 为与 u_f 对应的振动持续时间；β、b 为取决于振动孔隙水压力增长形态的经验参数。

9.2.6 沈瑞福模式

沈瑞福等人用双向振动的动力扭剪仪，模拟了海床土体的动应力幅值恒定而主应力方向连续旋转的状态，并给出了孔隙水压力模式：

$$\frac{u}{u_f} = 0.9 + \frac{1.8}{\pi} \arcsin\left[\left(\frac{N}{N_{90}^*}\right)^{\frac{1}{\alpha}} - 1\right] \tag{9-10}$$

式中，α 是一个取决于 K_c 的参数，$\alpha=6.02-11K_c+5.36K_c^2$；$N_{90}^*$ 为振动孔隙水压力达到破坏孔隙水压力 $0.9u_f$ 时的振次，是竖向动应力$\sigma_d/2$和扭剪动应力 τ_d 的函数。

9.2.7 McDougal 模式

McDougal 认为孔隙水压力比u_g/σ_0'与循环次数比N/N_l之间存在线性关系：

$$u_g=\sigma_0'\frac{N}{N_l} \tag{9-11}$$

式中，液化循环次数 N_l 是循环剪应力比的函数，

$$N_l=\left(\frac{1}{\alpha}\frac{\tau_{xz}}{\sigma_0'}\right)^{\frac{1}{\beta}} \tag{9-12}$$

于是，

$$\frac{\mathrm{d}u_g}{\mathrm{d}t}=\frac{\sigma_0'}{N_l T_w}=\sigma_0'\left(\frac{1}{\alpha}\frac{\tau_{xz}}{\sigma_0'}\right)^{-\frac{1}{\beta}}\frac{1}{T_w} \tag{9-13}$$

式中，剪应力 τ_{xz}依赖于波浪条件和海床土体特性。

海床土层厚度 h 大于1/2波长时

$$\tau_{xz}=P_0\cdot k\cdot z\cdot \exp(-kz) \tag{9-14}$$

式中，k 为波数；P_0 为海床表面波压力赋值，$P_0=\dfrac{\rho_w gH}{2\cosh(kd)}$，$H$ 为有效波高，d 为水深。

土层厚度 h 介于$\left(\dfrac{1}{20},\dfrac{1}{2}\right)$波长时：

$$\tau_{xz}=k\alpha_1[\alpha_2\sinh(kz)+\alpha_3 z\cosh(kz)+\alpha_4 z\sinh(kz)] \tag{9-15}$$

其中，

$$\alpha_1=\frac{P_0}{[2(1-\mu)\alpha_3'-k]\cdot[(1-2\mu)(3-4\mu)\sinh^2(kh)-k^2h^2]} \tag{9-16}$$

$$\alpha_2=2(1-2\mu)(\mu-1)-k^2h^2 \tag{9-17}$$

$$\alpha_3=k[(3-4\mu)\cosh^2(kh)-(1-2\mu)] \tag{9-18}$$

$$\alpha_3'=\frac{\alpha_3}{(1-2\mu)(3-4\mu)\sinh^2(kh)-k^2h^2} \tag{9-19}$$

$$\alpha_4=k[kh-(3-4\mu)\cosh(kh)\sinh(kh)] \tag{9-20}$$

土层厚度 h 小于1/20波长时：

$$\tau_{xz}=m\cdot z \tag{9-21}$$

其中，

$$\begin{aligned}m=\frac{3}{h^3}\frac{1}{k^2}\alpha_1\{&k\alpha_2[kh\cosh(kh)-\sinh(kh)]\\&+\alpha_3[(kh)^2\sinh(kh)-2kh\cosh(kh)+2\sinh(kh)]\\&+\alpha_4[(kh)^2\cosh(kh)-2kh\sinh(kh)+2\cosh(kh)-2]\}\end{aligned} \tag{9-22}$$

图 9.1 给出不排水循环扭剪试验中相对密度 $D_r=60\%$的饱和福建标准砂在平均有效固结压力 $p_{m0}'=100$、200、300 kPa，初始固结比 $K_c=1.0$、1.5、2.0 的 9 种不同的初始固

结应力状态下典型孔隙水压力时程曲线。在均等固结($K_c=1.0$)条件下，孔隙水压力的最大值能够达到初始平均有效应力 p'_{m0}，在土体中产生"初始液化"现象；在非均等固结($K_c=1.5$、2.0)条件下，孔隙水压力的最大值往往不能达到初始平均有效应力，土体不会产生"初始液化"现象。随着循环荷载的不断作用，最终会达到残余孔隙水压力 u_f，固结比越大则残余孔隙水压力与初始平均有效应力的比值越小。

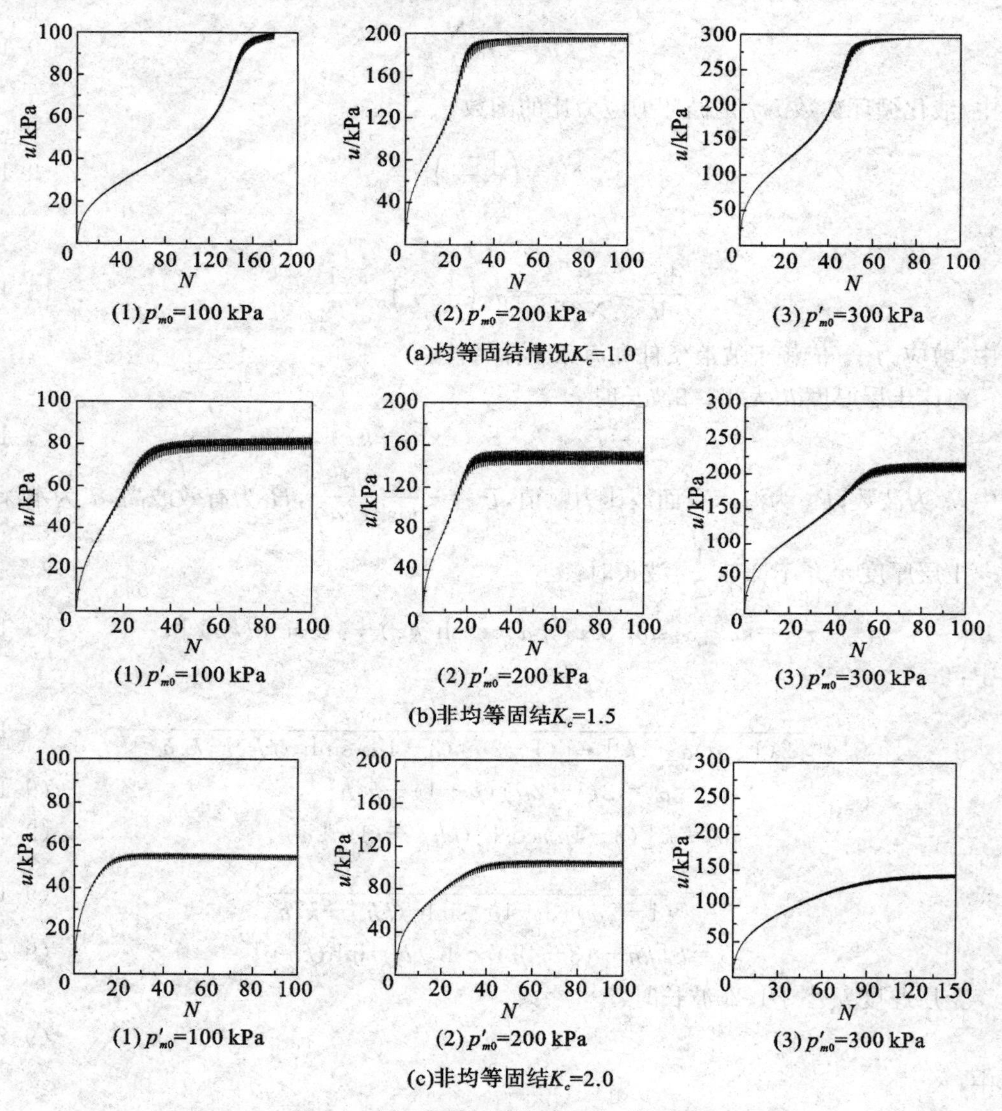

图 9.1　循环荷载下孔隙水压力时程曲线

针对上述试验结果，张小玲给出孔隙水压力发展模式：

$$\frac{u}{u_f}=0.9+\frac{1.8}{\pi}\cdot\arcsin\left[\left(\frac{N}{N_{90}^{*}}\right)^{\frac{1}{\alpha}}-1\right] \tag{9-23}$$

$$u_f=\sigma_3\left[\frac{1+\sin\varphi'_d}{2\cdot\sin\varphi'_d}-\frac{1-\sin\varphi'_d}{2\cdot\sin\varphi'_d}\cdot K_c\right] \tag{9-24}$$

式中，φ'_d为动荷载下的有效内摩擦角。

9.3　液化标准

海床土动力学中波浪引起的液化分为两类，一类类似于地震液化，采用累积的孔隙水压力大于有效上覆土应力作为标准；另一类是基于弹性分析的瞬时液化，主要是因为海床和波浪荷载的空间效应和相位迟滞导致的超孔隙水压力引起。

Okusa基于有效应力的概念，认为当竖向有效应力大于土的浮容重时土体发生液化，针对图9.2所示的推进波作用下的弹性海床，提出了液化判别标准：

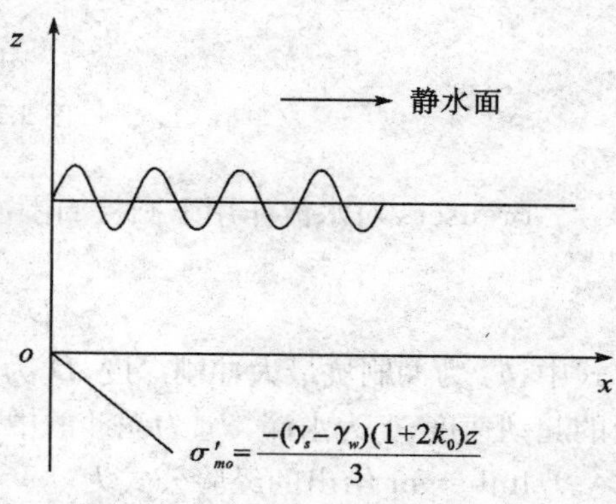

图9.2　推进波作用下的海床

$$-(\gamma_s-\gamma_w)\cdot z\leqslant\sigma'_z \tag{9-25}$$

Tsai把这一液化准则推广到三维空间：

$$\frac{-(\gamma_s-\gamma_w)(1+2k_0)\cdot z-(\sigma'_x+\sigma'_y+\sigma'_z)}{3}\leqslant 0 \tag{9-26}$$

式中，γ_s为土的饱和容重，γ_w为4℃水的容重，σ'_z、σ'_x和σ'_x为波浪荷载引起的竖向有效应力和水平有效应力，k_0为静止土压力系数。

基于超孔隙水压力的概念，Zen和Yamazaki提出液化判别准则：

$$-(\gamma_s-\gamma_w)\cdot z+(P_b-P)\leqslant 0 \tag{9-27}$$

Jeng将其推广到三维空间：

$$\frac{-(\gamma_s-\gamma_w)(1+2k_0)\cdot z}{3}+(P_b-P)\leqslant 0 \tag{9-28}$$

式中，P_b是海床表面处的波压力，P是海床中波浪引起的孔隙水压力。

9.4　海床冲刷

9.4.1　波流作用下圆柱局部冲刷

恒定流场中的圆柱体，如图9.3，在圆柱的迎流面形成一股向下的二次流，然后在水底处产生马蹄形涡流，并沿圆柱边缘流向下游，圆柱体周围的底沙将形成马蹄状的冲刷坑。上游侧为半个倒置的截头圆锥，而下游侧为两个平行的谷。

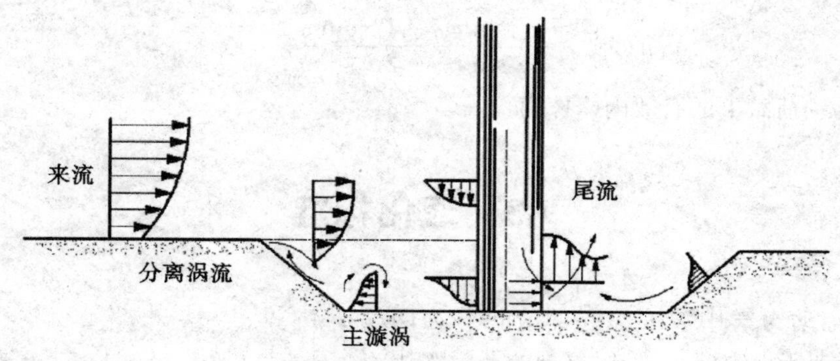

图 9.3　桩基冲刷示意图

Breusers 对水流作用下圆柱周围冲刷坑进行了研究，经过量纲分析给出如下公式：

$$\frac{h_s}{D}=f\left(\frac{u}{u_c},\frac{h}{D},\frac{d_{50}}{D}\right) \tag{9-29}$$

式中，h_s 为冲刷坑最大冲刷深度，D 为圆柱直径，u 为未扰动水流的平均速度，u_c 为泥沙的起动速度，h 为水深，d_{50}为泥沙的中值粒径。

Imberger 给出的经验公式为

$$h_s=2.18\left(\frac{u_*}{u_{c^*}}-0.374\right)\cdot D \tag{9-30}$$

式中 u_* 为剪切速度，u_{c^*} 为泥沙起动剪切速度。

Rance 做了不同截面形状的直立柱体（圆形、六角形、方形）以及柱体侧棱和侧面对波、流几种不同放置情况的试验，结果发现直立柱体的冲刷坑均位于柱体侧方棱角处。图 9.4 给出了不同形状大直径柱体在波流共同作用下估计的最大冲刷深度。

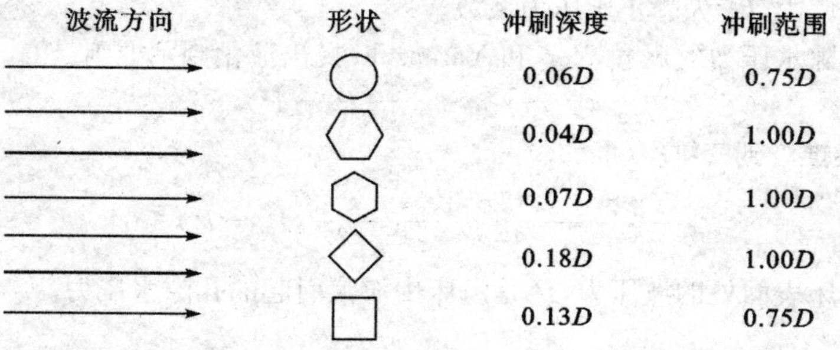

波流方向	形状	冲刷深度	冲刷范围
→	○	0.06*D*	0.75*D*
→	⬡	0.04*D*	1.00*D*
→	⬡	0.07*D*	1.00*D*
→	◇	0.18*D*	1.00*D*
→	□	0.13*D*	0.75*D*

图 9.4　直径与波长比大于 0.1 的结构物周围土体冲刷(Rance)

针对海上大直径建筑物，黄建维给出了墩式结构冲刷坑最大深度计算公式：

$$z_m=\frac{L}{2\pi}\text{arsinh}\,\frac{\pi H}{2T\cdot\alpha V_{mc}}-h \tag{9-31}$$

$$V_{mc}=M\sqrt{\frac{\rho_s-\rho}{\rho}gd+\frac{\varepsilon_k+gh\delta}{d}} \tag{9-32}$$

式中，H 为墩柱前波高；L 为波长；T 为波周期；h 为水深；α 为冲刷坑影响系数，反应冲刷坑底坡、形状和坑内漩涡对波浪轨道速度的影响。

针对桩柱周围的冲刷现象，我国学者王汝凯提出了“普遍冲刷深度”“局部冲刷深度”和“总冲刷深度”的计算模式，给出了冲刷深度的计算公式：

普遍冲刷深度：

$$\lg\left(\frac{S_{w0}}{h}+0.05\right)=-0.663+0.3649\lg\alpha \tag{9-33}$$

局部冲刷深度：

$$\lg\left(\frac{S_{w1}}{h}\right)=-1.2935+0.1917\lg\beta \tag{9-34}$$

总冲刷深度：

$$\lg\left(\frac{S_{w}}{h}\right)=-1.4071+0.2667\lg\beta \tag{9-35}$$

式中，

$$\alpha=N_f\frac{H}{L}U_rN_s=\frac{H^2LV^2\left[V+\left(\frac{1}{T}-\frac{V}{L}\right)HL/2h\right]^2}{[(\rho_s-\rho)/\rho]g^2h^4d_{50}} \tag{9-36}$$

$$\beta=N_f\frac{H}{L}U_rN_sN_{rp}=\frac{H^2LV^3D\left[V+\left(\frac{1}{T}-\frac{V}{L}\right)HL/2h\right]^2}{[(\rho_s-\rho)/\rho]vg^2h^4d_{50}} \tag{9-37}$$

其中，N_f 为波流 Froude 数，$N_f=\frac{u_b^2}{gh}$；U_r 为 Uresell 数，$U_r=\frac{HL^2}{h^3}$；$\frac{H}{L}$表示波陡；N_s 为泥沙沉积数，$N_s=\frac{U_b^2}{\frac{\rho_s-\rho}{\rho}gd_{50}}$；$N_{rp}$为桩柱雷诺数，$N_{rp}=\frac{U_bD}{v}$；$U_b$ 为波流合成速度；D 为桩直径；h 为水深；ρ 为 4℃水的密度；ρ_s 为泥沙密度；v 为流体动力粘滞系数。

普遍冲刷深度指桩柱打入海底之后，在较大范围内发生的冲刷深度；局部冲刷深度指在恒定的波浪和海流作用足够长的时间之后，形成的不计普遍冲刷深度的最终冲刷深度；而总冲刷深度是指普遍冲刷深度与局部冲刷深度的总和。

B.M.Sunrer 给出了小直径圆柱在非线性规则波作用下的最大冲刷深度计算公式：

$$\frac{S_m}{D}=1.3\{1-\exp\left[-m(K.C.-6)\right]\} \tag{9-38}$$

式中，m 是根据试验结果得到的经验系数，$m=0.03$；S_m 为最大冲刷坑深度。公式适用的条件是 K.C.≥6，当 K.C.<6 时，试验证明不能形成明显的尾涡，因而也不能造成明显的冲刷。

南京水利科学研究院陈国平，考虑了波高、周期、水深、泥沙粒径、桩柱直径等影响因素，给出了波流作用下桩柱周围的最大冲刷深度公式：

$$\frac{Z_{sm}}{h}=0.0013P^{0.406} \tag{9-39}$$

$$P=N_f\frac{H}{L}U_rN_sN_{rp}=\frac{U_b^5H^2LD}{\frac{\rho_s-\rho}{\rho}\times\rho d_{50}h^4v} \tag{9-40}$$

9.4.2 冲刷影响因素

(1)波高 H、波长 L

不同波高作用下，波高越大，冲刷深度越大，冲刷范围越广，尤其是当入射波高与泥沙临界起动波高相当时，冲刷现象特别明显。周期或波长的变化对地形也有较显著影响，周期越长，冲刷变化越大。这些冲刷现象的差异，主要是由于波高、周期的不同，波浪能量发生了明显变化，底面水质速度也发生了变化，波高、周期越大，底面水质点速度也越大，泥沙运动状态也会随之改变。

(2)水深 h

随着水深的加大，最大冲刷深度迅速减小。因为桩柱周围的泥沙运动主要是由泥面水质点速度与泥沙起动流速决定的；水深的加大，使得泥面处水质点速度迅速减小，泥沙运动相对变弱，最大冲刷深度也迅速减小。可以预见，当水深增大到一定程度时，桩柱周围将不再发生泥沙运动，最大冲刷深度趋于零。

(3)泥沙粒径 d

波浪作用下，泥沙粒径直接影响桩柱周围土体的冲刷深度。在波高 H、周期 T、水深 h、柱径 D 等条件相同时，泥沙粒径越粗，泥沙起动流速越大，泥沙也越难以运动，最大冲刷深度相对较小。粒径对最大冲刷深度的影响相对较小，没有波高、波长的影响那么显著。

(4)桩柱直径 D

桩柱直径的影响与入射波长有关，用相对桩径 D/L 来表示桩柱大小，当 D/L 较大时，桩柱前面反射区的波浪运动接近于二维立波，导致桩柱前最大冲刷深度增大。当 $D/L>0.5$ 左右时，桩柱前最大冲刷深度，不再随 D/L 的增大而变化，此时可近似视为直立墙结构。

(5)底质最大速度与泥沙起动流速之比 u_b/u_c

图 9.5 给出了最大冲刷深度 Z_{sm} 随着 u_b/u_c 的变化规律。当 $u_b/u_c>1.0$ 时，数据较离散，这主要是因为 Z_{sm} 中包含了许多因素的影响，如波长、水深、粒径等；当 $u_b/u_c<0.5$ 时，圆柱周围土体无冲刷；当 $0.5<u_b/u_c<1.0$ 时，最大冲刷深度随 u_b 几乎成线性增加，称之为清水冲刷；当 $u_b/u_c>1.0$ 时为混水冲刷，最大冲刷深度的增大趋势减缓。

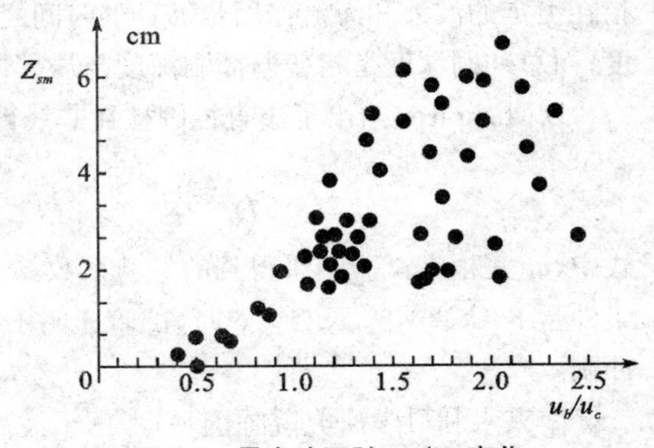

图 9.5　最大冲深随 u_b/u_c 变化

(6)冲刷时间 t 的影响

已有的试验数据表明，在开始的波浪作用时段内，桩柱周围的土体冲刷现象较为明显，地形冲淤发展非常迅速。当波浪作用个数 $N=1\ 000 \sim 2\ 000$，冲刷深度相当于最终冲刷深度的 40%～60%，随着波浪作用时间的增加，桩周土体的冲刷较为缓慢，逐步趋于平衡状态。同时，发现桩周土体达到地形冲淤平衡的时间与波周期有很大的关系，波浪周期越长，冲淤平衡时间也越长，地形冲淤达到平衡时波浪作用个数 $N=8\ 000 \sim 10\ 000$。桩周土体冲刷深度变化率可用双曲函数来表示：

$$Z_s/Z_{sm}=\tanh\left(3.05\times10^{-4}N\right) \tag{9-41}$$

9.5 小结

本章对波浪与地震诱发海床土体液化和冲刷规律进行了阐述。首先，总结了较为常用的孔隙水压力发展模式，并讲述了循环荷载下海床土体液化判别规律；然后，对海床上结构物周围土体的冲刷规律进行了分析，并详细地分析了海床冲刷机理及其影响因素。

参考文献

[1] 张其一.波浪荷载作用下海洋粘土力学特性研究[D].大连：大连理工大学，2011.

[2] 栾茂田，张小玲，张其一.地震作用下海床孔隙水压力增长的算法研究[J].中国矿业大学学报，2008，37(5)：630-634.

[3] P.J. Rance. The potential for scour around large objects, Scour prevention techniques around offshore structures[R]. Seminar held in London, Society for underwater technology, 1980: 41-53.

第 10 章　流固土耦合数值仿真

10.1　前言

土体的数值分析理论是计算土体应力场、变形场、位移场、渗流场及其随时间变化的理论。数值分析方法既能够得到土体的变形，又可以分析土体中的塑性区域及其液化范围，同时又能预估土体发生整体破坏的可能性。这些都是工程上最为关心的问题。

10.2　基本的动力方程

10.2.1　运动微分方程

饱和土体的微分单元体，如图 10.1 所示，在动荷作用下，任一时刻该单元体的总动力、约束力和惯性力将形成一个平衡力系。在直角坐标系下对土的微分单元体进行受力分析，由达朗贝尔原理得到微分单元体的动力平衡方程：

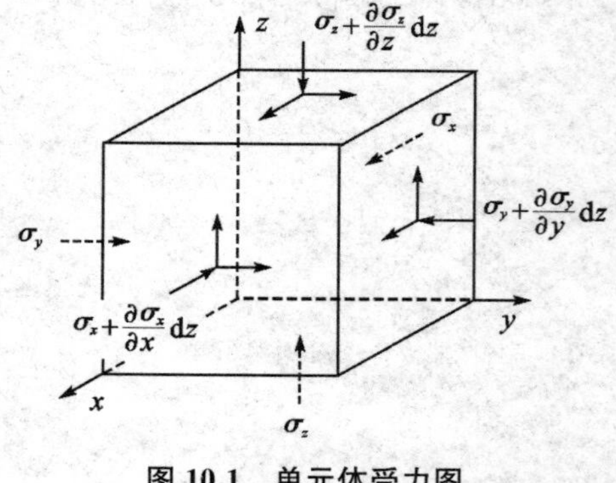

图 10.1　单元体受力图

$$\left.\begin{aligned}
&\frac{\partial\sigma_x}{\partial x}+\frac{\partial\tau_{xy}}{\partial y}+\frac{\partial\tau_{zx}}{\partial z}+C_x-X=-\rho\left(\frac{\partial^2 u}{\partial t^2}+g_x\right)\\
&\frac{\partial\tau_{xy}}{\partial x}+\frac{\partial\sigma_y}{\partial y}+\frac{\partial\tau_{yz}}{\partial z}+C_y-Y=-\rho\left(\frac{\partial^2 v}{\partial t^2}+g_y\right)\\
&\frac{\partial\tau_{xz}}{\partial x}+\frac{\partial\tau_{yz}}{\partial y}+\frac{\partial\sigma_z}{\partial z}+C_z-Z=-\rho\left(\frac{\partial^2 w}{\partial t^2}+g_z\right)
\end{aligned}\right\}\tag{10-1}$$

式中，u、v、w 分别为 x、y、z 方向的位移分量，g_x、g_y、g_z 为基岩地震加速度分量，ρ 是土体密度，X、Y、Z 和 C_x、C_y、C_z 分别表示三个坐标方向的体积力和阻尼分量，σ_x、σ_y、σ_z 分别为 x、y、z 三个方向的正应力，τ_{xy}、τ_{yz}、τ_{xz} 为三个剪应力。

10.2.2　渗流连续方程

渗流连续性条件即某时段内流经微分单元体表面的孔隙水变化量，等于该时段内土体体积的压缩量，渗流连续方程为

$$\frac{\partial q_x}{\partial x}+\frac{\partial q_y}{\partial y}+\frac{\partial q_z}{\partial z}=\frac{\partial}{\partial t}(\varepsilon_x+\varepsilon_y+\varepsilon_z) \tag{10-2}$$

式中，q_x、q_y、q_z 为三个坐标方向上的流体流量，ε_x、ε_y、ε_z 为三个坐标轴方向上的正应变。

10.2.3　土体几何方程

依照土力学中的规定，土体中应力以压为正，以拉为负，则小应变条件下的土体应变与位移间的几何方程：

$$\varepsilon_x=\frac{\partial u}{\partial x},\varepsilon_y=\frac{\partial v}{\partial y},\varepsilon_z=\frac{\partial w}{\partial z}$$

$$\gamma_{xy}=\frac{\partial v}{\partial x}+\frac{\partial u}{\partial y},\gamma_{xz}=\frac{\partial w}{\partial x}+\frac{\partial u}{\partial z},\gamma_{yz}=\frac{\partial v}{\partial z}+\frac{\partial w}{\partial y} \tag{10-3}$$

式中，u、v、w 分别表示土体位移。

10.2.4　运动阻尼公式

假定阻尼为黏性阻尼，则阻尼系数 C_i 为

$$C_x=\alpha\rho\frac{\partial u}{\partial t},\ C_y=\alpha\rho\frac{\partial v}{\partial t},\ C_z=\alpha\rho\frac{\partial w}{\partial t} \tag{10-4}$$

式中，$\alpha=\lambda\omega$，ω 为系统基频，λ 为阻尼比。

10.2.5　Darcy 渗透定律

假定土体振动过程中渗流符合 Darcy 定律，则有

$$q_x=\frac{k_x}{\gamma_w}\frac{\partial p}{\partial x},\ q_y=\frac{k_y}{\gamma_w}\frac{\partial p}{\partial y},\ q_z=\frac{k_z}{\gamma_w}\frac{\partial p}{\partial z} \tag{10-5}$$

式中，k_x、k_y、k_z 分别为 x、y、z 三个方向的渗透系数，γ_w 为水的容重，q_x、q_y、q_z 为 x、y、z 三个方向的渗流速度。

10.2.6　有效应力原理

运动微分方程式(10-1)中的应力分量为总应力分量，它与土骨架所承受的有效应力分量之间具有以下关系：

$$\sigma_x=\sigma'_x+p,\ \sigma_y=\sigma'_y+p,\ \sigma_z=\sigma'_z+p \tag{10-6}$$

式中，p 表示固结过程中的土体中的孔隙水压力。静力固结时，它等于土体中初始孔压与静力变形引起的静孔压之和；动力固结时，它等于土体中受动力作用时初始的孔压与动力变形引起的动孔压之和。

通过恰当引入土体本构方程并结合有效应力原理，联立上述几何方程式与物理方程式，将其与阻尼公式一起代入运动微分方程式(10-1)，即得到土体动力固结的耦合微分方程组，它可以分析饱和土体在任意时刻的变形和孔隙水压力产生、振荡、发展和消散过程。

10.3 数值模型

如图 10.2 所示，多孔弹性海床土体中埋设有半径为 R 的管道，埋置深度为 b。底面为不透水刚性基岩，地震沿着垂直于管道轴线即 x 方向传播，z 坐标自不透水刚性基底起向上。利用 Biot 固结理论对海底管道进行动力响应分析，做出如下假定：

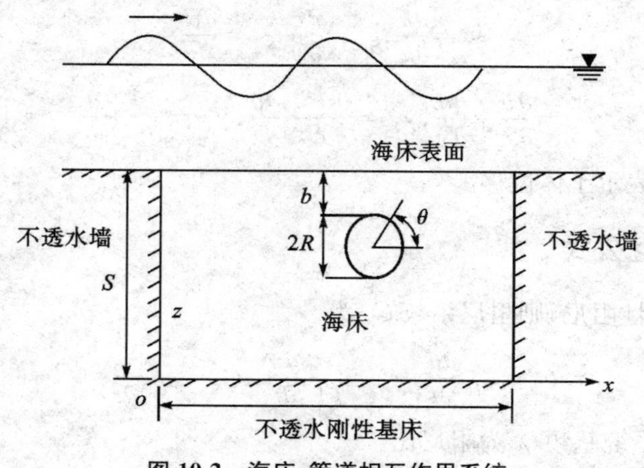

图 10.2 海床-管道相互作用系统

①海床土是各向同性的；
②海床土骨架变形是微小的，且遵从虎克定律；
③海床土的固体颗粒不可压缩，土体接近饱和状态，忽略孔隙间气压力；
④孔隙水是无黏性的流体；
⑤海床以上的水层不可压缩；
⑥海床内的孔隙水流为层流，且渗流满足 Darcy 定律；
⑦海床土体的渗透系数为常数；
⑧管道为不透水材料。

10.3.1 耦合控制方程

联立式(10-1)至式(10-6)运动耦合方程，可以得到多孔海床土体耦合控制方程：

$$\frac{n_s}{K'_f}\frac{\partial p}{\partial t}+\frac{\partial \varepsilon_{ii}}{\partial t}+\frac{1}{\gamma_f}\nabla^{\mathrm{T}}\cdot(-\boldsymbol{K}_s\cdot(\nabla p))=0 \tag{10-7}$$

式中，$\boldsymbol{K}_s$ 为土的渗透系数矩阵，ε_{ii} 为土骨架的体积应变，n_s 为海床土的孔隙率，K'_f 为孔隙流体的体积模量，p 为超静孔隙水压力，γ_f 为孔隙流体的重度。当忽略孔隙流体相对于土骨架的惯性效应时，海床土体的动力平衡方程为

$$^{t+\Delta t}\sigma'_{sij,j}+{}^{t+\Delta t}p_{,j}\delta_{ij}+{}^{t+\Delta t}\rho_s^{t+\Delta t}b_{si}={}^{t+\Delta t}\rho_s^{t+\Delta t}\ddot{u}_{si}\quad(i,j=1,2,3) \tag{10-8}$$

式中，σ'_{sij} 为海床土有效应力；δ_{ij} 为克罗内克符号；b_{si} 为海床土体积力加速度；$\ddot{u}_{si}$ 为土骨架

的加速度；ρ_s 为海床土的表观密度，是指在自然状态下单位体积土的质量，按下式计算：

$$\rho_s=\frac{m_s}{v_s} \tag{10-9}$$

式中，m_s 为土的质量；v_s 为土在自然状态下的体积，或称表观体积，是指土的实体积与土内所含全部孔隙体积之和。按照弹性动力学理论，埋置管道的控制方程为

$$^{t+\Delta t}\sigma_{pij,j}+{}^{t+\Delta t}\rho_p^{t+\Delta t}b_{pi}={}^{t+\Delta t}\rho_p^{t+\Delta t}\ddot{u}_{pi}\quad (i,j=1,2,3) \tag{10-10}$$

式中，σ_{pij} 为管道内应力，ρ_p 为管道材料的质量密度，b_{pi} 为管道的体积力加速度，$\ddot{u}_{pi}$ 为管道的加速度。

数值分析过程中模拟近场波动时，通过设置人工边界的方式来完成，如图 10.3。通过下列方程计算出法向与切向速度和位移：

$$\tau(r_b,t)=-G\left[\frac{1}{2r_b}u(r_b,t)+\frac{1}{\nu_S}\frac{\partial v}{\partial t}(r_b,t)\right]=-\frac{G}{2r_b}v(r_b,t)-\rho\nu_S\frac{\partial v}{\partial t}(r_b,t) \tag{10-11}$$

$$\sigma(r_b,t)=-E\left[\frac{1}{2r_b}u(r_b,t)+\frac{1}{\nu_p}\frac{\partial u}{\partial t}(r_b,t)\right]=-\frac{E}{2r_b}u(r_b,t)-\rho\nu_p\frac{\partial u}{\partial t}(r_b,t) \tag{10-12}$$

由方程(10-11)或(10-12)可以看出，其切向或法向的边界条件等价于阻尼系数为 ρv_s 或 ρv_p 的阻尼器并联上一个刚度系数为$G/2r_b$或$E/2r_b$的线性弹簧，这说明如果在半径 r_b 处截断介质，同时施加相应的边界元件后，在边界上可以得到与方程(10-11)或(10-12)相同的形式，可以完全消除剪切波或压缩波在边界 r_b 处产生的反射波或散射波。

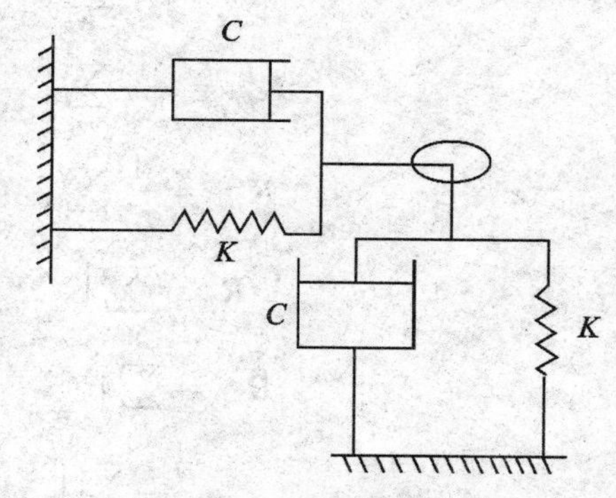

图 10.3　人工边界示意图

数值模型边界条件：

①不透水刚性基床处的边界条件：海床基底可看作是不透水的基岩，法向流量为 0，即

$$\frac{\partial p}{\partial z}=0,z=0 \tag{10-13}$$

②海床表面和两侧的边界条件：假设海床表面是透水边界，则在海床表面的孔隙水压力为 0；两侧由于地震作用的时间较短，可近似地认为是不透水边界。即

$$\begin{cases}p=0,z=s\\ \dfrac{\partial p}{\partial x}=0,x=0\text{ 及 }x=L\end{cases} \tag{10-14}$$

③管道壁处的边界条件：假设管道表面是不透水边界，则在管道表面的超静孔隙水压力梯度为 0，即

$$\frac{\partial p}{\partial n}=0,r=\sqrt{(x-x_0)^2+(z-z_0)^2}=R \tag{10-15}$$

式中，x_0 和 z_0 表示管道中心点的坐标，n 为管壁的外法线方向。

10.3.2 数值求解

应用 Galerkin 法，对 Biot 动力固结方程进行有限元离散化，则可得到地震作用下孔隙海床耦合有限元方程为

$$\begin{bmatrix} {}^{t+\Delta t}\boldsymbol{M}_s & \boldsymbol{0} \\ \boldsymbol{0} & \boldsymbol{0} \end{bmatrix}\begin{Bmatrix} {}^{t+\Delta t}\ddot{\boldsymbol{U}}_s \\ {}^{t+\Delta t}\ddot{\boldsymbol{P}} \end{Bmatrix}+\begin{bmatrix} {}^{t+\Delta t}\boldsymbol{C}_s & \boldsymbol{0} \\ {}^{t+\Delta t}\boldsymbol{K}_{u_s p}^T & {}^{t+\Delta t}\boldsymbol{K}_{pp}^{(1)} \end{bmatrix}\begin{Bmatrix} {}^{t+\Delta t}\dot{\boldsymbol{U}}_s \\ {}^{t+\Delta t}\dot{\boldsymbol{P}} \end{Bmatrix}$$
$$+\begin{bmatrix} {}^{t+\Delta t}\boldsymbol{K}_{u_s u_s} & {}^{t+\Delta t}\boldsymbol{K}_{u_s p} \\ \boldsymbol{0} & -{}^{t+\Delta t}\boldsymbol{K}_{pp}^{(2)} \end{bmatrix}\begin{Bmatrix} {}^{t+\Delta t}\boldsymbol{U}_s \\ {}^{t+\Delta t}\boldsymbol{P} \end{Bmatrix}=\begin{Bmatrix} {}^{t+\Delta t}\boldsymbol{R}_{u_s} \\ {}^{t+\Delta t}\boldsymbol{R}_p \end{Bmatrix} \tag{10-16}$$

其中，

$${}^{t+\Delta t}\boldsymbol{M}_s=\sum_m\int_{{}^{t+\Delta t}v_s^{(m)}} {}^{t+\Delta t}\rho_s^{(m)}\,{}^{t+\Delta t}\boldsymbol{H}_{u_s}^{(m)T}\,{}^{t+\Delta t}\boldsymbol{H}_{u_s}^{(m)}\,\mathrm{d}^{t+\Delta t}v_s^{(m)} \tag{10-17}$$

$${}^{t+\Delta t}\boldsymbol{C}_s=\sum_m\int_{{}^{t+\Delta t}v_s^{(m)}} {}^{t+\Delta t}\boldsymbol{\kappa}_s^{(m)}\,{}^{t+\Delta t}\boldsymbol{H}_{u_s}^{(m)T}\,{}^{t+\Delta t}\boldsymbol{H}_{u_s}^{(m)}\,\mathrm{d}^{t+\Delta t}v_s^{(m)} \tag{10-18}$$

$${}^{t+\Delta t}\boldsymbol{K}_{u_s u_s}=\sum_m\int_{{}^{t+\Delta t}v_s^{(m)}} {}^{t+\Delta t}\boldsymbol{B}_{u_s}^{(m)T}\,{}^{t+\Delta t}\boldsymbol{D}_s^{(m)}\,{}^{t+\Delta t}\boldsymbol{B}_{u_s}^{(m)}\,\mathrm{d}^{t+\Delta t}v_s^{(m)} \tag{10-19}$$

$${}^{t+\Delta t}\boldsymbol{K}_{u_s p}=\sum_m\int_{{}^{t+\Delta t}v_s^{(m)}} {}^{t+\Delta t}\boldsymbol{B}_{u_s}^{(m)T}\,\boldsymbol{I}^{(m)}\,{}^{t+\Delta t}\boldsymbol{H}_p^{(m)}\,\mathrm{d}^{t+\Delta t}v_s^{(m)} \tag{10-20}$$

$${}^{t+\Delta t}\boldsymbol{K}_{pp}^{(1)}=\frac{1}{K'_f}\sum_m\int_{{}^{t+\Delta t}v_s^{(m)}} {}^{t+\Delta t}n_s^{(m)}\,{}^{t+\Delta t}\boldsymbol{H}_p^{(m)T}\,{}^{t+\Delta t}\boldsymbol{H}_p^{(m)}\,\mathrm{d}^{t+\Delta t}v_s^{(m)} \tag{10-21}$$

$${}^{t+\Delta t}\boldsymbol{K}_{pp}^{(2)}=\frac{1}{\gamma_f}\sum_m\int_{{}^{t+\Delta t}v_s^{(m)}} {}^{t+\Delta t}\boldsymbol{B}_p^{(m)T}\,{}^{t+\Delta t}\boldsymbol{K}_s^{(m)}\,{}^{t+\Delta t}\boldsymbol{B}_p^{(m)}\,\mathrm{d}^{t+\Delta t}v_s^{(m)} \tag{10-22}$$

$${}^{t+\Delta t}\boldsymbol{R}_p=\sum_m\int_{{}^{t+\Delta t}s_q^{(m)}} \left({}^{t+\Delta t}\boldsymbol{H}_p^{{}^{t+\Delta t}s_q^{(m)}(m)}\right)^T\,{}^{t+\Delta t}\boldsymbol{q}^{(m)}\,\mathrm{d}^{t+\Delta t}s_q^{(m)} \tag{10-23}$$

$$\begin{aligned} {}^{t+\Delta t}\boldsymbol{R}_{u_s}=&\sum_m\int_{{}^{t+\Delta t}v_s^{(m)}} {}^{t+\Delta t}\boldsymbol{H}_{u_s}^{(m)T}\,{}^{t+\Delta t}\boldsymbol{f}_s^{(m)}\,\mathrm{d}^{t+\Delta t}v_s^{(m)} \\ &+\sum_m\int_{{}^{t+\Delta t}s_{f_s}^{(m)}} \left({}^{t+\Delta t}\boldsymbol{H}_{u_s}^{{}^{t+\Delta t}s_{f_s}^{(m)}(m)}\right)^T\,{}^{t+\Delta t}\boldsymbol{f}_s^{(m)}\,\mathrm{d}^{t+\Delta t}s_{f_s}^{(m)} \end{aligned} \tag{10-24}$$

式中，$\boldsymbol{U}_s$ 与 $\boldsymbol{P}$ 分别为土体结点位移向量和超静孔隙水压力向量，$\boldsymbol{M}_s$ 与 $\boldsymbol{C}_s$ 分别为土体的质量矩阵与阻尼矩阵，$\boldsymbol{D}_s$ 为土体的弹性系数矩阵，$\boldsymbol{f}_s$ 和 $\boldsymbol{q}$ 为荷载向量，$\boldsymbol{B}_{u_s}$ 和 $\boldsymbol{B}_p$ 分别为土体结点位移和超静孔隙水压力的几何梯度矩阵，$\boldsymbol{H}_{u_s}$ 和 $\boldsymbol{H}_p$ 分别为土体结点位移和超静孔隙水压力的插值函数矩阵。

同样，对预埋管道进行有限元离散化，则可以得到海底埋置管道的有限元方程为

$${}^{t+\Delta t}\boldsymbol{M}_p\,{}^{t+\Delta t}\ddot{\boldsymbol{U}}_p+{}^{t+\Delta t}\boldsymbol{C}_p\,{}^{t+\Delta t}\dot{\boldsymbol{U}}_p+{}^{t+\Delta t}\boldsymbol{K}_{u_p u_p}\,{}^{t+\Delta t}\boldsymbol{U}_p={}^{t+\Delta t}\boldsymbol{R}_{u_p} \tag{10-25}$$

其中，

$${}^{t+\Delta t}\boldsymbol{M}_p=\sum_m\int_{{}^{t+\Delta t}v_p^{(m)}} {}^{t+\Delta t}\rho_p^{(m)}\,{}^{t+\Delta t}\boldsymbol{H}_{u_p}^{(m)T}\,{}^{t+\Delta t}\boldsymbol{H}_{u_p}^{(m)}\,\mathrm{d}^{t+\Delta t}v_p^{(m)} \tag{10-26}$$

$${}^{t+\Delta t}\boldsymbol{C}_p=\sum_m\int_{{}^{t+\Delta t}v_p^{(m)}} {}^{t+\Delta t}\boldsymbol{\kappa}_p^{(m)}\,{}^{t+\Delta t}\boldsymbol{H}_{u_p}^{(m)T}\,{}^{t+\Delta t}\boldsymbol{H}_{u_p}^{(m)}\,\mathrm{d}^{t+\Delta t}v_p^{(m)} \tag{10-27}$$

$${}^{t+\Delta t}\boldsymbol{K}_{u_p u_p}=\sum_m\int_{{}^{t+\Delta t}v_p^{(m)}} {}^{t+\Delta t}\boldsymbol{B}_{u_p}^{(m)T}\,{}^{t+\Delta t}\boldsymbol{D}_p^{(m)}\,{}^{t+\Delta t}\boldsymbol{B}_{u_p}^{(m)}\,\mathrm{d}^{t+\Delta t}v_p^{(m)} \tag{10-28}$$

$$
\begin{aligned}
{}^{t+\Delta t}\boldsymbol{R}_{u_p} &= \sum_m \int_{{}^{t+\Delta t}v_p^{(m)}} {}^{t+\Delta t}\boldsymbol{H}_{u_p}^{(m)T}\, {}^{t+\Delta t}\boldsymbol{f}_p^{(m)}\, \mathrm{d}^{t+\Delta t}v_p^{(m)} \\
&+ \sum_m \int_{{}^{t+\Delta t}s_{f_p}^{(m)}} ({}^{t+\Delta t}\boldsymbol{H}_{u_p}^{{}^{t+\Delta t}s_{f_p}^{(m)}(m)})^T\, {}^{t+\Delta t}\boldsymbol{f}_p^{(m)}\, \mathrm{d}^{t+\Delta t}s_{f_p}^{(m)}
\end{aligned}
\tag{10-29}
$$

式中，$\boldsymbol{U}_p$ 为管道结点位移向量，$\boldsymbol{M}_p$ 与 $\boldsymbol{C}_p$ 分别为管道的质量矩阵和阻尼矩阵，$\boldsymbol{D}_p$ 为管道的弹性系数矩阵，$\boldsymbol{f}_p$ 为荷载向量，$\boldsymbol{B}_{u_p}$ 为管道结点位移的几何梯度矩阵，$\boldsymbol{H}_{u_p}$ 为管道结点位移的插值函数矩阵。

管道与海床土体间的摩擦假定为非滑动状态，根据 Bathe 和 Chaudhary 的理论，当接触面处于非滑动状态时，由结点 k 上的接触力所引起的接触势能增量为

$$
W_{k\_stick} = ({}^{t+\Delta t}\lambda_k^{(i-1)^T} + \Delta\lambda_k^{(i)^T})[(\Delta u_k^{(i)} + \Delta_k^{(i-1)}) - (1-\beta^{(i-1)})\Delta u_A^{(i)} - \beta^{(i-1)}\Delta u_B^{(i)}]
\tag{10-30}
$$

式中，W_k 为结点 k 上的接触力所引起的势能增量，${}^{t+\Delta t}\lambda_k^{(i-1)}$ 为结点 k 上的接触力，$\Delta u_k^{(i)}$、$\Delta u_A^{(i)}$、$\Delta u_B^{(i)}$ 分别为结点 k、A、B 在第 i 个迭代步中的位移增量，$\Delta_k^{(i-1)}$ 为结点 k 的过盈，$\beta^{(i-1)}$ 为物理接触点的位置参数，$\Delta\lambda_k^{(i)}$ 为结点 k 上的接触力变化量，$\Delta\lambda_s^{(i)}$ 为结点 k 上的法向接触力变化量，n_s 为主动面局部坐标轴 s 上的单位向量。

将界面接触力引起的势能引入系统的总势能增量并取驻值，即 $\delta\prod_1 = 0$，可得到包含接触效应的增量有限元方程为

$$
\left\{\begin{bmatrix} {}^{t+\Delta t}\boldsymbol{K}^{(i-1)} & \boldsymbol{0} \\ \boldsymbol{0} & \boldsymbol{0} \end{bmatrix} + [{}^{t+\Delta t}\boldsymbol{K}_c^{(i-1)}]\right\}\begin{bmatrix} \Delta\boldsymbol{U}^{(i)} \\ \Delta\boldsymbol{\lambda}^{(i)} \end{bmatrix} = \begin{bmatrix} {}^{t+\Delta t}\boldsymbol{R} \\ \boldsymbol{0} \end{bmatrix} - \begin{bmatrix} {}^{t+\Delta t}\boldsymbol{F}^{(i-1)} \\ \boldsymbol{0} \end{bmatrix} + \begin{bmatrix} {}^{t+\Delta t}\boldsymbol{R}_c^{(i-1)} \\ {}^{t+\Delta t}\boldsymbol{\Delta}_c^{(i-1)} \end{bmatrix}
\tag{10-31}
$$

式中，$\Delta\boldsymbol{U}^{(i)}$、$\Delta\boldsymbol{\lambda}^{(i)}$ 分别为第 i 个迭代步中的位移增量向量、接触力增量向量，${}^{t+\Delta t}\boldsymbol{K}^{(i-1)}$、${}^{t+\Delta t}\boldsymbol{K}_c^{(i-1)}$ 分别为第 $i-1$ 个迭代步后的切线刚度矩阵、接触刚度矩阵，${}^{t+\Delta t}\boldsymbol{F}^{(i-1)}$ 为第 $i-1$ 个迭代步后与单元应力相等价的结点力向量，${}^{t+\Delta t}\boldsymbol{R}$ 为 $t+\Delta t$ 时刻的外力向量，${}^{t+\Delta t}\boldsymbol{R}_c^{(i-1)}$ 为第 $i-1$ 个迭代步后的接触力向量，${}^{t+\Delta t}\boldsymbol{\Delta}_c^{(i-1)}$ 为结点过盈向量。

联立海床土体和弹性管道的离散方程，并采用 Newmark-β 逐步积分格式进行数值求解，则可以得到多孔介质海床和海底管道耦合系统的数值求解方程：

$$
\begin{bmatrix} {}^{t+\Delta t}\boldsymbol{K}_{u_s u_s} + a_0\,{}^{t+\Delta t}\boldsymbol{M}_s + a_1\,{}^{t+\Delta t}\boldsymbol{C}_s & {}^{t+\Delta t}\boldsymbol{K}_{u_s p} \\ {}^{t+\Delta t}\boldsymbol{K}_{u_s p}^T & {}^{t+\Delta t}\boldsymbol{K}_{pp}^{(1)} - \Delta t\,{}^{t+\Delta t}\boldsymbol{K}_{pp}^{(2)} \end{bmatrix}\begin{Bmatrix} {}^{t+\Delta t}\boldsymbol{U}_s \\ {}^{t+\Delta t}\boldsymbol{P} \end{Bmatrix} = \begin{bmatrix} {}^{t+\Delta t}\boldsymbol{R}_{u_s}^d \\ -\Delta t\,{}^{t+\Delta t}\boldsymbol{R}_p + {}^{t+\Delta t}\boldsymbol{K}_{u_s p}^T\,{}^t\boldsymbol{U}_s + {}^{t+\Delta t}\boldsymbol{K}_{pp}^{(1)}\,{}^t\boldsymbol{P} \end{bmatrix}
\tag{10-32}
$$

$$
({}^{t+\Delta t}\boldsymbol{K}_{u_p u_p} + a_0\,{}^{t+\Delta t}\boldsymbol{M}_p + a_1\,{}^{t+\Delta t}\boldsymbol{C}_p)\,{}^{t+\Delta t}\boldsymbol{U}_p = {}^{t+\Delta t}\boldsymbol{R}_{u_p}^d
\tag{10-33}
$$

其中，

$$
{}^{t+\Delta t}\boldsymbol{R}_{u_s}^d = {}^{t+\Delta t}\boldsymbol{R}_{u_s} + {}^{t+\Delta t}\boldsymbol{M}_s(a_0\,{}^t\boldsymbol{U}_s + a_2\,{}^t\dot{\boldsymbol{U}}_s + a_3\,{}^t\ddot{\boldsymbol{U}}_s) + {}^{t+\Delta t}\boldsymbol{C}_s(a_1\,{}^t\boldsymbol{U}_s + a_4\,{}^t\dot{\boldsymbol{U}}_s + a_5\,{}^t\ddot{\boldsymbol{U}}_s)
\tag{10-34}
$$

$$
{}^{t+\Delta t}\boldsymbol{R}_{u_p}^d = {}^{t+\Delta t}\boldsymbol{R}_{u_p} + {}^{t+\Delta t}\boldsymbol{M}_p(a_0\,{}^t\boldsymbol{U}_p + a_2\,{}^t\dot{\boldsymbol{U}}_p + a_3\,{}^t\ddot{\boldsymbol{U}}_p) + {}^{t+\Delta t}\boldsymbol{C}_p(a_1\,{}^t\boldsymbol{U}_p + a_4\,{}^t\dot{\boldsymbol{U}}_p + a_5\,{}^t\ddot{\boldsymbol{U}}_p)
\tag{10-35}
$$

式中，$a_0=\frac{1}{\alpha\Delta t^2}$，$a_1=\frac{\beta}{\alpha\Delta t}$，$a_2=\frac{1}{\alpha\Delta t}$，$a_3=\frac{1}{2\alpha}-1$，$a_4=\frac{\beta}{\alpha}-1$，$a_5=\Delta t\left(\frac{\beta}{2\alpha}-1\right)$。一般地，当 $\beta\geqslant0.5$、$\alpha\geqslant0.25(0.5+\beta)^2$ 时，Newmark-β 法是无条件稳定的。若取 $\alpha<0.5$、$0.5\leqslant\beta\leqslant0.6$，则在考虑土体和管道加速度效应的动力接触计算中会出现振荡现象；根据试算经验一般取 $\alpha=0.5$、$\beta\geqslant0.6$，且能满足 $\alpha\geqslant0.25(0.5+\beta)^2$。

10.4 数模验证

10.4.1 基岩地震波

选取 1940 年美国 Empire Volley 的 El Centro 地震动输入的 N－S 分量（持续时间 30.0 s，截取其中的 10.0 s），将其归一化后，其加速度波形图和位移波形图见图 10.4。按地震烈度为 8 度即地震加速度为 $0.2g$ 作为地震动输入，时间间隔为 0.02 s，以体波的方式沿坐标 y 方向输入。

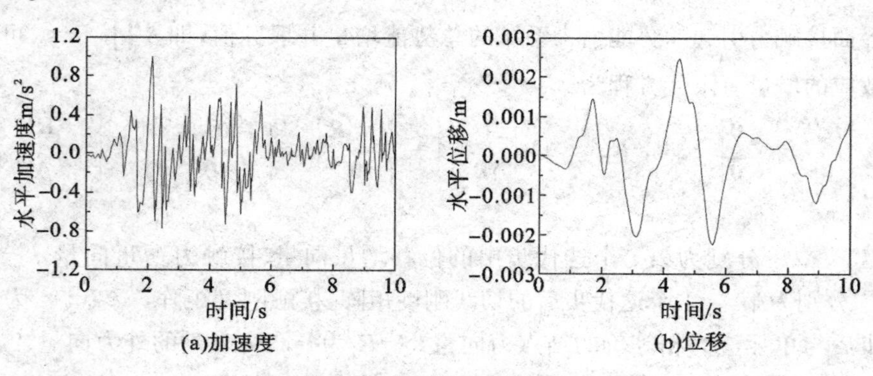

图 10.4 El Centro 地震波

10.4.2 数值结果

地震荷载的作用，会对管道周围土体及其孔隙水压力产生影响，同时能够改变管道结构体的应力应变分布。采用数值方法，对上述模型与离散公式进行求解，给出了海床土体孔隙水压力 p 的分布、管道外表面处径向正应力 σ_{pr} 和切向剪应力 $\tau_{pr\theta}$ 以及管道内表面处环向正应力 $\sigma_{p\theta}$ 的分布。

在求解过程中，管道材料的弹性模量、泊松比与密度分别为 $E=3\times10^{10}$ N/m²、$\nu_p=0.2$、$\rho=2\ 400$ kg/m³；均质海床厚度为 $s=30$ m，长度为 $l=50$ m；海床为砂性土，其弹性模量、泊松比与密度分别为 $E=7\times10^7$ N/m²、$\nu=0.3$、$\rho=1\ 700$ kg/m³；定义多孔介质的孔隙率为 $n=0.4$，渗透系数取 $k=1.0\times10^{-3}$ m/s。海床表面为透水边界，水深 $h=30$ m，波高 $H=3$ m，周期 $T=6$ s。考虑到管道周围的应力集中，在管道及其附近采用了局部加密网格，节点 10 976 个，单元 10 767 个，如图 10.5 所示。

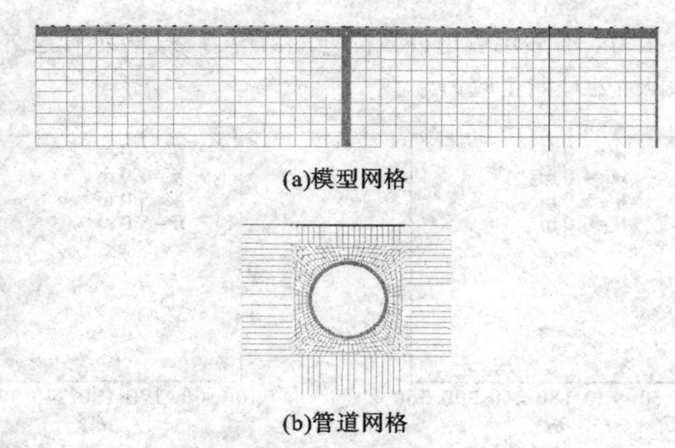

(a)模型网格

(b)管道网格

图 10.5　管道附近单元网格划分

图 10.6(a)展示了地震作用最大时海底管道的第一主应力分布曲线。横坐标表示从管道右侧中部开始，管道上的点沿管道一周的变化；纵坐标表示地震作用对管道影响达到最大时的第一主应力变化曲线。在水平地震荷载作用下，结构物顶部(50°～130°范围内)和底部(230°～310°范围内)处于压力区，压力值较小，其他部位均处于受拉区，并且沿着管道的位置逐渐的增大；在左右两侧中部($\theta\approx0°$、180°和 360°时)应力值达到最大，表明管道两侧是受力薄弱环节，地震荷载作用对预埋管道的受力影响非常显著，所以在抗震设计中需要采取有效的加固措施。

图 10.6(b)展示了地震作用最大时海底管道的位移曲线。纵坐标表示地震作用对管道影响达到最大时，管道上的点沿 y 方向(地震动输入方向)的位移；在地震作用下，管道顶部的位移较大。随着预埋深度的增加，地震引起的管道位移将逐渐减小，最小值出现在管道底部。

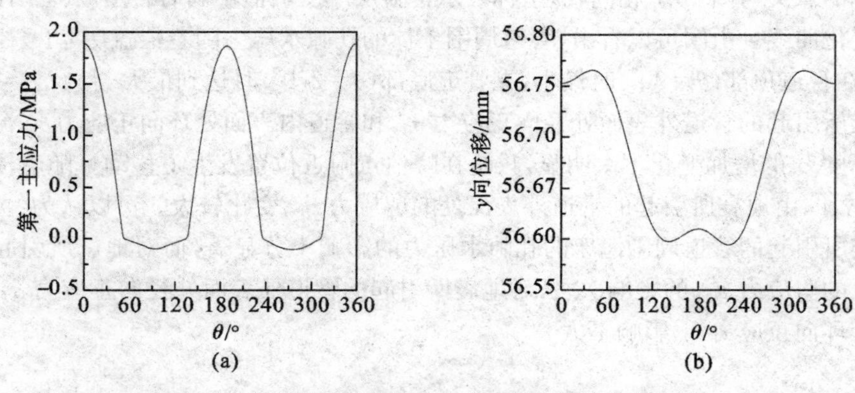

图 10.6　管道外壁的第一主应力和位移的分布曲线

假定管道周围覆盖层厚度 B 取为定值 3.0 m，覆盖层宽度 W 分别取为 3.0 m、4.0 m、5.0 m 和 6.0 m。数值计算结果见图 10.7，表明管道周围土体的超孔隙水压力随着覆盖层宽度 W 的增加而减小，在 $\theta=90°$时最小，在 $\theta=270°$时达到最大。也就是说，在水平向地震荷载的作用下，孔隙水压力在管道顶部时最小，而在管道底部时达到最大。图 10.7 中

p 表示土体孔隙水压力，$\tau_{pr\theta}$ 表示管道外表面处的剪应力，σ_{pr} 表示管道外表面处径向正应力，$\sigma_{p\theta}$ 表示管道内表面处环向正应力。

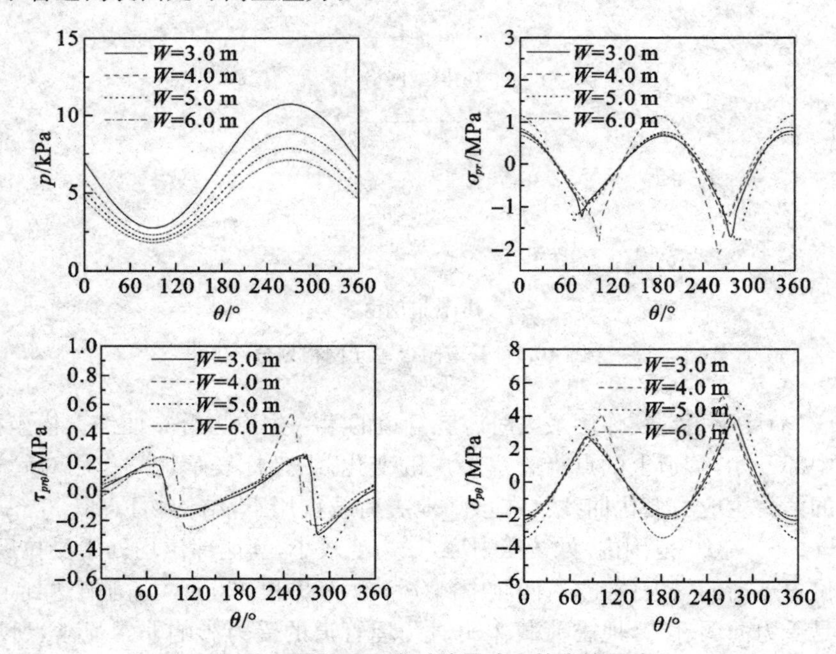

图 10.7 覆盖层宽度对地震动力效应的影响

管道设计过程中，管道上覆土层厚度也是设计中必须考虑的因素。为了研究管道覆盖层厚度对周围土体孔隙水压力和管道应力的影响，将覆盖层宽度 W 取为定值 4.0 m，覆盖层厚度 B 分别取为 3.0 m、3.5 m、4.0 m 和 4.5 m，数值结果如图 10.8 所示。图 10.8 中横坐标的意义与图 10.7 相同，纵坐标表示覆盖层厚度取值不同时管道周围土体的孔隙水压力变化曲线。由图可以看出，管道周围土体的孔隙水压力随着覆盖层厚度 B 的增加而增大，在管道顶部($\theta=90°$)时最小，在管道底部($\theta=270°$)时达到最大。

地震所引起的管道外表面处径向正应力 σ_{pr} 和管道内表面处环向正应力 $\sigma_{p\theta}$ 分布随着覆盖层厚度 B 的增加变化不太明显，只是在峰值点附近位置发生了移动。随着覆盖层厚度 B 的增加，由地震所引起的管道外表面处的剪应力 $\tau_{pr\theta}$ 变化较大。可以认为：覆盖层厚度对地震所引起的管道周围海床的孔隙水压力的影响十分显著，而对地震所引起的管道外表面处的剪应力 $\tau_{pr\theta}$ 的影响次之，对地震所引起的管道外表面处径向正应力 σ_{pr} 和管道内表面处环向正应力 $\sigma_{p\theta}$ 影响不大。

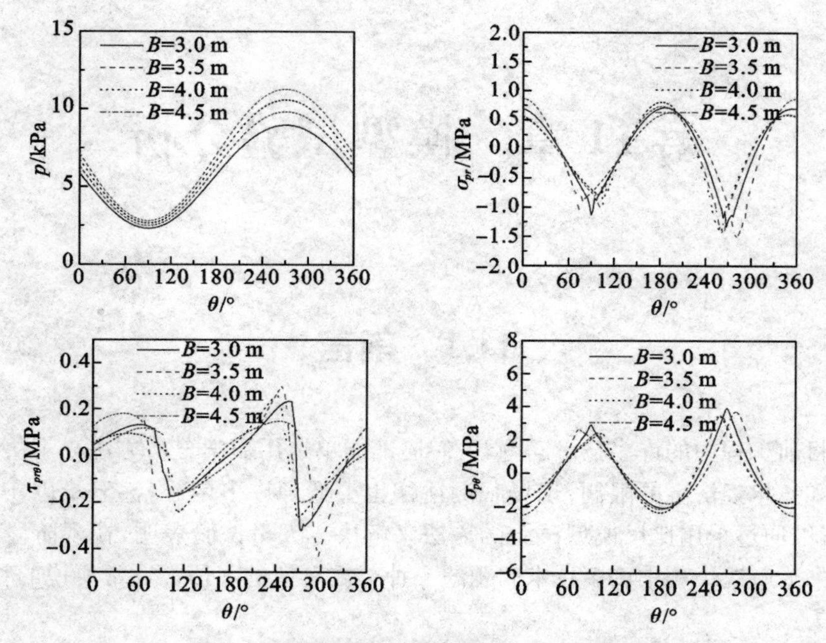

图 10.8　覆盖层厚度对地震动力效应的影响

10.5　小结

通过构造"海床土体-管道结构-环境荷载"相耦合的二维数值模型，本章详细阐述了海床结构物动力响应数值计算流程。通过求解饱和多孔介质的 Biot 动力固结方程，分析了海床上浅埋海管的动力响应，考虑了海床与管道之间的接触效应。可以按照上述类似算法，对海床上的海洋风机、自升式平台插拔桩、桶形基础等问题进行数值仿真。

参考文献

[1] 谢定义，姚仰平，党发宁.高等土力学[M].北京：高等教育出版社，2008.

[2] 张其一.复合加载模式下地基极限承载力与安定性的理论研究及其数值分析[D].大连：大连理工大学，2008.

[3] Maotian Luan，Xiaoling Zhang，Ying Guo，Qin Yang. Numerical analysis of liquefaction of porous seabed around pipeline under seismic loading[J]. Soil Dynamic and Earthquake Engineering，2008，37(5)：632-636.

[4] M. Luan，P Qu，D.S. Jeng，Y. Guo，Q. Yang. Dynamic response of a porous seabed-pipeline interaction under wave loading：Soil-pipeline contact effects and inertial effects[J]. Computers and Geotechnics，2008，35(2)：173-186.

[5] Wang X，Jeng D S，Lin Y S. Effects of a cover layer on wave-induced pore pressure around a buried pipe in an anisotropic seabed[J]. Ocean Engineering，2000，27：823-839.

第 11 章　模型试验分析

11.1　前言

对于目前工程中的许多技术问题,人们还不能单纯用数学分析方法来解决。考虑到客观条件和技术经济上的限制,现场观测往往也会遇到许多困难,甚至难以实现。这种情况下,可以通过采用比尺模型试验的方法来解决。大量试验表明,在现阶段比尺模型试验仍不失为解决工程中许多技术问题的一种行之有效的手段。通常所说的相似,大致可以划分为:

①相似或称同类相似(Similitude);

②模拟或异类相似(Analogy);

③差似或变态相似(Affinity)。

11.2　相似比设计

海洋工程模型试验主要是探求各种动力因素作用下海洋工程结构物应力、应变或结构物周围海域水流、波浪、海床土体变化等问题,一般都属于第一类相似:即在具有几何相似的诸多体系中,进行着同一物理性质的变化过程,而且各体系中对应点上同名物理量之间具有某一固定的比值。为了获得原型和模型中的物理现象相似,必须满足下述三个相似条件:

①几何相似;

②运动相似;

③动力相似。

本章为了叙述方便,原型中的物理量将注以脚标 P,模型中的物理量注以脚标 M。

11.2.1　相似条件

(1)几何相似

几何相似是指原型与模型保持几何形状和几何尺寸的相似,也就是原型和模型的任何一个相应线性长度保持一定的比例关系。设原型的线性长度为 L_P,模型的线性长度为 L_M,两者的比值用 λ_L 表示,称其为几何相似的线性长度比尺,即

$$\lambda_L=\frac{L_P}{L_M} \tag{11-1}$$

面积比尺：

$$\lambda_A=\frac{A_P}{A_M}=\frac{L_P^2}{L_M^2}=\lambda_L^2 \tag{11-2}$$

体积比尺：

$$\lambda_V=\frac{V_P}{V_M}=\frac{L_P^3}{L_M^3}=\lambda_L^3 \tag{11-3}$$

(2)运动相似

运动相似是指模型与原型任意对应质点的流动迹线是几何相似的，而且任意对应质点流过相应线段所需的时间又是具有同一比例的。或者说，两个流动的速度场(或加速度场)是几何相似的，这两个流动特性可以看为运动相似。

设时间比尺为 $\lambda_t=\frac{t_P}{t_M}$，则存在：

速度比尺：

$$\lambda_v=\frac{V_P}{V_M}=\frac{L_P/t_P}{L_M/t_M}=\frac{\lambda_L}{\lambda_t} \tag{11-4}$$

加速度比尺：

$$\lambda_a=\frac{a_P}{a_M}=\frac{L_P/t_P^2}{L_M/t_M^2}=\frac{\lambda_L}{\lambda_t^2} \tag{11-5}$$

(3)动力相似

原型和模型流动中任意对应点上作用着同名的力，各同名力互相平行且具有同一比值，则称为动力相似。如果原型流动中有重力、阻力、表面张力的作用，则模型流动中在相应点上亦必须有这三种力作用，并且各同名力的比例应保持相等，否则多一种或少一种力作用或者比值不相等就不是动力相似的流动。

在海洋工程中，可能遇到的作用力有惯性力 F_I、重力 F_G、粘滞力 F_μ、摩阻力 F_D、表面张力 F_σ 和弹性力 F_e 等。在动力相似体系中，所有这些对应的力的方向应相互平行，大小成同一比例，亦即

$$\frac{F_{IP}}{F_{IM}}=\frac{F_{GP}}{F_{GM}}=\frac{F_{\mu P}}{F_{\mu M}}=\frac{F_{DP}}{F_{DM}}=\frac{F_{\sigma P}}{F_{\sigma M}}=\frac{F_{eP}}{F_{eM}} \tag{11-6}$$

或，

$$\lambda_I=\lambda_G=\lambda_\mu=\lambda_D=\lambda_\sigma=\lambda_e \tag{11-7}$$

以上三种相似是模型和原型保持完全相似的重要特征，它们是相互联系、互为条件的。几何相似是运动相似、动力相似的前提条件，动力相似是决定流动相似的主导因素，运动相似是几何相似和动力相似的表现，它们是一个统一的整体。

11.2.2　模型相似准则

模型和原型的流动相似，它们的物理属性必须是相同的，尽管它们的尺度不同，但它

们必须服从同一运动规律，并为同一物理方程所描述，才能做到几何、位移、动力的完全相似。现以动量定理来阐明这一相似问题。

机械运动相似的两个系统都应受牛顿第二定律的约束，即应有

$$F=m\frac{\mathrm{d}u}{\mathrm{d}t} \tag{11-8}$$

式中，F 为作用力，m 为质量，u 为流速，t 为时间。

这一公式对于模型和原型中任一对应点都是适用的。

对原型而言：
$$F_p=m_p\frac{\mathrm{d}u_p}{\mathrm{d}t_p} \tag{11-9}$$

对模型而言：
$$F_M=m_M\frac{\mathrm{d}u_M}{\mathrm{d}t_M} \tag{11-10}$$

在相似系统中存在着下列的比尺关系：

$$F_p=\lambda_F F_M, m_p=\lambda_m m_M, u_p=\lambda_u u_M, t_p=\lambda_t t_M$$

代入式(11-10)，整理后可得

$$\frac{\lambda_F\lambda_t}{\lambda_m\lambda_\mu}F_M=m_M\frac{\mathrm{d}u_M}{\mathrm{d}t_M} \tag{11-11}$$

这样，就有表述相同数量关系的两个不同方程(11-10)和(11-11)，两者只有在下列条件下才能统一起来，即

$$\frac{\lambda_F\lambda_t}{\lambda_m\lambda_\mu}=1 \tag{11-12}$$

式(11-12)表明相似系统中 4 个物理量 F、m、u、t 的比尺之间的关系是受约束的($\frac{\lambda_F\lambda_t}{\lambda_m\lambda_\mu}=1$)。因此 4 个相似比尺中只有 3 个是可以任意选定的，而第 4 个则必须由式(11-12)导出。所以相似系统中各物理量的比尺是不能任意选定的，而要受描述该运动现象的物理方程的制约。

由于 $\lambda_m=\frac{m_p}{m_M}=\frac{\rho_p V_p}{\rho_M V_M}=\lambda_\rho\lambda_L^3$，且相似系统中相应点的流速都是相似的，故可用某一特征流速 v(如断面平均流速)代表各点流速，即 $\lambda_u=\lambda_v=\frac{\lambda_L}{\lambda_t}$。

把以上关系式代入式(11-12)，整理后可得

$$\frac{\lambda_F}{\lambda_\rho\lambda_L^2\lambda_v^2}=1 \tag{11-13}$$

也可写作

$$\frac{F_p}{\rho_P L_P^2 V_P^2}=\frac{F_M}{\rho_M L_M^2 V_M^2} \tag{11-14}$$

在相似原理中把$\frac{F}{\rho L^2 V^2}$叫作牛顿数，用 N_e 来表示，式(11-14)也可写作

$$Ne_P=Ne_M \tag{11-15}$$

牛顿数表明，在原型和模型中对应的力之间的比尺，与密度比尺一次方、长度比尺平

方和速度比尺的平方的乘积相等，或者说作用在原型或模型上的力与其密度一次方、长度平方和速度平方的乘积之比值等于同一常数。广义地说，如果两个几何相似体系达成运动规律相似，它们的牛顿数应相等；反之，如果两个几何体系的牛顿数相等，那么它们之间是运动规律相似的，这就是牛顿相似律。

牛顿相似律是判别两个运动现象相似的普遍规律。这个相似律对作用于某一运动体系上任何不同性质的动力都是普遍适用的。在海洋工程中，作用于流体或结构物上的外力是多种多样的，诸如重力、粘滞阻力、形体阻力、压力、表面张力、弹性力等。不同的外力可导出不同的相似准数，因此相似准数也是多种多样的。研究某一物理现象相似，必须从这类现象共同遵循的基本规律或微分方程出发。物理现象的微分方程式，实际上往往就是上述各种力之间的平衡关系式。但实际上，比尺模型难以同时确保所有的外力作用都相似，只能根据不同的试验目的和要求，选择对物理现象起主要作用的外力，使其满足相似条件，一般忽略其他次要的作用力。

11.2.3 海洋工程模型试验的基本相似准则

(1)重力相似准则(弗劳德相似准则)

在海洋工程试验研究中，若研究的目的是了解以重力作用为主的运动现象，则应满足重力相似准则。

重力可表示为$G=\rho gV$，或$\lambda_G=\dfrac{G_P}{G_M}=\lambda_\rho\lambda_g\lambda_L^3$。

以λ_G代替式(11-13)中的λ_F，则

$$\frac{\lambda_\rho\lambda_g\lambda_L^3}{\lambda_\rho\lambda_L^2\lambda_v^2}=1 \text{ 或 } \frac{\lambda_v^2}{\lambda_g\lambda_L}=1 \tag{11-16}$$

也可写成

$$\frac{V_P^2}{g_P L_P}=\frac{V_M^2}{g_M L_M} \tag{11-17}$$

由此可知，作用力只有重力时，两个相似系统的弗劳德数应相等，这就叫作重力相似准则，或称弗劳德数准则。

通常，原型和模型都处在同一重力场，故它们的重力加速度相同，即$\lambda_g=1$，这样式(11-16)变为$\lambda_v^2=\lambda_L$，由此可得重力相似情况下：

速度比尺：

$$\lambda_v=\sqrt{\lambda_L} \tag{11-18}$$

时间比尺：

$$\lambda_t=\sqrt{\lambda_L} \tag{11-19}$$

若原型和模型采用相同的流体，则有$\lambda_\rho=1$，这时，力和质量比尺相同，即$\lambda_F=\lambda_m=\lambda_L^3$。

在海洋工程比尺模型试验中，重力相似准则是最为常用的准则，如波浪、水流的运动机理及它们对海洋工程结构物的作用(包括波浪、水流要素变化，水或波压力，结构物稳定，泊稳条件等)的试验研究，都是根据重力相似准则来进行模型设计。

(2)阻力相似准则

模型与原型的流动在阻力作用下的动力相似条件,是它们的沿程水头损失系数或谢才系数的比尺等于1,即$\lambda_P=\lambda_M$或$C_P=C_M$,这一条件对层流和紊流均适用。根据这一条件,可分别导出适用于层流和紊流粗糙区的阻力相似准则。

①对于层流,模型与原型的流动在阻力作用下的动力相似条件是它们的雷诺数相等,即$Re_P=Re_M$,称为层流粘滞力相似准则或雷诺准则,若试验研究的目的是了解粘滞力(流体内摩擦力)起主要作用的运动现象,则应保持原型与模型间的粘滞力相似。

②对于紊流,紊流粗糙区的阻力相似条件为$\lambda_n=\lambda_L^{\frac{1}{6}}$,表明粗糙度系数的比尺等于长度比尺的1/6次方。紊流阻力相似原则:如果原型和模型均满足紊流阻力作用下的动力相似,则它们的沿程阻力系数f相等,即$f_P=f_M$;反之,若原型和模型中的沿程阻力系数f相等,则它们在紊流阻力作用下一定能够达到动力相似。在紊流区内,只要使模型的相对糙率与原型相对糙率相同,就能达到阻力系数f相等,动力相似也就自动满足,而不用要求模型与原型的雷诺数相等,因此紊流区又称“自动模型区”。

(3)压力相似准则(欧拉准则)

如果流体运动中起主导作用的力是压力,则在原型和模型之间应保持压力作用下的动力相似,其动力相似条件是它们的欧拉数相等,即$Eu_P=Eu_M$(其中欧拉数$E_u=\dfrac{P}{\rho v^2}$,表征水流中动水压力与惯性力之比)。当原型和模型间满足压力为主的动力相似时,则它们之间的欧拉数必须相等;反之若原型和模型间的欧拉数相等,则表示原型和模型间具有压力作用下的动力相似,此即压力相似准则或欧拉准则。

在海洋工程模型中,一般欧拉数并不是决定性的准则,因为流体静压是由于重力生成的,而动压差却是流体运动的结果,它并不决定流动相似,故只要满足了重力相似即可满足压力相似。

(4)表面张力相似准则(韦伯准则)

当所研究的流体运动以表面张力为主时,则应使原型和模型之间在表面张力作用下达到动力相似,其动力相似条件是它们的韦伯数相等,即$We_P=We_M$(其中韦伯数$We=\dfrac{\rho L v^2}{\sigma}$,表征水流中惯性力与表面张力之比)。当原型流体中表面张力起主导作用时,为保持动力相似,原型和模型的韦伯数必须相等;反之若原型和模型的韦伯数相等,则表示原型与模型具有表面张力作用下的动力相似,这就是韦伯相似准则。

这一准则只有在流场速度或水深都较小,已知表面张力作用显著时才采用。在一般海洋工程模型中,当流体表面流速大于0.23 m/s,水深大于1.5 m时,表面张力影响可忽略。

(5)非恒定流相似准则(斯特劳哈尔准则)

模型与原型非恒定流动相似的条件,是它们的斯特劳哈尔数相等,即$St_p=St_M$(其中斯特劳哈尔数为$St=\dfrac{L}{vt}$,表征非恒定流动中当地加速度的惯性作用与迁移加速度的惯性作用之比)。如果原型和模型要达到非恒定流相似,就要求斯特劳哈尔数相同;反之若模型和原型中的斯特劳哈尔数相等，就能达到非恒定流下的动力相似。这就是非恒定流相似准则或斯特劳哈尔相似准则。

事实上，只要保证水流运动相似，这一准则便能自动满足。

(6)弹性力相似准则(柯西相似准则)

如某一运动现象以弹性力为主，则原型和模型之间应保持弹性力作用下的动力相似，其动力相似条件是它们的柯西数相等，即 $Ca_P = Ca_M$(其中柯西数为 $Ca = \frac{\rho v^2}{\kappa}$，表征惯性力与弹性力之比)。

此相似准则在海洋工程模型中应用较少，只有对流体压缩性起主要作用的水弹性问题(如水击现象)才起作用。

11.2.4　海洋工程模型中相似理论的应用

相似理论是指导模型试验的理论基础，根据相似理论进行模型试验研究，从而解决海洋工程中的某一具体问题时，一般需要考虑以下几个主要设计步骤：

(1)导出有关的相似准则

寻求相似准则方法有三种：

①方程分析法；

②因次分析法；

③传统的推导法。

其中最严密可靠的方法是方程分析法，因此在可能情况下首先应根据所研究问题的规律，找出或建立该物理现象微分方程及其定解条件，然后按照相似第一定理进行相似代换，从而导出所有有关的相似准则及相应的定型相似准数。若问题比较复杂无法找出微分方程时，可用因次分析法来导出。

(2)在相似条件下设计模型和组织试验

①正确地选定相似准则。

在实际模型设计和试验中，要满足所导出的全部相似准则是很难办到的，甚至是不可能的。这就意味着模型中无法重演或预演与原型完全相似的物理现象，往往只能满足其中主要的相似准则，这种相似称为近似相似(或部分相似)。当然，近似相似必须以模型试验有足够的精度与可靠性为前提。因此，要对导出的各种相似准则加以分析，判断哪些是主要的，哪些是次要的，哪些可以放弃。例如，在波浪槽中进行桩柱上波、流共同作用力试验时，严格地说重力相似准则和粘滞力相似准则两者都必须同时满足，但实际上不易做到，一般只能按其主要的弗劳德准则进行设计，而允许雷诺准则有一些偏离，这样试验成果推广到原型时，必须要用理论或经验来修正因雷诺数偏离而造成的误差(除非雷诺数很大，处于自动模型区)。在这种近似模型设计中，虽不能保证雷诺准数完全相等，但一般可以认为，只要保证流态相似就能保证足够的精度。

②恰当地选择模型比尺。

确定相似准则后，必须根据这一相似准则确定模型比尺。原型和模型的几何相似是一切相似的基础,应首先保证满足几何相似。但这时,常常会遇到一个矛盾,当原型尺寸很大,而试验场地和供水能力又有限时,几何比尺可能取得很大,导致模型尺度势必很小;模型过小则可能导致模型水流变态,如原型为紊流状态而模型可能变为层流状态,模型水深过小还可能导致表面张力作用变得显著。在这种情况下,往往只好放弃正态相似而采用平面和垂向比尺不同的变态模型。实践表明,在一定条件下,变态模型仍具有足够的相似性。

③力求使原型和模型的边界条件相似。

在进行模型设计和组织试验时,除保证做到几何、运动和动力相似外,还必须实现定解(单值)条件相似,在这些相似条件中边界条件相似具有重要意义。

边界条件有两类:一类是不以试验者意志为转移的不可控边界条件,这类边界条件只受物理现象本身规律所支配。例如,动床模型的河床或海床边界就是不可控边界条件,它只受河床或海床演变自身规律所支配。另一类是可以按试验者的意愿建立的可控的边界条件。为了在模型中能够获得所研究问题的定解,必须在原型的整个空间边界上给定可控制的边界条件,如果遇到了具体困难,即如果在某界面上的可控边界条件是不确定的,则必须扩大原型的边界范围,并选择新的界面。

11.3 比尺试验设计

以大直径海洋风机为例,研究波流联合作用下海洋风机水平受荷对桩周土体的影响,本节进行比尺试验的设计。

11.3.1 海洋风机相似条件

(1)几何相似

根据试验目的和要求,基础结构模型需要满足几何相似、运动相似和动力相似,其中几何相似较容易满足,动力相似比较难于实现。根据具体的试验设备条件(如试验边界条件的考虑)和工程试验需要,可确定原型与模型试验对象的几何比尺,由此就可确定模型桩的设计尺度:

$$\lambda_L = \frac{L_P}{L_M} \tag{11-20}$$

(2)运动相似

无论是模型流场还是原型流场,流动现象都是具有自由水表面的,故重力的影响不可忽略,必须严格满足弗劳德数相似。而模型引力场和原型引力场都是在重力引力场下进行的,则可由弗劳德数相似和几何比尺确定水流流场参数比尺。

流速比尺:

在式(11-17)中,因 $g_P = g_M$,故

$$\lambda_V = \frac{v_P}{v_M} = \sqrt{\frac{L_P}{L_M}} = \lambda_L^{0.5} \tag{11-21}$$

流量比尺：

$$\lambda_Q=\frac{Q_P}{Q_M}=\frac{A_P v_P}{A_M v_M}=\lambda_A\lambda_V=\lambda_L^2\lambda_L^{0.5}=\lambda_L^{2.5} \tag{11-22}$$

由于，

$$\lambda_Q\lambda_t=\lambda_V \tag{11-23}$$

式中，λ_V 为原型和模型的体积比。

所以，可得时间比尺

$$\lambda_t=\frac{\lambda_V}{\lambda_Q}=\frac{\lambda_L^3}{\lambda_L^{2.5}}=\lambda_L^{0.5} \tag{11-24}$$

对于波浪要素的确定，可针对具体试验要求，如研究规则波或不规则波对桩基的作用，选用相应的波浪理论，根据相应的几何和运动比尺计算，来确定相应的波浪要素。

11.3.2　海洋风机模型的相似准则

大直径海洋风机受到的水流荷载与波浪荷载作用效果明显，弗劳德相似准则可以有效地表征波浪力学问题中主导因素——惯性力，特别是对于风机桩体，惯性力占主要地位，因此可采用弗劳德相似准则，其保证了模型与原型之间的重力和惯性力的正确关系。

大直径风机桩体属大尺度结构物，其结构对波动场有显著影响，按照大尺度结构物来计算其波浪力，采用绕射理论（MacCamy 和 Fuchs，1954）或 Froude-Kylov 理论来计算波浪力。

$$\begin{aligned}F_H&=\int_0^d f_H\,\mathrm{d}z=-\int_0^d\frac{2\rho gH}{k}\frac{\cosh kz}{\cosh kd}A(ka)\sin(\omega t-a)\,\mathrm{d}z\\&=-\frac{2\rho gH}{k^2}\tanh kdA(ka)\sin(\omega t-a)\end{aligned} \tag{11-25}$$

$$A(ka)=\frac{1}{\sqrt{[J'_1(ka)]^2+[Y'_1(ka)]^2}} \tag{11-26}$$

式中，H 为波高；

d 为水深；

ρ 为水密度；

k 为波数，$k=\dfrac{2\pi}{L}$，$ka=\dfrac{2\pi}{L}\dfrac{D}{2}=\dfrac{D\pi}{L}$；

D 为桩径；

α 为初相位；

L 为波长；

$J'_1(ka)$、$Y'_1(ka)$ 为 1 阶第一类贝塞尔函数导数、1 阶第二类贝塞尔函数导数；

ω 为圆频率，$\omega=\dfrac{2\pi}{T}$；

T 为波周期。

由式(11-25)可见，在一定的波要素(H,d,L,T)前提下，如能在试验室测得相应的初相位,就可以算出此刻桩柱所受的波浪力。在式(11-25)应用中,应注意试验边界的影响,特别是在绕流过程中水流对试验边壁产生附加的摩阻力,避免对试验区域流场的侵扰。

11.3.3 土体制备

对于土体的级配选取,当土体粒径较大时,可根据弗劳德数相似,采用中值粒径比来制备土体。而对于粒径较小的土体(如粉土、细砂、黏土等),一般采取原场地土体直接进行试验。

本章模型试验选用较细的海砂,级配曲线如图 11.1 所示,砂粒平均粒径为 $d_{50}=0.205$ mm,不均匀系数 $C_u=2.8$,曲率系数 $C_c=0.8$,砂粒级配均匀,物理力学参数如表 11-1 所示。

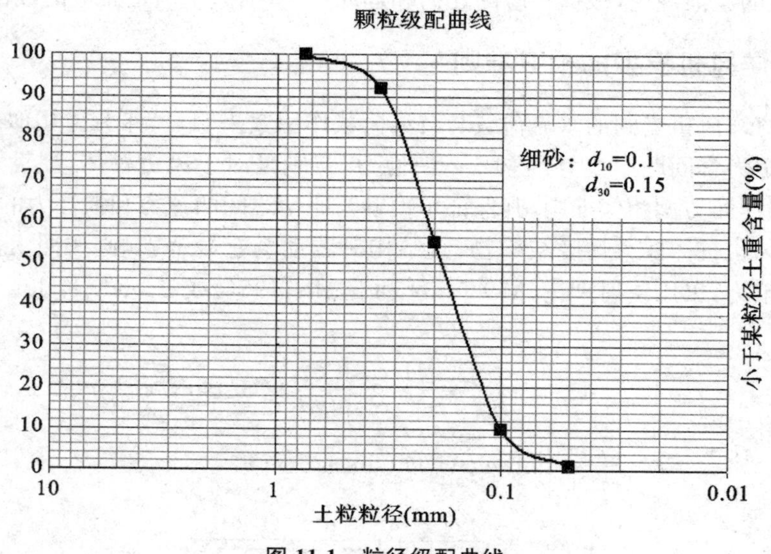

图 11.1 粒径级配曲线

表 11.1 土样物理力学参数

G_s	e_{min}	e_{max}	d_{10}(mm)	d_{60}(mm)	d_{30}(mm)	C_c	C_u	E_s(MPa)	μ	φ(°)
2.65	0.6	0.98	0.1	0.28	0.15	0.8	2.8	25	0.32	35

土样制备采用分层填筑,每层水平填筑 50 mm 并振捣压实,控制土样干容重在 16~23 kN/m^3 之间;制备饱和土样时,采用模型槽顶部抽真空,槽底注水的方式进行。土样制备过程中设置了四种类型,分别用来模拟陆上与水下、松散与紧密桩基情况,具体工况如下:

①松散干砂地基;

②松散饱和地基;

③密实干砂地基;

④密实饱和地基。

制备流程如图 11.2 所示。

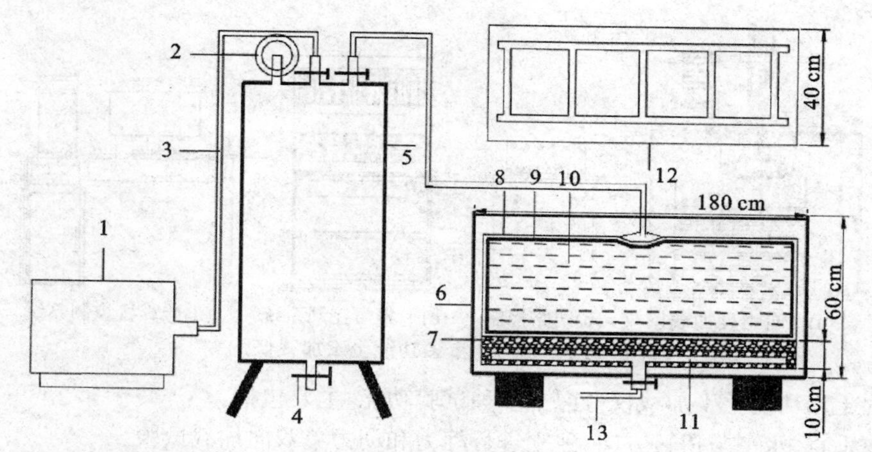

1—真空泵；2—负压表；3—导水管；4—阀门；5—储水罐；6—土箱；7—砾石；8—塑料薄膜；
9—土工布；10—细砂；11—集水管；12—集水管俯视图；13—注水孔

图 11.2　土样制备

11.4　模型试验

11.4.1　试验加载仪

本章关于桩基水平极限承载能力的研究模型试验，在中国海洋大学“流固土多功能土工加载仪”上进行，整个试验装置由伺服控制加载系统（伺服电机、驱动器、PLC 与变送仪）、试验模型装置（土槽、空压机与真空泵、水泵）、传感器模拟控制系统、计算机数字控制与采集系统等组成。设备配备传感器共 28 路，分别用于测量位移、荷载、土压力与孔隙水压力等参数，技术指标如表 11.2 所示，整个试验系统如图 11.3 所示。

表 11.2　设备测量主要技术参数

驱动模块		传感器模块		
加荷模式	量程	采集通道	采集参数	精度
速度控制	线速度±(0～200) mm/s 角速度±(0～0.17) rad/s	CH1～CH6	沿轴线速度、绕轴角速度	线速度 0.1 mm/s 角速度 0.05 rad/s
荷载控制	力±(0～2 000) N 力矩±(0～10) N·m	CH7～CH12	沿轴集中力、绕轴力矩	力 0.01 N 力矩 0.05 N·m
位移控制	线位移±(0～500) mm 角位移±(0～0.17) rad	CH13～CH18	沿轴线位移、绕轴角位移	线位移 0.1 mm 角位移 0.02 rad
		CH19～CH23	土压力传感器	1 Pa
		CH24～CH28	孔压传感器	5 Pa

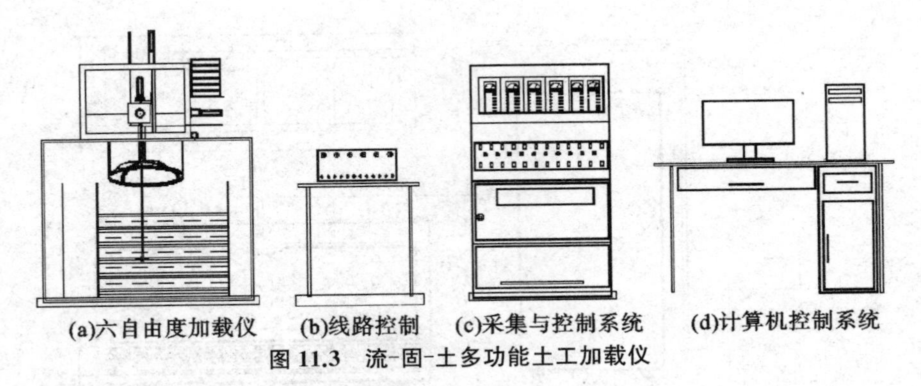

(a)六自由度加载仪 (b)线路控制 (c)采集与控制系统 (d)计算机控制系统

图 11.3 流-固-土多功能土工加载仪

流固土多功能土工加载仪考虑了多种试验功能，主要包括：

①在垂直、水平与扭转方向，独立进行静力和动力单双向加载试验。

②在施加动静力荷载时，可以控制加载幅值、加载速率与加载频率。

③在施加静动力荷载时，可以考虑不同自由度荷载间的非线性耦合关系，荷载施加控制方程如下：

$$\begin{Bmatrix} V \\ H_x \\ H_y \\ M_x/R \\ M_y/R \\ T/R \end{Bmatrix} = ER \begin{bmatrix} k_{11}^6 & 0 & 0 & 0 & 0 & 0 \\ 0 & k_{22}^6 & 0 & 0 & k_{25}^6 & 0 \\ 0 & 0 & k_{33}^6 & k_{34}^6 & 0 & 0 \\ 0 & 0 & k_{43}^6 & k_{44}^6 & 0 & 0 \\ 0 & k_{52}^6 & 0 & 0 & k_{55}^6 & 0 \\ 0 & 0 & 0 & 0 & 0 & k_{66}^6 \end{bmatrix} \cdot \begin{Bmatrix} U_z \\ U_{hx} \\ U_{hy} \\ \omega_x \cdot R \\ \omega_y \cdot R \\ \theta \cdot R \end{Bmatrix} \tag{11-27}$$

式中，V、H_x、H_y、M_x、M_y、T 分别表示三维载荷空间中的竖向荷载、x 轴的水平荷载、y 轴的水平荷载、x 轴的力矩荷载、y 轴的力矩荷载、扭矩荷载，E、R 分别表示试验土样的弹性模量与比尺模型的半径，k_{ij} 表示荷载与位移间的函数关系，U_z、U_{hx}、U_{hy}、ω_x、ω_y、θ 分别表示与荷载变量对应的位移变量。

④静动力加载时，可以采用荷载控制与位移控制两种加载模式。

⑤试验过程中，通过加载系统与传感器采集系统构成双闭环反馈控制模式，并在试验过程中可以进行切换。

⑥试验土样饱和度采用真空预压法控制，土体表层冲刷采用流速与压力传感器构成的闭环控制系统。

11.4.2 模型制作与试验方案

(1)模型制作

试验过程中采用薄壁不锈钢管来模拟刚性桩，模型桩直径 D=30 mm，模型桩弹性模量 E=38.3 GPa，不锈钢管壁厚 t=1.5 mm；同时，采用 PVC 管来模拟柔性桩。桩腿埋深 L 取为L/D=5、10、15、20 四种工况。为了增加桩体与土体间的摩擦，利用硅胶在桩周粘贴粉细砂，同时，沿着桩体布设薄膜压力传感器，用于推算桩基土体 $p-y$ 曲线，单桩模型如图 11.4 所示。

(a)桩腿比尺模型　　(b)桩腿示意图

图 11.4　单桩模型

(2)传感器布设

桩侧切向摩擦阻力与弯曲变形通过粘贴应变片监测，数据通过静(动)态应变采集仪获取；桩体变位过程中周围土体抗力采用箔式微型压力计监测，直径 $\varphi=28$ mm，厚度 $t=6$ mm，量程为 200 kPa 与 500 kPa；对于试验土槽中土体的孔隙水压力场变化，采用振弦式孔隙水压力计监控；桩顶水平荷载与位移，分别采用 S 型压力传感器和线性可变差动变压器(LVDT)监测。

(3)加载模式

试验加载过程中，桩顶水平位移通过伺服驱动按照 1 mm/s 的速度施加静力荷载，利用力传感器获得桩周土体对桩体的水平极限承载力，绘制桩顶位移与水平承载能力曲线。桩顶加载点处的循环动力荷载，通过伺服电机施加周期为 4～10 s 的水平循环荷载，模拟试验水槽获得的桩体波浪荷载。桩体变位过程中，周围土体的反力，采用土压力传感器获得，从而得到桩顶至桩脚的土压力 $p-y$ 曲线。试验模型如图 11.5 所示。

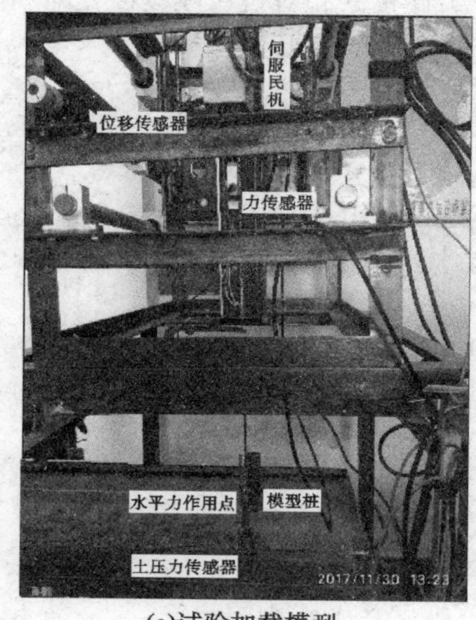

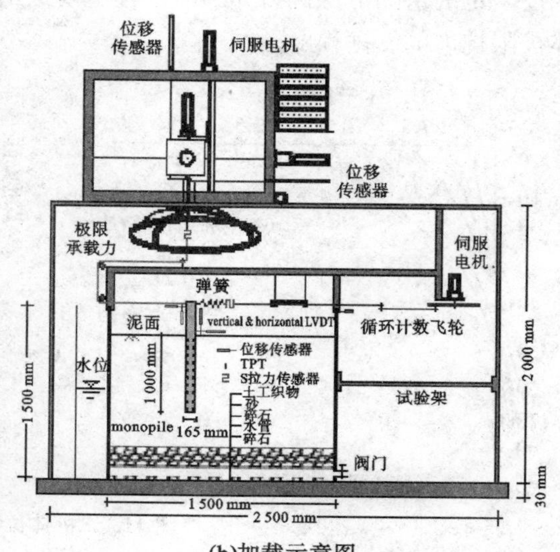

(a)试验加载模型　　(b)加载示意图

图 11.5　试验模型

11.5 结果分析

11.5.1 静载桩身 $p-y$ 曲线

(1)桩侧土抗力

试验过程中,不同深度处土体的抗力与位移关系如图 11.6 所示。桩侧土体抗力曲线同 API 规范给定的 $p-y$ 曲线变化一致,随着深度的增大,桩周土体变形模量逐渐增大。

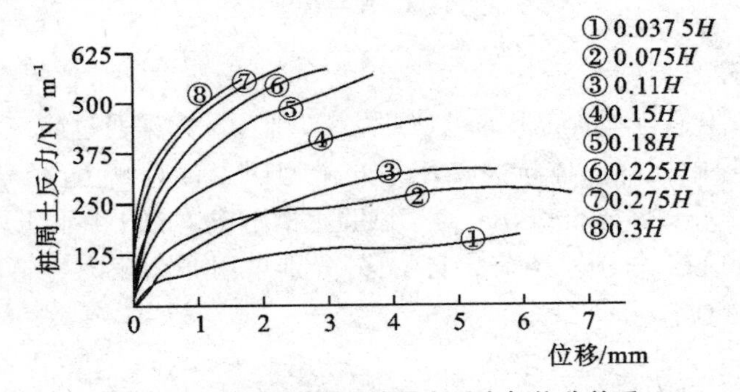

图 11.6 静载作用下桩周土反力与位移关系

(2)桩顶土位移

图 11.7(a)给出的桩身位移曲线表明,刚性桩转动中心随着桩顶位移的增加而加深,桩周土体会提供更大的水平承载力;图 11.7(b)给出的柔性桩桩身位移曲线表明,桩身抗弯刚度一定的情况下土抗力为零的位置基本恒定,即柔性桩的相对抗弯刚度决定着桩周土体极限抗力的发挥程度。

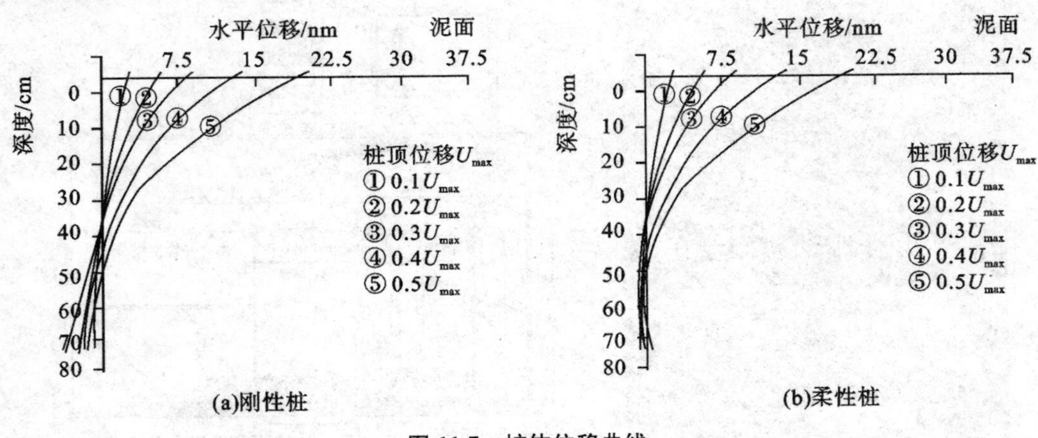

图 11.7 桩体位移曲线

11.5.2　桩顶水平极限荷载

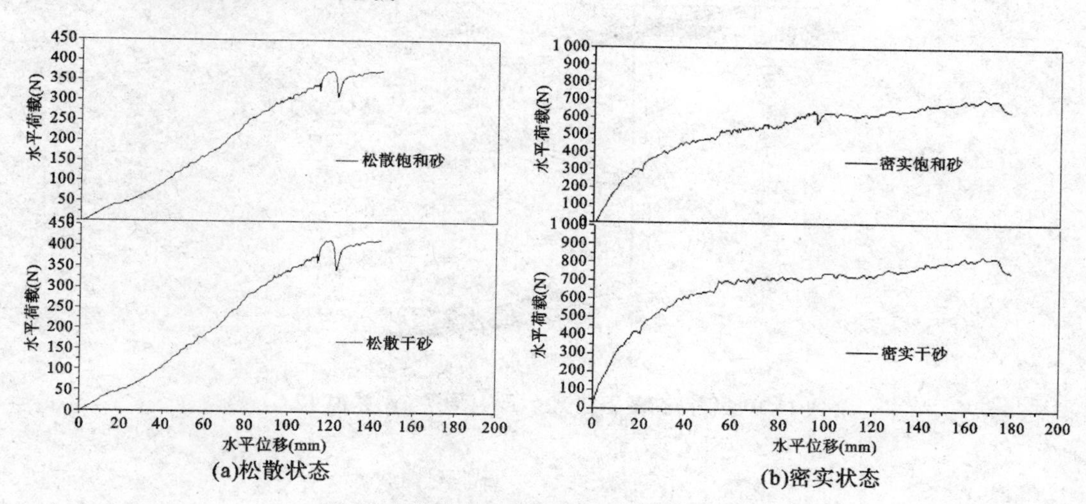

图 11.8　桩顶位移与土体水平极限抗力曲线

当桩周砂土处于松散状态时[图 11.8(a)],桩体变形过程中首先要对桩侧土体进行挤密,土体挤密过程中土体反力值较小;随着土体密实度的增加,桩侧土反力得以提高。在桩周砂土处于密实状态情况下[图 11.8(b)],当桩顶发生水平位移时,桩周土体局部发生剪切滑移,剪切变形的土体进一步挤压外围土体,极限抗力曲线呈现出双曲线渐增趋势,直至桩周土体整体发生塑性剪切变形而破坏。

11.5.3　循环荷载影响

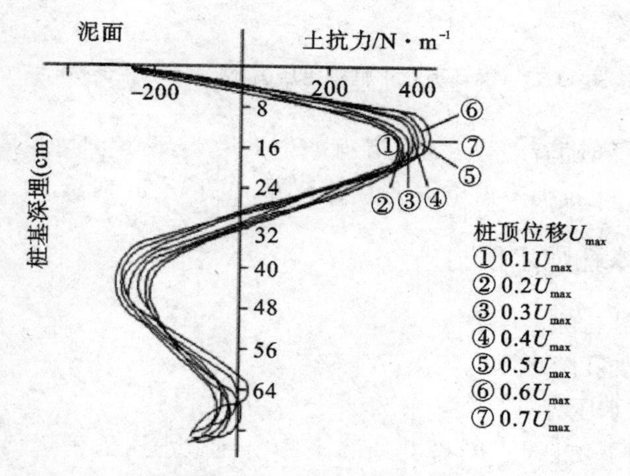

图 11.9　循环荷载下桩侧土压力(周期 6 s,幅值 15 N)

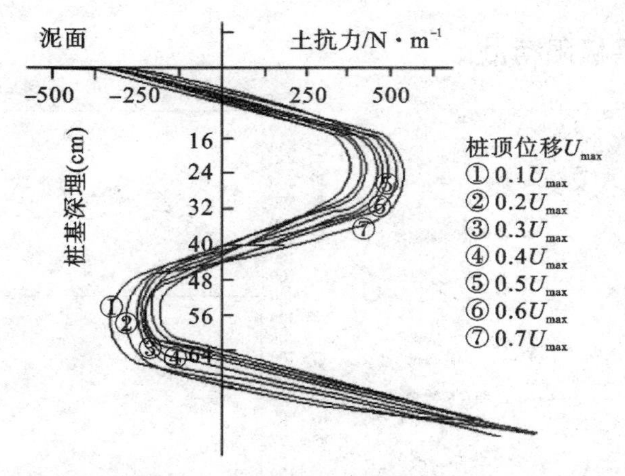

图 11.10　循环荷载下桩侧土压力(周期 6 s,幅值 45 N)

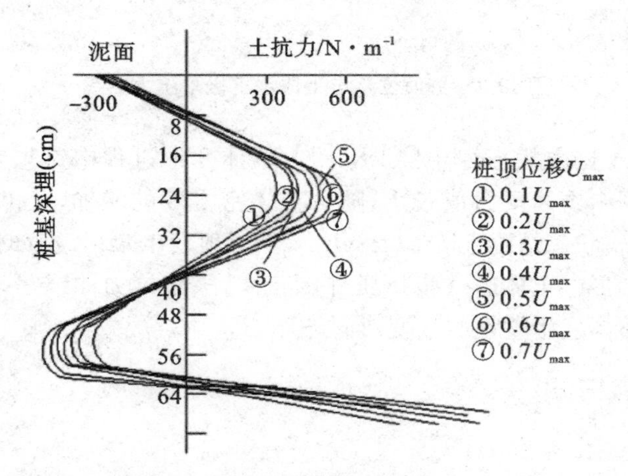

图 11.11　循环荷载下桩侧土压力(周期 6 s,幅值 90 N)

循环荷载作用下,随着加载点处动荷载幅值的增大,荷载向更深层的土中传递,桩周土反力也得到增大,土抗力零点位置进一步下降,如图 11.11 所示。

11.5.4　桩周土体孔隙水压力

①泥面下 1D 处孔隙水压力。

②泥面下 3D 处孔隙水压力。

③桩底处孔隙水压力。

循环荷载作用下,桩周不同深度处的土体内孔隙水压力发展模式差异较大,如图 11.12所示。分析其原因,发现主要跟如下三种因素相关:

①循环荷载作用下,桩体结构施加给桩侧土体的动力响应。桩侧表面给土体施加周期循环激励,导致土骨架应力状态、应变状态发生周期变化,变化规律跟荷载相关。

②桩周土体渗透特性。桩周土体孔隙水压力的发展,包括产生、振荡、累积与消散。对于渗透系数较大的砂土地基,孔隙水压力消散速度比黏土地基要迅速。

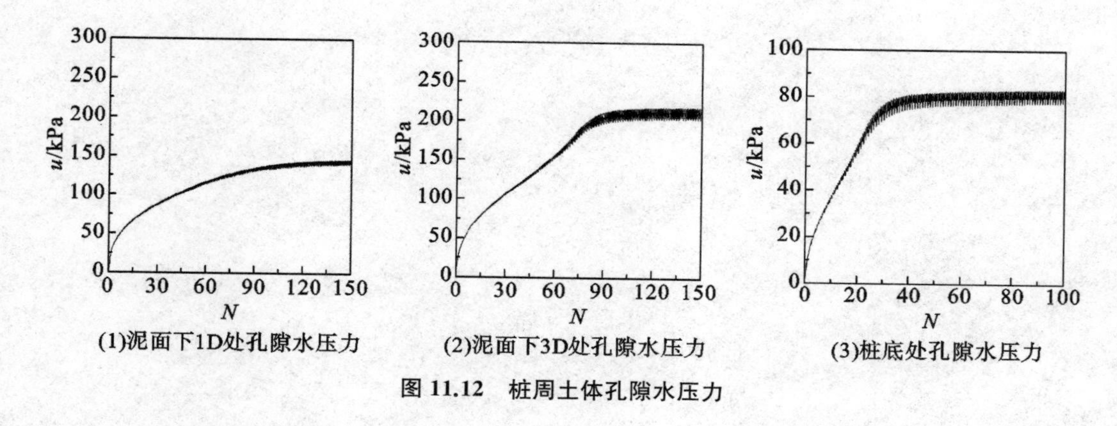

(1)泥面下1D处孔隙水压力　(2)泥面下3D处孔隙水压力　(3)桩底处孔隙水压力

图 11.12　桩周土体孔隙水压力

③桩周土体距离海床面的深度。当土体埋深较大时，土体受到周围土体的约束作用较强，孔隙水的排出与消散过程受阻明显，故较深层土体孔隙水压力累积特性较表层土体明显。

11.6　小结

本章详细讲述了实验室比尺试验过程中的相似比设计原理。给出了比尺模型制作过程，详细说明了模型试验过程中应该注意的多个关键问题。最后，结合多功能土工加载仪，对波浪循环荷载下大直径桩基稳定性进行了试验研究。

参考文献

[1] 张其一.复合加载模式下地基极限承载力与安定性的理论研究及其数值分析[D].大连：大连理工大学，2008.
[2] 吴宋仁，陈永宽.港口及航道工程模型试验[M].北京：人民交通出版社，1993.
[3] 吴持恭.水力学[M].北京：高等教育出版社，2008.